Green and Energy-Saving Drying Technology and Equipment for Agricultural Products

农产品绿色节能干燥技术与装备

张振涛　李晓琼　徐 鹏　等 著

化学工业出版社

·北 京·

内容简介

《农产品绿色节能干燥技术与装备》围绕国家“双碳”战略目标，系统性地阐述了农产品绿色节能干燥技术与装备的前沿理论、创新方法及工程应用。内容涵盖农产品干燥多尺度干燥数值模拟技术、热泵干燥（热泵-电场、热泵-微波、热泵-太阳能、多能互补）、真空干燥（真空脉动、真空分离-辐射复合膜、MVR真空带式）、“时空协同”干燥装备智能控制等。

本书兼具学术创新性和实践指导性。在学术价值方面，通过开发农产品干燥多尺度数值模拟技术，揭示了干燥过程“细胞-物料-干燥器”不同尺度传热传质机制及物料品质变化规律，为相关研究提供理论支撑；在干燥技术与装备创新方面，采用余热回收和多热源耦合等技术，开发新型绿色节能常压热风与低压真空干燥技术与装备，推动干燥技术与装备现代化升级；在应用价值方面，提供了丰富的农产品干燥工程应用案例，对推动新质生产力发展、提升产业竞争力、促进农业可持续发展具有重要价值。

本书主要面向农业工程、食品科学、能源动力等领域的科研人员及工程师，同时也可为相关管理者和政策制定者提供参考，是干燥技术领域理论研究与工程实践相结合的重要参考书。

图书在版编目（CIP）数据

农产品绿色节能干燥技术与装备 / 张振涛等著. 北京 ：化学工业出版社，2025. 9. -- ISBN 978-7-122-48521-2

Ⅰ. S375

中国国家版本馆CIP数据核字第2025Y8L712号

责任编辑：于　水　　文字编辑：赵　越
责任校对：赵懿桐　　装帧设计：韩　飞

出版发行：化学工业出版社
（北京市东城区青年湖南街13号　邮政编码100011）
印　　装：北京建宏印刷有限公司
710mm×1000mm　1/16　印张18½　字数326千字
2026年1月北京第1版第1次印刷

购书咨询：010-64518888　　售后服务：010-64518899
网　　址：http://www.cip.com.cn
凡购买本书，如有缺损质量问题，本社销售中心负责调换。

定　　价：168.00元　

序　一

全球气候变化对人类社会的挑战日趋严峻。应对气候变化，促进各行业绿色低碳发展转型已成为国际社会共识。作为农产品加工的关键环节之一，干燥技术对农产品品质提升、经济价值增加、市场竞争力提高具有重要意义。在全球能源危机和环境问题日益凸显的背景下，如何提高干燥效率、降低能耗、减少碳排放，成为行业亟须解决的关键问题。

在这样的背景下，《农产品绿色节能干燥技术与装备》一书的出版恰逢其时。本著作由张振涛研究员及其团队撰写，基于国家重点研发计划"农特产品绿色节能干燥技术装备研发"等多个重大科研项目的研究成果，汇集了作者团队多年在干燥技术与装备领域的理论探索和实践经验。该书不仅延续了作者团队在《热泵干燥技术与装备》一书中的核心理念，还结合当前学科交叉发展趋势，进一步拓展了干燥技术的理论基础与应用实践。

本书具有以下几个显著特点：

一、立足绿色发展理念，构建高效低碳干燥体系

干燥作为一个高耗能环节，通过技术创新降低能耗、提高能源利用率是推动"双碳"目标的重要途径。本书聚焦于余热回收、多热源耦合等节能减排技术的创新与应用，系统阐述了常压热风干燥与低压真空干燥的绿色节能原理与技术装备开发，为我国农产品加工行业的低碳现代化发展提供了重要参考。

二、多学科交叉融合，深化理论基础研究

干燥技术的研究涉及热力学、传质学、流体力学、生物力学等多学科交叉领域。本书通过建立"细胞-物料-干燥器"多尺度仿真模型，采用数值模拟技术深入揭示干燥过程中的热量传递与水分迁移机制以及干燥特性与物料品质的耦合规律。这一理论框架不仅丰富了干燥基础科学研究，也为工程应用中的问题解决提供了理论支撑。

三、注重智能化技术应用，推动装备现代化升级

智能制造是现代农业发展的重要方向。本书围绕干燥装备的智能控制，探讨了监测、反馈与优化方法。通过传感器技术与模式识别技术的结合，开发了适用于不同农产品的智能化干燥控制系统，有效提升了干燥效率和产品品质。

四、结合我国实际需求，增强技术应用针对性

我国幅员辽阔，地域间气候、资源、农产品种类差异显著。本书以我国典型农产品为研究对象，从香菇、枸杞到杂交构树等，针对不同物料的特性开发了多种干燥工艺和装备设计方案。这种结合实际需求的技术研究与应用，充分体现了书籍内容的实用性和针对性。

五、案例丰富，理论与实践并重

书中不仅有基础理论研究和多尺度数值模拟的详细阐述，还结合多个成功的工程案例，从实验室研究到规模化生产，为读者提供了全面的参考资料。这种理论与实践相结合的编写方式，对于从事干燥技术研发、装备设计的科研人员和工程师具有重要的指导价值。

本书作为一部全面系统介绍农产品干燥技术与装备的著作，不仅可以为农产品干燥领域提供前沿理论与实践案例，也可以为行业人才培养和技术推广作出重要贡献。该书的出版适逢我国农业绿色转型的重要时期，必将对提升我国农产品加工行业的整体科技水平、增强国际竞争力产生积极影响。

在此，我谨向张振涛研究员及其团队表示衷心的祝贺。他们以多年的科研积累和实践经验为基础，通过持续的技术创新与成果转化，为农产品干燥技术的发展注入了新的活力。相信本书的出版将为行业发展带来更多启示，也希望读者在阅读本书后，能够从中汲取智慧，共同为推动农业绿色发展、实现“双碳”目标贡献力量。

2025 年 6 月

序　二

在当前全球资源紧缺与环境问题日益严峻的背景下，如何实现节能减排与可持续发展已成为人类社会亟待解决的重大课题。农业作为国民经济的基础产业，不仅关乎粮食安全，还肩负着生态保护与绿色发展的重任。在农业生产与加工环节中，干燥操作的节能与环保性能直接关系到农业产业链的可持续性发展。因此，研发绿色节能的农产品干燥技术与装备对于实现农业绿色转型具有重要的战略意义。

《农产品绿色节能干燥技术与装备》是一本立足于绿色节能与高效干燥需求的专著。本书以张振涛研究员主持的国家重点研发计划“农特产品绿色节能干燥技术装备研发”项目为基础，凝聚了团队多年来的研究智慧与技术积淀，在多个方面实现了理论与实践的创新与突破。

首先，本书系统性地梳理了农产品干燥技术的前沿理论与实践成果，并在数值模拟研究方面实现了重要创新。多尺度干燥数值模拟作为干燥技术研究的一项核心工具，贯穿了从微观到宏观的多个层面，为揭示干燥过程中的能量转换与传递机制提供了科学依据。

其次，本书还深入探讨了热泵干燥技术和真空干燥技术在农产品加工中的应用。热泵干燥技术作为绿色节能干燥的典型代表，经过多年的发展，在热回收、节能控制和适应多种农产品加工需求方面取得了显著成效；真空干燥因其能够在低温下实现高效干燥且能够有效保护农产品品质，成为提升高附加值农产品加工质量的重要手段。本书详细阐述了多种干燥技术的工作原理、工艺特点以及在实际生产中的应用策略，并通过理论与实验数据的结合，展示了其在节能减排与产品质量提升方面的独特优势。

此外，本书在智能控制技术的研究与应用方面也取得了新的进展。通过引入先进的传感器、物联网技术及人工智能算法，开发了基于品质反馈的智能干燥控制系统。这种系统不仅能够实时监测干燥过程中温湿度的变化，还能根据不同农产品的特性调整干燥参数，从而实现干燥效率与产品品质的双重优化。本书中的相关章节对这些智能控制技术的原理、实现方法以及实际应用案例进行了详细介绍，为推动农产品干燥装备的智能化提供了重要参考。

作为一部理论与实践紧密结合的专著，本书的内容不仅涵盖了干燥技术的前沿研究，还包括了多种干燥装备的开发过程与案例分析。从干燥器结构优化到能量利用效率的提升，从具体工艺的制订到装备的工程化应用，本书为农产品加工企业、研究机构及设备制造商提供了一套系统的技术解决方案。这种理论与实践相结合的特色，使得本书在科学研究和实际生产中都具有重要的参考价值。

《农产品绿色节能干燥技术与装备》的出版，不仅是张振涛研究员及其团队多年科研实践的重要总结，也是我国农产品干燥技术发展历程中的重要里程碑。对于从事农产品干燥技术研究与应用的专业人士而言，本书提供了丰富的理论指导与实践经验；对于关心节能减排与绿色发展的学者与从业者而言，本书则提供了宝贵的参考与启示。

最后，相信本书将对推动我国农产品加工领域的技术进步与产业升级产生深远的影响，也必将在国际相关领域引起广泛的关注。

2025 年 6 月

前 言

干燥作为一项关键的热能应用过程，是农产品和食品加工等领域不可或缺的一环。这一过程不仅涉及复杂的传热传质机制，而且对能源的依赖性极高。在我国，干燥能耗占总能耗的8.4%，占工业总能耗的12%～20%，占农产品、食品加工工业能耗的12%。同时，当前干燥能源利用率较低，农产品干燥的能源利用率仅为24%～43%。农产品干燥在节能减碳优化方面仍具有巨大的发展空间。为了积极稳妥推进“碳中和”，需坚定不移地推动能源绿色发展，开发新型高效、低碳、智能干燥技术与装备，形成新质生产力，不仅可以保证农产品干燥技术水平、增加农产品经济价值、提高农产品市场竞争力，还可以为实现“双碳”目标作出贡献，推动我国绿色发展迈上新台阶。

为响应国家“双碳”目标，推动农业现代化进程，加快农产品干燥技术与装备的高效、低碳、智能发展与应用，本书以国家重点研发项目“农特产品绿色节能干燥技术装备研发”的研究工作为基础，结合团队多年深厚的研究积累与实践经验编著而成，为农产品干燥领域提供基础理论研究与技术装备开发指导。本著作共有5章，内容涵盖了多尺度干燥数值模拟技术、热泵干燥技术与装备、真空干燥技术与装备、干燥装备智能控制技术等前沿技术和原理、装备设计及应用案例等内容，具有较高的学术研究与工程应用价值。

在学术价值方面，本书通过开发农产品干燥多尺度数值模拟技术，揭示了干燥过程“细胞-物料-干燥器”不同尺度下热量传递与水分输运机制及物料品质变化规律，为相关研究提供理论支撑；在干燥技术与装备创新方面，采用余热回收和多热源耦合等技术，开发新型绿色节能常压热风与低压真空干燥技术与装备，并针对不同种类农产品的干燥工艺进行优化，在保证物料干燥品质的前提下，推动干燥技术与装备现代化升级；在应用价值方面，本书聚焦于提升农产品干燥效率和品质、降低能耗和碳排放、提高智能化程度，契合农业加工绿色发展需求，对于培养农产品干燥领域高素质人才、提高我国农产品国际竞争力、优化农业产业链结构、促进国民经济可持续发展具有重要意义。

作者团队曾出版《热泵干燥技术与装备》（2019年），此次选题以干燥数值模拟技术、绿色节能干燥技术与装备为核心，增加了多尺度数值模拟及低碳真空干燥等新内容，升级了学术价值、拓宽了覆盖面、丰富了应用案例。与国内外同类著作相比，本书结合我国各地域典型农产品特点，干燥技术与装备的针对性强；在干燥机制、节能技术、智能控制等方面，提出了诸多创新方法和实践经验。

本著作具体特点包括：学术思想创新，建立“细胞-物料-干燥器”多尺度仿真模型并提出跨尺度耦合方法；内容范围广泛，涵盖热泵干燥、真空干燥、太阳能干燥、电场干燥、微波干燥、多能互补干燥、真空脉动干燥、过热蒸汽干燥等多种干燥技术，涉及香菇、枸杞、胡萝卜、杂交构树、种子等多种农产品，包含多尺度数值模拟、农产品干燥实验研究、干燥装备控制系统等多种案例；结构体系完整，理论、方法与应用紧密结合，从发现问题到提出方法到解决问题的科学结构，以技术案例贯穿内容，理论与实践兼具。同时，本书适应大数据人工智能的时代需求，涉及动力工程及工程热物理、机械、控制、化学、农学等多学科交叉融合，是研究与应用的前沿之作。

《农产品绿色节能干燥技术与装备》由张振涛、李晓琼、徐鹏等著。其中，第 1 章由中国科学院理化所张振涛、杨俊玲、李晓琼、徐鹏撰写；第 2 章由长江大学宇波、北京石油化工学院王鹏、上海交通大学敬璞、中国农业大学李栋、中国农业科学院农产品加工研究所金鑫撰写；第 3 章由中国科学院理化所李晓琼、徐鹏，浙江大学张学军、张荔喆，扬州大学张剑锋，中国科学院广州能源所徐刚、钟柳文，新疆维吾尔自治区农业科学院农产品加工研究所过利敏，河北科技大学赵丹丹撰写；第 4 章由中国科学院理化所李晓琼、张化福、徐鹏，北京工业大学彭跃莲，天津科技大学张钰撰写；第 5 章由中科院理化所李晓琼、天津科技大学王有栋、华中科技大学郭焱华撰写。

著者长期从事干燥技术与装备研发工作。近年来，主持了国家重点研发项目“农特产品绿色节能干燥技术装备研发”“中乌特色药用植物低碳绿色干燥关键技术与装备研究”，国家重点研发子课题“杂交构树产业关键技术集成研究与应用示范”，青海重点专项“青海枸杞产地锁鲜加工关键技术与装备研发示范”，宁夏重点研发计划“枸杞炮制生物学基础及工艺研发与示范”课题，河北省科技重大专项“河北道地药材酸枣仁喷雾流化制粒关键技术及新型产品生物创制研究”课题，能源基金会“热泵技术在干燥和蒸馏等蒸发领域的应用研究及示范”项目、中国科学院科技服务网络计划“高寒地区粮食热泵干燥关键技术与装备研究”项目等国家及省部级干燥项目 50 余项，形成了农产品绿色保质低碳干燥技术和装备体系。热泵干燥成果获得行业科技进步特等奖，所研发热泵干燥装备推广近万台。著者丰富的干燥科研经验为本著作的撰写奠定了良好的基础。

在本书撰写过程中，研究生林家辉、苑铁键、唐一民、丁闯闯、李然、赵炳贵等付出了辛勤劳动，在此一并感谢。

感谢中国工程院院士、中国海洋大学的薛长湖教授和中国科学院院士、中国科学院亚热带农业生态研究所的印遇龙院士在百忙之中审阅书稿，并为本书作序。感谢华中科技大学邵双全教授与中国农业大学肖红伟教授于百忙之中审阅本书稿。

本书在撰写过程中使用了中华人民共和国工业和信息化部、国家能源局、国家统计局、国际能源署、中国农业科学院、中国制冷学会、北极星网等单位的统计数据资料，参阅了大量国内外专家学者、工程技术人员、相关高校与科研院所的研究成果、实践经验，在此表示由衷的感谢。

在研究过程中，也得到了众多企业的支持与赞助。本著作的出版得到了能源基金会项目（G-406-35531）的大力支持，在此表示由衷的感谢。感谢常州博睿杰能环境技术有限公司、中科碳冷（无锡）高科技有限公司、袁隆平农业高科技股份有限公司、河南佰衡节能科技股份有限公司、江西玉峡药业有限公司等企业为团队的试验、示范工作提供了便利。在此，对支持本书撰写的企业表示由衷的感谢。著者在科研实践过程中得到的支持极多，任何感谢都难免挂一漏万，只能在此向支持干燥技术与装备研究的各位同仁、企业家一并致谢。

限于著者的知识、能力以及经验，且科学技术发展迅速、技术创新不断，书中难免有不足之处，敬请同行和读者批评指正。

张振涛　李晓琼　徐　鹏

2025 年 5 月

目 录

第 1 章 概述 1

1.1 碳中和 …… 2

1.1.1 碳中和的含义 …… 2

1.1.2 碳中和的实现方法 …… 3

1.1.3 全球碳中和进程 …… 4

1.2 农业低碳发展战略与途径 …… 7

1.2.1 中国碳排放现状 …… 7

1.2.2 国家政策保障 …… 10

1.2.3 低碳发展机遇与挑战 …… 11

1.3 农产品干燥行业现状与展望 …… 13

1.3.1 农产品干燥行业现状 …… 13

1.3.2 国内相关政策 …… 14

1.3.3 绿色低碳干燥发展展望 …… 18

1.4 干燥技术与装备 …… 19

1.4.1 干燥数值模拟技术 …… 19

1.4.2 干燥技术分类及特点 …… 26

1.4.3 干燥器分类及特点 …… 34

参考文献 …… 42

第 2 章 多尺度干燥数值模拟技术 43

2.1 细胞尺度数值模拟 …… 44

2.1.1 植物细胞干燥过程水分传输分析 …… 44

2.1.2 植物细胞干燥过程失水形变分析 …… 45

2.1.3 植物细胞尺度干燥数学模型 …… 45

2.1.4 模型验证 …… 48

2.2 组织结构尺度数值模拟 …… 50
2.2.1 组织结构孔道网络模型 …… 51
2.2.2 组织结构尺度水分传输方式分析 …… 52
2.2.3 基于孔道网络模型的组织结构干燥数学模型 …… 55
2.2.4 模型验证 …… 58
2.3 物料尺度多场双向耦合数值模拟 …… 59
2.3.1 物料尺度物理模型 …… 60
2.3.2 物料尺度数学模型 …… 60
2.3.3 模型验证 …… 66
2.3.4 物料尺度热泵干燥数值模拟 …… 67
2.4 干燥器尺度数值模拟 …… 80
2.4.1 干燥器尺度物理模型 …… 80
2.4.2 干燥器尺度数学模型 …… 81
2.4.3 模型验证 …… 85
2.4.4 干燥器尺度热泵干燥数值模拟 …… 85
2.5 细胞-物料-干燥器跨尺度耦合方法 …… 96
2.5.1 植物细胞-物料尺度的跨尺度耦合方法 …… 96
2.5.2 物料-干燥器尺度跨尺度耦合方法 …… 98
2.5.3 基于 IDEAL 算法的干燥器尺度干燥传热传质模型高效求解方法 … 98
2.5.4 分段式干燥的干燥动力学模型计算方法 …… 100
参考文献 …… 101

第 3 章 热泵干燥技术与装备 —— 105

3.1 热泵干燥技术 …… 106
3.1.1 热泵干燥原理 …… 106
3.1.2 干燥装备设计 …… 113
3.1.3 香菇干燥实验研究 …… 120
3.2 热泵-太阳能耦合干燥 …… 129
3.2.1 太阳能干燥原理 …… 129
3.2.2 干燥装备设计 …… 130
3.2.3 枸杞干燥实验研究 …… 132
3.3 热泵-电场耦合干燥 …… 137
3.3.1 高压电场干燥原理 …… 137
3.3.2 干燥装备设计 …… 138
3.3.3 胡萝卜干燥实验研究 …… 141

3.4 热泵-微波耦合干燥 …… 144
3.4.1 微波干燥原理 …… 144
3.4.2 干燥装备设计 …… 145
3.4.3 菌类干燥实验研究 …… 146
3.5 多能互补干燥 …… 151
3.5.1 多能互补干燥系统设计 …… 151
3.5.2 菌类干燥实验研究 …… 156
参考文献 …… 160

第 4 章 真空干燥技术与装备 —— 163

4.1 真空干燥技术 …… 164
4.1.1 真空干燥原理 …… 164
4.1.2 干燥装备设计 …… 166
4.1.3 杂交构树干燥实验研究 …… 168
4.2 真空脉动干燥技术 …… 175
4.2.1 真空脉动干燥原理 …… 175
4.2.2 干燥装备设计 …… 175
4.2.3 枳壳真空干燥实验研究 …… 178
4.3 真空分离-辐射复合膜干燥技术与装备 …… 183
4.3.1 真空膜蒸馏-过热蒸汽干燥原理 …… 183
4.3.2 干燥装备设计 …… 186
4.3.3 种子干燥实验研究 …… 194
4.4 MVR 真空带式干燥技术与装备 …… 207
4.4.1 MVR 真空干燥原理 …… 207
4.4.2 干燥装备设计 …… 208
4.4.3 装备热力学性能分析 …… 211
参考文献 …… 224

第 5 章 干燥装备智能控制技术 —— 229

5.1 电气控制系统 …… 230
5.1.1 控制系统类型 …… 230
5.1.2 信号采集技术 …… 236
5.1.3 通信传输技术 …… 238
5.1.4 控制算法与理论 …… 243

5.1.5 人机界面 …… 246
5.1.6 电气系统 …… 247
5.1.7 干燥装备控制系统案例 …… 248
5.2 数据远程传输系统 …… 261
5.2.1 总体设计 …… 262
5.2.2 智能网关设计 …… 264
5.2.3 数据平台搭建与分析 …… 268
5.2.4 干燥装备大数据平台搭建案例 …… 274
参考文献 …… 281

第1章 概　述

1.1 碳中和

1.1.1 碳中和的含义

自工业革命以来，地球的自然平衡受到了前所未有的冲击，人类活动引发的环境变化深刻地影响了全球生态系统，气候变化已成为21世纪最严峻的挑战之一。全球变暖的主要原因是大气中二氧化碳（CO_2）、甲烷（CH_4）和氧化亚氮（N_2O）等温室气体（GHG）浓度不断增加。随着地球碳源和碳汇的自然平衡被打破，大气层中的碳不断累积，全球平均温度开始持续上升，随之频繁出现冰川融化、海平面上升、洪水及干旱等极端恶劣气候，对人类的生活安全及生存环境都产生了不可忽视的威胁。

为应对这一严峻挑战，《巴黎协定》签署国承诺将加大环保力度，将全球平均气温较工业化前水平的升高幅度控制在2℃以内，并努力将温度上升幅度限制在1.5℃以内。实现这一目标需要各国携手合作，共同应对减少温室气体排放的重大挑战。为积极应对气候变化的威胁，全球亟须采取系统性行动削减人为的碳排放，同时增加自然或人工吸收温室气体的能力，以恢复碳源和碳汇的平衡，即达成“碳中和”目标。

“碳中和”一词中，“碳”主要指以二氧化碳当量来计算的温室气体，“中和”即正负相抵，一般是指国家、企业或个人在一定时间内直接或间接产生的二氧化碳或温室气体排放总量，通过植树造林、节能减排等形式予以抵消，从而实现温室气体的相对“零排放”。碳中和的含义可以从减少温室气体的排放（碳源）和自然或人工途径吸收二氧化碳（碳汇）这两个维度进行理解。

碳排放是指在能源消费过程中所产生的二氧化碳等温室气体的排放，与气候变化直接相关，碳排放既可以由人为过程产生，又可以由自然过程产生。人为过程的碳排放主要来自两部分：一是化石燃料的燃烧形成二氧化碳释放；二是土地利用变化，例如森林砍伐后土壤中的碳被氧化成二氧化碳释放到大气中，自然过程的碳排放也包括火山喷发、煤炭地下自燃等。但近一个多世纪以来，自然过程碳排放比之于人为过程的碳排放，对大气二氧化碳浓度变化的影响几乎可以忽略不计。因此，人为过程碳排放的减少是实现碳减排的主要途径。

碳固定是指通过相应手段将多余的碳封存起来，以减少排放到大气中碳的有效措施。碳固定同样可分为自然固定和人为固定两大类，但与碳排放过程不同，碳固定以来自陆地生态系统的自然固定为主，在陆地生态系统的诸多类型中又以森林生态系统占大头，最主要的固碳方式便是植物的光合作用，被认为是缓解全球气候变暖最具前景的方法。而所谓的人为固定二氧化碳，一种方式是把二氧化碳收集起来后，通过生物或化学过程，把它转化成其他化学品；另一种方式则是把二氧化碳封存到地下深处和海洋深处。

在过去的几十年中，人为排放的二氧化碳大致有 54%被自然过程吸收固定，剩余 46%则留存于大气中。在自然吸收的 54%中，23%由海洋完成，31%由陆地生态系统完成。近年来，全球每年排放的二氧化碳大约为 400 亿吨，其中 86%来自化石燃料燃烧，14%由土地利用变化造成。这 400 亿吨二氧化碳中的 184 亿吨（46%）加入大气中，导致大约百万分之二的大气二氧化碳浓度（按体积计）增加。

而所谓“碳中和”，就是要使大气二氧化碳浓度不再增加。以目前现有的经济社会运作体系，即使到有能力实现碳中和的阶段，也一定会存在一部分“不得不排放的二氧化碳”。而通过上述数据可以发现，对这部分二氧化碳的处理措施一方面会有 54%左右的自然固碳过程，余下的 46%需要通过生态系统固碳、人为地将二氧化碳转化成化工产品或封存到地下等方式来消除。只有当排放的量等于固定的量，才算实现了碳中和。由此可见，碳中和目标的实现是以大气二氧化碳浓度不再增加为标志，同碳的零排放是两个不同的概念。

1.1.2 碳中和的实现方法

碳中和的根本目标是实现碳源和碳汇的平衡。其实现途径可大致归为两种形式，包括减少碳排放与加强碳捕集。

碳排放受经济发展、产业结构、能源使用、技术水平等诸多因素影响，根源是化石能源的大量开发使用。目前，我国化石能源占一次能源比例为 85%，产生的碳排放约为每年 98 亿吨，约占全社会碳排放总量的 90%。因此，只有通过转变能源结构和发展方式，加快推进清洁能源替代和电能替代，彻底摆脱化石能源依赖，才能从源头上减少碳排放。清洁能源替代即在能源生产环节以太阳能、风能、水能等清洁能源替代化石能源的应用，加快形成清洁能源为主的能源供应体系，以清洁和绿色方式满足用能需求。电能替代即在能源消费环节以电代煤、以电代油、以电代气、以电代柴，加快形成以绿电为中心的能源消费体系，让能源使用更绿色、更高效。国家能源局关于印发《2024 年能源工作指导意见》指出，坚持积极有力推进能源绿色低碳转型，深入践行生态优先、绿色发展理念，坚定不移落实双碳目标，把握好节奏和力度，着力加强供需协同，强化系统消纳，保持清洁能源高质量较快发展势头。

受资源、技术、经济等因素的影响，到 2055 年左右，我国能源生产、消费以及工业非能利用领域还有约 14 亿吨碳排放需要通过自然碳汇、碳捕集等措施予以解决。在自然固碳方面，我国目前地表碳储量相当于363亿吨二氧化碳，每年固碳速率是10亿到40亿吨二氧化碳。相关研究预测，我国现保有森林在2060年前将会达到固碳的峰值。因此，应积极开展生态治理，加大力度实施植树造林、荒漠改善、水土保护等行动，发挥森林、农田、湿地等重要作用，增加自然碳汇。同时，积极研发和推广非化石能源、生物质碳捕集与封存等技术，提高碳捕集能力。目前，全球范围内主要推进的碳捕集利用及封存技术包括二氧化碳的工质化利用和资源化利用。目前，全球范围内主要推进的碳捕集、利用与封存技术包括地质封存（如咸水层封存、提高原油采收率等）、二氧化碳工质化（如压缩循环工质供热/供冷、储能等）和资源化利用（如合成化学品、燃料、微藻培养、混凝土矿化固化等）以及基于自然的解决方案（如植树造林、土壤碳管理及生物炭还田等）。这些技术通过不同途径实现二氧化碳的减排、循环利用或长期封存，助力全球碳中和目标的实现。

除了推动减少温室气体排放、增加碳吸收与抵消等技术层面的发展，碳中和的实现还离不开相关政策及资金的支持。应坚持清洁发展，筑牢思想根基，正确处理好经济发展与生态保护的关系，转变依赖化石能源的发展观念，打破碳惯性，解除碳锁定，加快形成绿色发展方式和绿色生活方式，坚定不移走绿色、低碳、循环、可持续的创新发展之路。坚持市场导向，完善保障机制，加快推进全国碳排放权交易市场建设，进一步扩大碳市场参与行业、交易主体和交易品种，运用市场机制降低减排成本。加快完善有利于低碳发展的价格、税收、金融等政策机制，大力发展绿色金融市场，引导社会资本加速流向绿色产业，为实现碳中和目标提供充足的资金保障。

综上所述，实现碳中和是一个复杂而长期的过程，需要政府、企业、社会组织和公众共同努力，通过减排、增吸、国际合作、政策支持、科技创新、投资支持、公众参与和教育宣传等多种手段和途径，逐步减少温室气体排放，增加碳吸收与抵消，最终达到全球近零碳排的目标。

1.1.3 全球碳中和进程

碳中和正由全球政治共识转化为各国政策目标。在《巴黎协定》所制定的全球目标体系的推动下，各国不断提高碳减排的行动力度，提出并不断更新碳减排量化目标，努力持续对标零碳的全球长期目标。制定零碳排放目标正成为越来越多国家贡献全球气候、开展应对气候变化行动的核心内容。

（1）目标进展

截至2023年9月，全球已有130多个国家提出碳中和目标，覆盖92%的

GDP（PPP）、89％的人口和 88％的排放。这些国家积极参与国际合作，共同应对全球气候挑战。

如图 1-1 所示，统计显示目前全球已提出碳中和目标的 130 多个国家中，90％的国家将实现碳中和目标的年份设定为 2050 年及 2050 年以后，仅有 12 个国家承诺在 2050 年以前实现碳中和，发达国家仅有冰岛、德国、芬兰和瑞典 4 个国家承诺在 2050 年以前实现碳中和。

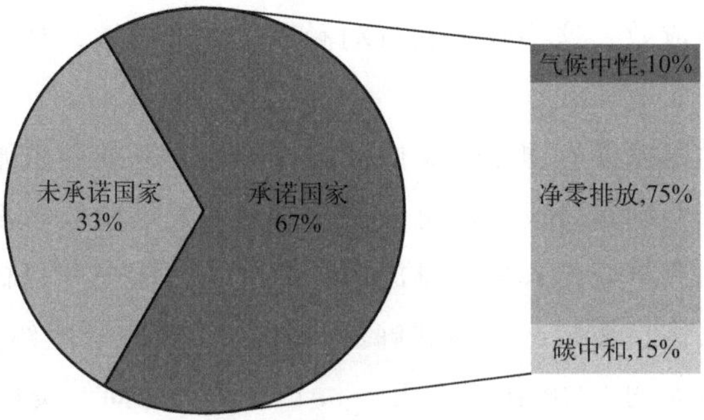

图 1-1　全球碳中和目标类型

在三种目标类型中，“碳中和”指的是“净零二氧化碳排放”，即国家在一年内的二氧化碳排放通过二氧化碳去除技术达到平衡。“净零排放”目标即排放量与清除量的平衡不局限于二氧化碳，包含所有温室气体。“气候中性”即考虑区域或局部的地球物理效应，希望自身的活动对气候系统没有产生净影响。因此，“碳中和”目标只与二氧化碳有关，目标强度相对较低；而“净零”目标包括所有温室气体；“气候中性”目标考虑了地球物理效应对温室气体的影响，找出了根源所在，目标强度最高。

目前，有 100 个国家以实现“净零排放”作为其碳中和目标，占提出碳中和目标国家的 75％；由于气候中性对碳减排的要求更高，基于各国国情，以“气候中性”作为目标的国家仅占提出目标国家的 10％，且主要为欧盟国家。全球 50％的国家在碳中和目标中不但考虑了二氧化碳，还涵盖了《京都议定书》及《多哈修正案》中提及的其他温室气体。

就目前而言，世界各国计划实现碳中和的年份与实现温升控制目标所需的减排节奏之间仍有差距，发展中国家相比发达国家在碳中和目标年份上制定了更加远大的目标。从发展阶段角度看，德国、英国、法国等发达国家早在 1990 年就实现了碳达峰，从碳达峰到碳中和有 55～60 年的间隔；美国、加拿大、澳大利亚等发达国家在 2000～2006 年实现碳达峰，与碳中和目标年份也有着 45～50 年的间隔。然而，中国、墨西哥、阿根廷等大多数发展中国家虽然尚未实现碳达峰，但是仍然提出了2050年或者2060年的碳中和目标和2030年的达峰目标，二者仅仅间隔20～30年。这意味着发展中国家需要在碳达峰之后，使用发达国家从碳达峰到碳中和一半的时间实现本国的碳中和承诺。

（2）政策进展

国家层面的气候政策是全球实现碳中和目标的重要基石。提出碳中和目标的大多数国家出台了具体的政策和行动计划，以确保承诺得以付诸实践，最终转化为碳排放净削减的成效。这些政策和行动涵盖了各个领域，从能源转型到森林管理，从交通系统到农业实践。

目前，58%的国家设有国家级碳中和路线图，38%的国家则没有这样的路线图，剩下的国家未明确是否设有。考虑历史排放和发展阶段，发展中国家相比发达国家制定了更加有雄心的人均碳排放中短期和长期碳中和目标。对于已达峰的发达国家，例如法国、德国、英国和韩国，人均碳排放峰值约为10～16吨二氧化碳当量，达峰时人均GDP在2.7万～3.1万美元之间。美国和澳大利亚的人均碳排放峰值为26吨二氧化碳当量，达峰时人均GDP约为5万美元。反观发展中国家，中国计划于2030年前实现碳达峰，预计碳达峰峰值为人均10吨二氧化碳当量，峰值仅为美国、澳大利亚的40%，与法国的峰值相似。南非、印度和巴西的达峰峰值均小于等于10吨，达峰时的人均GDP均在1万美元以下。由此可见，发展中国家虽然在平衡经济和碳排放上面临更大挑战，但仍然制定了更加远大的中短期和长期碳中和目标。

（3）技术推行

碳中和技术替代传统化石燃料技术是碳中和路径的核心体现。然而，在绝大多数情况下，碳中和技术的综合成本要高于化石燃料技术，这使得碳中和技术往往不会成为市场的首要选择。因此，碳中和技术的加速应用需要政府的介入、引导和支持，打破技术在初期部署中缺乏足够内生动能的瓶颈期。

通过统计发展中国家和发达国家的七类碳中和技术的政策支持信息可知，强制型政策涵盖立法、标准、命令等多个层面，激励型政策主要为补贴、税收、基金、贷款等绿色金融手段及试点/合作项目部署。可再生能源发电政策覆盖度最广，超一半国家提出可再生能源推动支持政策，近30个国家提出了化石燃料禁令政策，禁令时间集中在2030年及以后。可再生氢、生物燃料、CCUS等资源/经济依赖性技术仅在少数国家进行强有力的政策组合推动。对主要技术应用国家进行支持政策对比发现，发达国家相对于发展中国家对技术支持的重视度整体较高，但发展中国家中中国表现较为亮眼，在各个技术上均推行了支持政策。此外，国家间在技术选择、政策模式上存在差异。在技术选择上，美国、中国、加拿大等经济体量大国在各个技术上均推行了支持政策。欧洲发达国家倾向于推进交通领域技术发展。得益于当地资源条件，部分东南亚及非洲国家倾向于推行生物燃料及碳汇技术开发的政策；在政策模式上，中国和美国倾向于强制型和激励型政策并重，欧洲国家倾向于通过激励型政策支持各技术发展。

同时，还比较了不同技术类别政策推动模式的差异性，可再生能源发电技术、电动汽车技术倾向于以税收减免、补贴、投资等绿色金融政策手段来推进发展，少数国家搭配强制型政策或配套措施来促进技术推行。节能技术、生物燃料技术倾向于以强制命令型政策推动激励型政策驱动技术发展。CCUS 技术、可再生氢技术、碳汇开发技术倾向于推进试点项目激励技术发展，并辅以相应的标准、财政补助及配套设施。

综上所述，能源是碳中和进展最为显著的领域，无论是技术、资金还是国际合作都占据了相对主导的地位，全球有 127 个国家设置了可再生能源发电相关的目标，已有相对成熟的目标与政策配套体系和较高的市场渗透率。全球超过 50%的气候资金用于可再生能源和电网投资，其中光伏和风电是吸引投资规模最大的发电技术，低碳交通技术投资近年来增长迅速。将近 50%的国际碳中和技术转让发生在能源领域。加速碳中和进程需要“行胜于言”，在目标支撑、资金投入、技术推广和国际合作等各方面加大投入，并解决技术和资金方面的数据不足和透明度问题。

1.2 农业低碳发展战略与途径

1.2.1 中国碳排放现状

我国国家温室气体清单数据始于 1994 年，当年碳排放总量为 36.5 亿吨 CO_2 当量。2005 年，碳排放总量攀升至 70.46 亿吨 CO_2 当量，这种快速增加的趋势持续到 2012 年的 113.2 亿吨 CO_2 当量。2018 年生态环境部提交的《中华人民共和国气候变化第二次两年更新报告》数据表明，2014 年我国碳排放总量约为 123.01 亿吨 CO_2 当量，不包括土地利用、土地利用变化和林业（Land Use, Land Use Change and Forestry，LULUCF）吸收汇，如果包括 LULUCF 的吸收汇，排放总量为 111.86 亿吨 CO_2 当量。

从碳排放部门构成来看，2014 年我国碳排放主要涉及能源活动、工业生产、农业活动和废弃物处理 4 大领域，如图 1-2 所示。其中，能源活动和工业生产过程总排放量为 112.77 亿吨 CO_2 当量，占全国碳排放总量的 91.7%；而能源活动排放总量为 95.59 亿吨 CO_2 当量，居首位。能源部门碳排放主要来自能源消耗和逃逸排放。除了能源活动和工业生产过程，农业活动也是我国较大的碳排放源。数据表明，2014 年我国农业活动碳排放总量为 8.28 亿吨 CO_2 当量，占全国碳排放总量的 6.7%（不包括 LULUCF 吸收汇）。

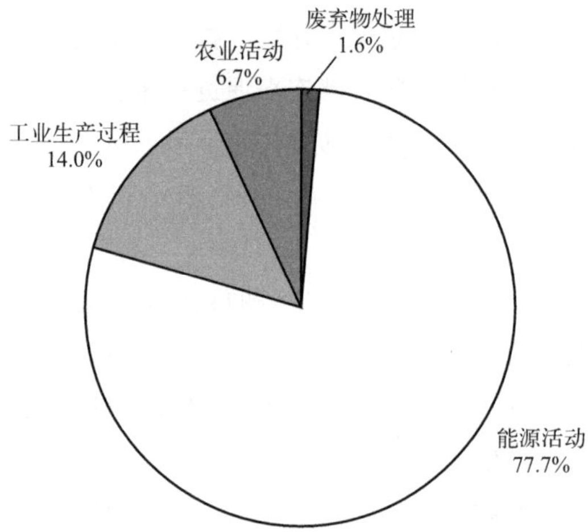

图 1-2　2014 年我国碳排放领域构成

全球各国都非常重视温室气体排放的估算。2001 年，由国际地圈-生物圈计划（International Geosphere-Biosphere Programme，IGBP）、全球环境变化人文因素计划（International Human Dimension Programme on Global Environmental Change，IHDP）、世界气候研究计划（World Climate Research Programme，WCRP）等共同成立了全球碳项目。该项目统计数据表明，2014 年全球碳排放总量约为 370 亿吨 CO_2 当量。由此估算，我国碳排放占全球碳排放总量的 30.23%（包括 LULUCF 吸收汇），居世界第一位。但从人均碳排放量来看，我国碳排放强度仅为 8.93 吨 CO_2 当量/人，略高于 2014 年的世界平均水平 5 吨 CO_2 当量/人，远低于美国的人均碳排放量 21.54 吨 CO_2 当量/人。因此，考虑国民经济发展和人口数量，我国碳排放仍处于较低水平。

《中国能源统计年鉴 2023》的数据显示，2022 年，中国的总能耗达到了约 54.1 亿吨标准煤，其中煤炭消费量为 43 亿吨，石油消费量为 7 亿吨，天然气消费量为 3746.95 亿立方米。如图 1-3 所示，煤炭占据了 56.0%的比例，是中国能源消费的主要来源。石油占 18.0%，天然气占 8.4%，一次电力及其他能源占 17.6%。该图显示了煤炭在中国能源结构中的主导地位，尽管近几年清洁能源的比例有所提升，但煤炭在短期内仍将是中国能源消费的主要组成部分。这种能源结构主要是由于中国丰富的煤炭资源和快速经济增长对能耗的高需求。

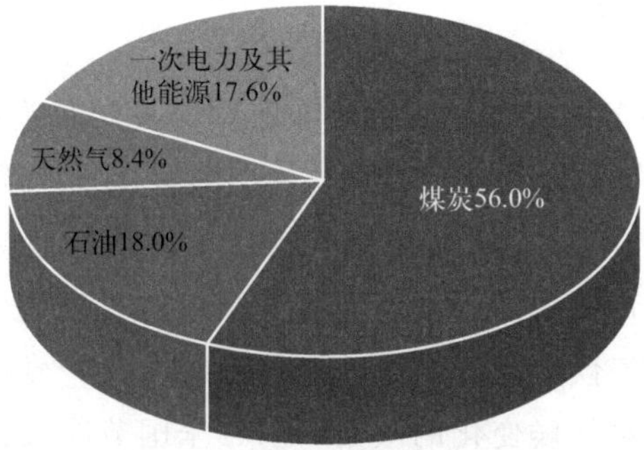

图 1-3　2022 年中国能源消费占比

从上述分析可知，我国碳排放主要来自能源活动和工业生产过程，消费属于低排放过程。因此，我国碳排放很大程度上是在为世界作贡献，随着我国能源结构的调整，我国碳排放总量将大幅下降，人均排放也会更低。另外，从时间结构上来看，我国历史排放水平和整体排放水平都较低，我国碳达峰和碳中和战略的实施，将有效解决中国可持续发展问题，也将为世界的稳定和发展作出贡献。我国已经将生态文明建设列入国策，提出建设美丽中国，这也意味着我国将继续坚持节能减排的道路，努力降低能耗和碳排放水平，这既符合中国的国家利益，也符合世界各国人民的利益。

我国是传统农业大国，过去几十年依靠科技进步和技术革新，以 9％的耕地养活了全球 22％的人口，为全球粮食供应和贫困人口的减少作出了卓越贡献。因此，我国农业排放属于典型的生存排放，而且我国碳排放主要来自能源活动和工业生产过程。

1961～2018 年，中国农业碳排放总体呈上升趋势，大致可分为三个阶段：1961～1978 年为稳定增长期；1979～1996 年为快速增长期；1997～2018 年为稳定期后达到峰值。总体来看，中国农业碳排放已得到控制，减排工作取得了一定成效。然而，考虑到中国可观的碳排放总量，农业碳排放显然不容忽视。在这一领域仍有很大的减排潜力。

作为负责任的大国，中国于 2023 年向公约秘书处提交了第四次气候变化国家信息通报和第三次两年期更新报告。这两份出版物全面记录了中国在“十三五”期间实施的应对气候变化政策措施以及取得的进展和成果。农业将继续为我国稳产保供提供基础支撑，也将继续为保障国家粮食安全和减缓全球气候变暖作出贡献。考虑到未来我国人口增长和国民经济发展，随着绿色低碳转型发展战略及技术普及，我国农业碳排放强度将继续降低。

1.2.2 国家政策保障

2007年6月，国务院批准并正式发布了国家发展和改革委员会会同有关部门制定的《中国应对气候变化国家方案》，在国家层面上为我国履行《联合国气候变化框架公约》、应对气候变化挑战提出了政策性指导。该方案的颁布实施彰显了中国政府负责任大国的态度，对我国应对气候变化工作产生了积极的作用，也对世界应对气候变化作出了重要贡献。之后，党中央、国务院会同多个部门发布了多项应对气候变化的政策，引领全国节能减排工作的开展。2021年10月，我国政府发布了《中国应对气候变化的政策与行动》白皮书，进一步强调中国应对气候变化的新理念，积极实施国家应对气候变化战略，增强气候变化适应能力，加大对温室气体排放的控制力度，减污降碳协同增效发展，坚定走绿色低碳发展道路，大力推进碳达峰碳中和重大战略决策的实施。2021年，在习近平总书记对外承诺实现"双碳"目标的一周年之际，发布了《中共中央、国务院关于完整准确全面贯彻新发展理念做好碳达峰碳中和工作的意见》以及《2030年前碳达峰行动方案》，各级党政机关、企事业单位也相继出台了碳达峰行动方案及碳中和路线图，碳达峰碳中和战略"1＋N"政策体系正在加快形成。

在农业领域温室气体减排方面，2011年12月，国务院印发《"十二五"控制温室气体排放工作方案》，提出通过改良作物品种、改进种植技术，努力控制农业领域温室气体排放；加强畜牧养殖业和城市废弃物处理以及综合利用，控制甲烷等温室气体排放增长。2015年6月，我国向联合国提交的国家自主贡献指出要构建循环型农业体系，推动秸秆综合利用、农林废弃物资源化利用和畜禽粪便综合利用。2016年10月，国务院印发《"十三五"控制温室气体排放工作方案》，提出要控制畜禽温室气体排放，选育高产低排放良种，因地制宜建设畜禽养殖场大中型沼气工程，推进标准化规模养殖，推进畜禽废弃物综合利用，到2020年规模化养殖场、养殖小区配套建设废弃物处理设施比例达到75％以上。2021年3月出台的《中华人民共和国国民经济和社会发展第十四个五年规划和2035年远景目标纲要》明确指出，要加大甲烷、氢氟碳化物、全氟化碳等其他温室气体控制力度，提升农业生产适应气候变化的能力。

推进农业农村领域减排固碳是我国碳达峰碳中和的重要组成部分，包括种植业减排固碳、养殖业减污降碳、农机节能减排、草原固碳增汇以及加工流通领域绿色低碳等内容。针对减排固碳的各个领域和应对气候变化的实际需求，农业部门近年来也出台了相关政策措施，在保证粮食安全和有效供给等前提下实现减排固碳，助力我国碳中和目标的实现。

1.2.3　低碳发展机遇与挑战

（1）机遇

低碳发展的机遇包括两个方面。

一是国际气候履约。2016 年我国签署了《巴黎协定》，分别于 2015 年和 2021 年提交了两次国家自主贡献履约承诺，两次都涉及改进农业生产技术，推动低碳技术推广应用，减少农业温室气体排放。足见国家对应对气候变化国际义务的大国担当和对农业绿色低碳发展的重视，也为我国农业食物系统低碳转型提供了政策保障，并指明了发展方向。

二是国内低碳政策。我国政府向来高度重视应对气候变化的工作，“双碳”目标是基于我国国情经过科学论证提出的目标，也是中国深刻推动经济、社会进步，促进经济、能源、环境、气候共赢，基于推动构建人类命运共同体的责任担当和实现可持续发展的内在要求作出的重大战略决策。“双碳”目标被相继写入政府工作报告和“十四五”规划中，一系列低碳政策的出台，将为全面提升我国农业农村绿色发展和农业高质量发展提供巨大机遇。

（2）挑战

在保障粮食和重要农产品有效供给的前提下，按照“双碳”目标要求高质量全面推进乡村振兴面临的挑战主要有以下五个方面：一是我国农业农村碳排放还未达峰，农业农村碳达峰到碳中和时间仅有 30 年，相比欧美 50～70 年的缓冲时间缩短了近半，相较于欧美，我国的减排路径将更加陡峭；二是从总体来看，我国农业正经历“高投入-高产出-高排放”的发展阶段，在“双碳”目标下，农业系统也需要进行技术革新和低碳转型，实现“低投入-高产出-低排放”的发展范式；三是农业农村“碳源”和“碳汇”的本底还未摸清，农业农村减排潜力尚需进一步挖掘；四是农业农村减排将改变生产方式，粮食安全和农民收入降低的风险会进一步加大；五是农业农村减排将增加消费者对低碳产品的额外支付费用（溢价），进而降低消费者对农产品的购买力。

此外，碳减排还会进一步提高政府绿化造林等环境服务的支付成本，增加财政负担。为应对上述挑战，必须发展绿色循环低碳农业，改善农业农村生态环境，健全农业碳排放和碳汇的计量、监测、评价体系，强化农业绿色低碳科技创新，完善政策支持保障机制，建立和完善低碳农业价值实现机制，激发低碳农业内生发展动力，实现农业农村生产生活方式绿色低碳转型。

（3）战略目标

围绕农业绿色转型和农业农村碳达峰碳中和、国家粮食安全保障的战略需求，预计到2025年，农业农村减排固碳与粮食安全、乡村振兴、农业农村现代化统筹融合的格局基本形成，减污降碳协同推进的工作格局基本形成，粮食和重要农产品供应保障更加有力。主要包括农产品温室气体排放稳中有降，农田土壤固碳能力、农业减排固碳能力和应对气候变化能力不断增强，减污降碳协同度有效提升，农业资源利用效率和农业用能效率显著提高，产地环境质量和农业生态系统明显改善，初步建成农业农村减排固碳的核算、监测、评估体系和低碳农业价值实现机制，逐步建立农业农村绿色低碳发展科技支撑体系和政策保障机制。

到2030年，农业农村减排固碳与粮食安全、乡村振兴、农业农村现代化统筹推进的合力充分发挥，种植业温室气体、畜牧业反刍动物肠道发酵、畜禽粪污管理温室气体排放和农业农村生产生活用能排放强度进一步降低，农田土壤固碳能力、农业减排固碳能力、农业应对气候变化能力和减污降碳协同能力显著提升，农村生态环境根本好转，绿色低碳生产生活方式广泛形成，农业农村发展全面绿色转型取得显著成效，农业农村发展与资源环境承载力基本匹配，生产生活生态相协调的农业农村发展格局基本建立，业兴村美人和的社会主义新乡村基本建成。

为实现农业农村节能降碳工程，可以从以下三个方面开展工作。一是农机绿色节能应用：加快老旧农机报废更新力度，推广先进适用的低碳节能农机装备，大力示范推广节能农机化技术；开发工厂化生产等加工及储存运输节能设备。二是节能降耗技术革新：针对产前原材料（化肥种子农膜与饲料等生产）准备，产中农机耕种，产后加工、储运、零售、配送等重点环节，进行节能降耗技术革新，推广绿色农用机械，减少各工业和能源制造加工环节燃料燃烧、能源和电力消耗、交通运输等产生的直接排放和固体燃料、油气系统的逃逸等间接排放。三是可再生能源替代：加快生物质能、太阳能、风能、地热能等可再生能源在农业生产和农村生活中的应用，加强清洁能源在原材料生产、产品加工储运销售配送过程的应用替代，推动农业生产加工等用能侧可再生能源替代；因地制宜发展农村沼气，鼓励有条件地区建设规模化沼气/生物天然气工程，推进农村可再生能源开发利用，增加清洁能源供应，提升能效；推广生物质成型燃料、打捆直燃、热解炭气联产等技术，助力清洁取暖；推进绿色农房建设，加快农房节能改造；

加强农村电网建设，提升农村用能电气化水平。

1.3　农产品干燥行业现状与展望

1.3.1　农产品干燥行业现状

农产品通常包括粮、棉、油、林、牧、果、菌等大宗农业产品及相应的副产品，也包括用食品添加剂和品质改良剂等辅料生产的产品，纤维类经济作物、淀粉类经济作物以及用于生活消费的产品，地区性的土特产品等。农产品加工业是我国国民经济的一个重要组成部分，也是农产品商品化不可缺少的重要环节。农产品加工是降低农产品的产后损失、增加农产品经济价值、提高农产品市场竞争力的有效措施。

干燥是利用热能使湿物料中的湿分（水分或其他溶剂）汽化并排出，从而获得干燥物料的操作，是农产品加工的重要环节之一，可以降低水分含量，减少产品在储存期间的变质和质量下降，干燥产品重量和体积减轻，便于运输和处理。适当的干燥方法可以最大程度地保留农产品的营养成分和感官品质。另外，干燥是一种能源密集型操作过程，是能量消耗最大的工业单元操作之一。在部分发达国家，干燥能耗占据了工业总能耗的 12％～20％。干燥占我国总能耗的 8.4％，占据了食品、农产品加工工业能耗的 12％。并且干燥过程中部分热量以废气的形式直接排放到大气环境中，导致干燥操作过程的能源利用率通常仅有 30％左右。

随着农产品及其他需要干燥物料类别的丰富与人们对物料干燥品质要求的提高，加工企业对干燥设备的多功能性也越来越重视，更加注重研究大型化、高强度、高经济性、广谱与个性化结合的干燥设备。改进对原料的适应性和产品质量，开发新型高效和高适用性的保质节能干燥装备是干燥器发展的基本趋势。如今，我国的干燥装备已经基本结束“进口时代”，国产化干燥装备在国内市场的占有率已达 80％以上。长期以来，国内干燥装备行业一直存在生产规模小、门槛低、整体技术含量不高等问题，例如大部分企业集中于生产成熟度较高的设备，不注重新技术的开发，数量虽多但整体技术水平不高，与世界先进技术水平相比还有较大的差距。以化石能源为主的高能耗、高污染、高碳排放的中低端干燥技术仍占据市场主导地位，也是目前我国干燥市场发展的瓶颈。因此，开发低能耗、低碳排放的干燥技术，不仅可以保证农产品干燥技术水平、增加农产品经济价值、提高农产品市场竞争力，还可以为实现“双碳”目标作出贡献，推动我国绿色发展迈上新台阶。

1.3.2 国内相关政策

为实现“双碳”目标，中国致力于建立合理有效的农业低碳政策体系，调整国家农业低碳发展的相关制度安排。这一政策体系自1984年以来经历了三个阶段。在第一阶段（1984—2006年），中国的政策重点是农业和农村的基本发展，更多地关注农业资源保护和农业基础设施建设，而不是直接针对温室气体减排。在第二阶段（2007—2016年），从《中国应对气候变化国家方案》开始，中国的政策开始强调减缓气候变化，并在种植业和畜牧业等农业各部门重点关注循环利用和可持续发展。第三阶段（2016年至今），我国生态文明建设进入以减碳为重点战略方向的关键时期。这些政策的目标更直接地以减少温室气体排放为目标。例如，2022年《农业农村减碳固碳实施方案》，是首个将农业高质量发展与减碳固碳相融合的政策，为农业农村减碳固碳提供了系统的实施路径。此外，随着科技的快速发展，《“十三五”农业农村科技创新专项规划》《开展果菜茶有机肥替代化肥行动方案》等政策倡导科技创新，促进农业节能减排，增强农业的适应性和抵御能力。近年来，国内各部门发布农产品加工的相关政策如下。

（1）《农业农村部关于加快农业发展全面绿色转型促进乡村生态振兴的指导意见》（农规发〔2024〕27号）

总体要求：坚持科技创新引领。把创新作为发展的第一动力，培育农业新质生产力，加快促进农业绿色发展模式创新、集成技术创新和体制机制创新，增强绿色发展动能，攻克突出问题短板，因地制宜探索适合不同区域、不同生态类型农业绿色发展模式。到2030年，农业绿色发展水平明显提高，农业资源利用效率稳步提高，废弃物资源化利用水平明显提升，农业产地环境保护水平持续增强，绿色低碳循环的农业产业体系初步构建，农业发展全面绿色转型取得积极进展，农村生态环境显著改善，乡村生态振兴有效推进。到2035年，农业绿色发展水平显著提高，绿色生产方式基本形成，农业资源利用效率达到国际先进水平，农业产地环境得到全面改善，农业产业发展循环畅通，生产生活生态协调发展，绿色低碳循环的农业产业体系更加完善，乡村生态振兴迈上新台阶，生态宜居的美丽乡村基本实现。

发展绿色低碳农业产业链；促进加工减损增值；统筹布局农产品加工原料生产、初加工和精深加工产能，推动绿色加工、废弃物回收利用等产业集聚发展，促进加工减损节本、资源高效利用；促进流通降本增效；实施农产品仓储保鲜冷链物流设施建设工程，建设一批产地冷藏保鲜设施、产地冷链集配中心，提高流通效率，降低流通环节成本；促进质量安全水平提升。

（2）《农业农村部关于加快推进农产品初加工机械化高质量发展的意见》（农机发〔2023〕1 号）

农产品初加工是现代农业做强产业链、优化供应链、提升价值链的重要基础。发展农产品初加工机械化，有利于减少农产品损失、提升农产品品质、增强农产品加工转化能力、提高农业生产经营效益，对于做大做强农产品加工流通业、发展乡村产业、拓宽农民增收致富渠道和巩固拓展脱贫攻坚成果具有重要意义。近年来，我国农产品初加工机械化发展取得长足进展，但发展还不平衡、不充分，一些地区、产业和环节不同程度地存在装备总量不足、技术水平不高、设施设备不配套和加工服务能力不强等问题亟待解决。

基本原则：①坚持因地制宜、突出重点。围绕农产品脱壳（毛）、屠宰、去皮（鳞）、分离、清理、分级、烘干、压榨、破碎、包装、贮（冷）藏保鲜等初加工需求，结合实际分区域、分产业、分品种、分环节明确机械化发展重点，突出粮食减损保供、菜篮子产品提质增效和脱贫地区特色产业发展壮大所需初加工设施装备研发推广，注重问题导向、系统谋划，优化产能布局，有效服务重点产业发展。②坚持创新驱动、协调推进。加强农产品初加工技术装备自主研发，创新推广应用机制，加快补齐短板，推进装备成套化、工程化、数字化。统筹农产品生产和产地初加工机械化发展，创新初加工机械化服务模式，不断提高农产品初加工质量效益，拓展农业产业链价值链。③坚持绿色引领、清洁生产。推广绿色清洁、智能高效农产品初加工技术与装备，推进农产品初加工废弃物资源化、无害化利用，做到农产品初加工机械化发展与环境保护兼顾，实现绿色发展。

重点任务：加快提升粮食油料初加工机械化水平、积极拓展特色优势农产品初加工机械化领域、加快推进农产品初加工机械化技术与应用体系建设等。

（3）《农业农村部 国家发展改革委 财政部 自然资源部 生态环境部 国家粮食和物资储备局关于加快粮食产地烘干能力建设的意见》（农机发〔2023〕3 号）

粮食产地烘干是保障粮食品质、减少粮食产后灾后损失、确保粮食丰收到手的重要环节和关键措施，加快提升粮食产地烘干能力，对于保障国家粮食安全意义重大。近年来，我国粮食产地烘干能力建设取得长足进步，但发展还不平衡、不充分，部分地区还存在设施装备总量不足、技术水平不高、设施与装备不配套等问题，烘干服务还不能满足粮食生产的需要。习近平总书记指出，要加快补上烘干仓储、冷链保鲜、农业机械等现代农业物质装备短板。

基本原则：①科学规划、统筹推进。坚持先规划后建设、改造与新建并举，综合考虑地理位置、烘干设施布局、市场需求、防灾减灾需要和基础条件等因素，因地制宜、科学合理布局粮食产地烘干能力和辐射范围。依托农机社会化服务组织以及粮食种植合作社、家庭农场等新型农业经营主体，按照设施与装备配套、平时与应急结合的要求，统筹推进粮食烘干中心（点）建设，发挥好设施装备对粮食生产防灾减损的支撑作用。②规范引领、科技支撑。分品种、分区域研究粮食产地烘干能力建设需求，制定建设规范与技术方案，指导粮食烘干中心（点）建设实施、验收与使用。根据不同品种及市场需求，强化粮食烘干新工艺、新技术、新装备的创制与集成应用，不断提高粮食产地烘干质量效益。③绿色发展、保障安全。强化节能、高效、低碳烘干储粮技术装备推广应用，确保噪声、振动、粉尘、烟气等符合环保要求，促进粮食烘干绿色发展。压实各方责任，提升检验监测体系能力，强化安全监管，实现粮食烘干安全生产和质量安全全程可追溯。

主要任务：优化粮食烘干能力布局、推进粮食烘干设施装备规范建设、发展节能高效绿色技术与装备、提高烘干设施装备信息化水平、增强烘干作业服务能力等。

（4）《农业农村部办公厅关于做好“三秋”机械化生产工作的通知》（农办机〔2022〕11号）

强化减损，力争秋粮颗粒归仓。要按照《农业农村部办公厅关于将机收减损作为粮食生产机械化主要工作常抓不懈的通知》（农办机〔2021〕10号）要求，以平均损失率控制在现行机收作业质量行业标准以内为目标，持续巩固已有机收减损工作成果，进一步挖掘减损潜力，能多挽回一斤是一斤。一要在符合疫情防控要求的前提下，组织开展秋粮机收减损大宣传、大培训、大比武活动，努力做到宣传活动对各类农业生产经营主体和服务主体全覆盖、培训和技能指导对所有持证机手全覆盖、大比武活动对所有秋粮主产县（市、区）全覆盖，确保机具和机手以最佳状态投入作业。二要按照《2022年主粮作物机收损失监测调查方案》要求，会同发展改革部门组织开展秋粮机收损失田间监测及数据汇总分析报送等工作，推动粮食机收作业质量进一步提高。三要加强粮食烘干能力建设和服务供给，改善粮食收获后晾晒和烘干条件，及时引导农民对含水量过高的粮食早烘、快烘，努力减少霉变损失。

（5）《工业和信息化部 发展改革委 生态环境部关于印发工业领域碳达峰实施方案的通知》（工信部联节〔2022〕88号）

全面提升清洁生产水平。深入开展清洁生产审核和评价认证，推动钢铁、建材、石化化工、有色金属、印染、造纸、化学原料药、电镀、农副食品加工、工业涂装、包装印刷等行业企业实施节能、节水、节材、减污、降碳等系统性清洁生产改造。清洁生产审核和评价认证结果作为差异化政策制定和实施的重要依据。

推动新一代信息技术与制造业深度融合。利用大数据、第五代移动通信(5G)、工业互联网、云计算、人工智能、数字孪生等对工艺流程和设备进行绿色低碳升级改造。深入实施智能制造，持续推动工艺革新、装备升级、管理优化和生产过程智能化。

建立数字化碳管理体系。加强信息技术在能源消费与碳排放等领域的开发部署。推动重点用能设备上云上平台，形成感知、监测、预警、应急等能力，提升碳排放的数字化管理、网络化协同、智能化管控水平。促进企业构建碳排放数据计量、监测、分析体系。打造重点行业碳达峰碳中和公共服务平台，建立产品全生命周期碳排放基础数据库。加强对重点产品产能产量监测预警，提高产业链供应链安全保障能力。

(6)《全国道地药材生产基地建设规划》(2018—2025 年)(农农发〔2018〕4 号)

中药材是中医药事业传承和发展的物质基础，道地药材是我国传统优质药材的代表。但道地药材资源无序开发、品种创新不足、质量安全水平不高，影响中医药持续健康发展。加快道地药材基地建设，对促进特色农业发展和农民持续增收、加快发展现代中药产业、实现乡村振兴具有重要意义。

道地药材源自特定产区、具有独特药效，需要在特定地域内生产，才能保证其优良的品质。多年来，资源过度开发，一些野生药材资源濒临枯竭。同时，适宜产区种植不规范，非适宜区盲目扩种，造成药效下降、道地性丧失。道地药材是中医药事业发展的基石，加强道地药材资源保护和生产管理，规划引导道地药材生产基地建设，推进标准化、规范化生产，稳步提升中药材质量，对于实施健康中国战略和乡村振兴战略具有十分重要的意义。

重点任务：道地药材产地加工体系建设。在继承与研究道地药材传统加工技艺基础上，制定道地药材产地技术规范，建设清洁、规范、安全、高效的现代化药材加工基地，综合运用化学、生物、工程、环保、信息等技术，提高药材质量。加快道地药材生产基地产地贮藏设施设备建设，应用低温冷冻干燥、节能干燥、无硫处理、气调贮藏等新技术，提升药材保鲜能力，最大程度保持药效。对药材生产过程产生的非药用部位、药材及饮片加工过程产生的下脚料等进行资源化利用，延伸产业链，提高综合收益。

(7)《江苏省人民政府关于印发江苏省推动大规模设备更新和消费品以旧换新行动方案的通知》(苏政发〔2024〕41 号)

推动农机装备更新。淘汰报废老旧农机，加大耕、种、管、收、烘各环节农机装备更新力度，加快高效低耗智能农机推广应用，争取到 2027 年报废更新农机14.9万台（套）。推动农业设施设备更新。支持各地开展种植、畜禽、水产等现代化农业生产和农产品产地冷藏保鲜、烘干等设施设备更新。到2027年，力争改造提升老旧设施棚室20万亩，实施300个规模养殖场设施设备提档升级，实施30万亩池塘标准化改造，完成2000艘以上渔船北斗终端等设施设备更新改造，改造智能绿色产地烘干中心200个。

(8)《宁夏回族自治区人民政府关于印发〈宁夏回族自治区推动大规模设备更新和消费品以旧换新实施方案〉的通知》(宁政发〔2024〕15号)

持续实施农业机械报废更新补贴政策，推动农业机械化从主要农作物耕种收向植保、秸秆处理、烘干、农产品初加工等全过程延伸，到2027年，老旧农业机械报废更新数量较2023年增长50%以上。

1.3.3 绿色低碳干燥发展展望

农产品绿色低碳干燥发展对于降低整体农产品加工能耗具有巨大推动作用，加速打造能源新质生产力是必由之路。新质生产力是创新起主导作用，摆脱传统经济增长方式和生产力的发展路径，符合新发展理念的先进生产力质态，其作为绿色生产力为推动能源清洁低碳转型、经济社会绿色发展和应对气候变化注入强劲新动能。实现农产品干燥绿色低碳发展的关键技术路径主要包括以下几点：

① 开展农产品干燥过程科学原理研究。干燥过程影响因素众多、工艺复杂且重现性差，容易造成产品品质不稳定。目前，加工过程中对工艺参数的掌控和优化主要根据经验进行调整，而对干燥过程传热传质机理等基础科学问题研究深度不够，无法有效解决制约干燥行业发展的共性问题。并且，目前适用于农产品干燥的数学模型研究尚不充分，通用性较差。亟须依靠干燥机理构建可靠、灵活的仿真模型，对干燥实际过程进行可靠的定量表达，为指导干燥工艺装备系统设计和工艺能效评价提供参考。

② 优化农产品干燥工艺。干燥单位能耗是开发干燥工艺的重要评价指标之一，通常容易被忽略。通过研究农产品干燥技术的典型影响参数对干燥特性、物料品质及干燥能耗的影响，采用多指标评价等方法优化干燥工艺，提出“高效、保质、低碳”干燥工艺指导实际加工生产，可以从根本上实现绿色节能干燥。

③ 采用余热回收技术提高能源利用率。传统干燥技术热能损失量大、能源利用效率低。可以采用热泵等余热回收技术，以“直接”或“间接”的形式高效回收干燥过程产生的废热并加以利用，并基于干燥系统热力学分析，优化干燥装备的热力循环流程，降低一次能源输入量和各关键部件的能量损失，提高能源利

用效率。

④ 新能源代替传统化石能源。传统干燥技术以煤炭、天然气等化石能源为主充当干燥热源，能源消耗量巨大且污染环境。采用太阳能、生物质能等新能源代替传统化石能源，可以有效降低干燥系统碳排放，保护大气环境。

⑤ 耦合储能技术。基于峰电时期的农产品干燥热负荷，开发可实现谷电时期电能高效长时存储的储能材料，或开发太阳能耦合储能技术，通过调控峰谷电时期干燥系统运行模式，实现节能降碳目标。

⑥ 多种热源耦合干燥。不同干燥技术具有各自的优点，且无需干燥介质作为载热体的新型干燥技术正逐步兴起。基于干燥技术特点和不同种类农产品物料质构、成分等特征，采用多种热量传递形式的热源耦合干燥，可以有效提高干燥速率，降低能源消耗量。

⑦ 优化干燥系统自动控制水平。干燥系统是一个复杂的强耦合非线性动力系统，容易受多种因素干扰，会影响物料干燥品质和成本。基于低碳干燥工艺，通过对操纵、控制、干扰、约束等变量实现及时在线控制调整与解耦控制，优化控制逻辑，可以使干燥系统始终维持最优运行工况，降低无效能源损失量，提升自动化水平与多功能性，还可以提高控制精度，实现干燥系统智慧调控。

1.4　干燥技术与装备

1.4.1　干燥数值模拟技术

现代干燥技术目标主要包括优化过程控制、提高产品质量和生产效率等，可以通过发展高级数值模拟技术实现现代化干燥。数值模拟为干燥过程的研究提供了强大的工具，尤其在多孔介质干燥的复杂传递现象中表现出显著优势，同时也为干燥操作过程研究提供了低成本、快速的设计手段，相较于实验研究表现出多方面优势。

湿物料热力干燥过程是热量和质量的耦合过程。通常热量由干燥物料的外部向内部进行传递，而湿物料的内部水分则由内向外不断迁移，直至物料含水率降低至满足实际要求。目前，数值模拟方法从最初的 Fick 定律演变为多相、多尺度模型，涵盖传统的连续介质模型、体积平均模型、多孔网络模型和分形几何等方法。尽管传统的连续介质模型简化了多孔结构的复杂性，但难以准确描述孔道内水分迁移的微观过程。

因此，Whitaker 提出了体积平均法，通过体积化的结构参数计算有效传递系数，从而提升了模型的准确性。然而，由于这些模型仍基于连续介质假设，难以应对孔道分布的复杂性和不规则性。为了克服这一局限性，Prat 和 Nowicki 等人提出将多孔网络模型、分形几何等非连续介质方法应用于干燥过程模拟。这些方法能够准确描述孔隙结构中的水分传输路径及蒸发冷凝过程，对提升模型的准确性和细节模拟具有重要作用。后续对干燥数值模拟典型理论进行介绍。

在 20 世纪初，许多专家学者开始研究固体物料干燥过程中内部的热质传递规律。然而，多孔介质的微观结构复杂，且热质传输机制多样、影响因素众多，使得干燥过程的观测与验证难度较大，这一领域的研究进展相对缓慢。为描述水分迁移过程，学者普遍采用了基于连续介质假设的理论模型。这些理论模型在宏观上能较好地描述湿分在固体物质中的传递过程，但在细节上仍存在局限性，无法准确描述多孔介质微观结构对传递过程的影响。表 1-1 总结了不同连续介质假设理论的相似性与差异性，各理论中水分的迁移形态包括液态和蒸汽，迁移动力则涉及温度梯度、浓度梯度、压力梯度和毛细力等多种因素。

表 1-1 水分迁移的连续介质假设理论

典型理论	代表学者	主要贡献	驱动力	应用范围	理论核心
液态扩散理论	Lewis	干燥时固体物质内的湿分以液态扩散形式进行迁移	内部的湿分浓度梯度	球形或平行六面体的干燥过程	扩散系数为常数或与温度、浓度相关
	Hougen	正确预测干燥过程中物体内湿分梯度的情况，Lewis 理论成立	内部的湿分浓度梯度	物料平衡水分含量低于大气饱和点、固液互溶的单相固体系统	采用可变扩散系数
	Babbit	湿分在蒸气压梯度的作用下甚至能沿与浓度梯度方向相反的方向流动	压力梯度	—	—
	Sherwood	液态扩散理论依靠试验的扩散系数补偿了模型的理论偏差所造成的计算误差	内部的湿分浓度梯度	广泛应用于干燥	扩散系数为试验值
毛细理论	Buckingham	等温条件下通常认为毛细势与湿分梯度成正比	毛细势、气液界面两侧的压力差	穿过缝隙或沿固体表面的液体流动	—

续表

典型理论	代表学者	主要贡献	驱动力	应用范围	理论核心
毛细理论	Ceaglske and Hougen	水分的流动完全由毛细势决定，与湿分浓度无关	毛细势	颗粒床干燥	—
	Miller	介质均匀并忽略自重，张力与湿分含量成正比	表面张力梯度	物料中高于饱和湿含量部分水分的干燥、超出环境饱和状态下平衡湿含量部分干燥	表面张力和黏性流动都与压力有关
蒸发冷凝理论	Henry	湿分只以气态的形式扩散	温度梯度 压力梯度	一种物质通过孔道在另一种物质内的扩散	物体内的蒸汽量与蒸汽浓度和温度呈线性系，扩散系数为常数
	Gurr	存在蒸汽形式的湿分迁移，非饱和多孔介质在温度梯度下无液态流动	—	—	存在压力梯度时全部为液态流动
	Hougen	湿分可以在物体内以蒸汽扩散的形式迁移	温度梯度 压力梯度	所有对湿物质进行一侧加热、另一侧干燥以及颗粒床干燥的情况	物质内部存在温度梯度
	Wang	建立了谷物床内部湿分迁移模型	—	—	—
	Young	修正 Lewis 数，以确定传热方程在干燥过程中的显著性	—	—	Lewis 数 >60，忽略传热，Lewis 数 <60，主要传热
Luikov 理论	Luikov	提出了“湿分的热扩散”概念，指出温度梯度也是影响物料内湿分迁移的因素	温度梯度、浓度梯度、压力梯度	蒸汽（扩散、渗流、滤流）；液体（扩散、毛细吸附和滤流）	蒸汽、空气和水分子的质量传输会同时发生
Philip 与 De Vries 理论	Philip、De Vries	多孔介质内同时存在水分梯度和温度梯度时的质量和热量传递方程	温度梯度、浓度梯度、毛细势	湿分在孔道或毛细管内连续分布的区域（地质、水文和石油科学领域）	—

续表

典型理论	代表学者	主要贡献	驱动力	应用范围	理论核心
Krischer、Berge 以及 Pei 理论	Krischer、Berge、Pei	干燥时湿分能通过毛细作用以液体形式迁移，也能在蒸汽浓度梯度下以蒸汽形式迁移	温度梯度、浓度梯度、压力梯度、毛细势	食品及生物制品干燥	—
Whitaker 体积平均理论	Whitaker	将多孔介质内部不同的相进行体积平均得到多孔介质热质传递连续方程组	—	多孔介质孔道内水分传输	多孔介质孔道内水分传输的方程不能直接应用于多孔介质整体

毛细现象是指物体中固液两相间分子吸引力导致的穿过孔隙或沿固相表面流动的现象，其迁移动力为毛细力（或称为毛细势），具体是指毛细管中气液界面两侧的压力差。毛细流动可以有效描述含水率较高物料的干燥机理，毛细液流通量可根据下式计算。通过分析控制方程发现，液相密度和含水量是影响毛细作用水分流通的重要影响因素。

$$J_1 = -K_H \nabla \psi = -K_H \rho \nabla M \tag{1-1}$$

式中 J_1——毛细液流通量，$kg/(m^2 \cdot s)$；

K_H——非饱和水力传导系数，m^2/s；

ψ——毛细势，kg/m^4；

ρ——密度，kg/m^3；

M——含水量，kg/kg。

液体扩散理论认为在干燥过程中固相物质内的湿分是以液态扩散形式进行迁移的，作用力为物料内部的湿分浓度梯度，其数学模型如下式所示。然而，根据实验验证发现，将浓度梯度的液体扩散视为唯一作用力是不完整的。

$$\frac{\partial m}{\partial \tau} = \nabla (K_1 \nabla M) \tag{1-2}$$

式中 M——毛细液流通量，$kg/(m^2 \cdot s)$；

K_1——浓度梯度作用下的液相扩散系数，$m^2 \cdot s$；

τ——时间，s。

Luikov 理论指出温度梯度也是影响干燥过程中水分迁移的重要因素。该理论根据不可逆热力学原理做出假设，主要包括同时发生水蒸气和水分子的质量传递，其中气相以扩散、渗流及压力梯度引起的滤流等形式进行，还可以采用 Fick 定律进行描述，将所有干燥物料均视为各向同性材料，忽略干燥物料的形变和松弛项。根据质量和能量平衡，可通过下式进行描述。该控制方程的优点是从热质传递的实际情况出发，描述多孔介质在非稳态过程的湿分迁移，奠定了液相与气相同时传递耦合模型的理论基础。但干燥过程中上述模型的综合系数较难确定，影响了该理论的实际应用。

$$\frac{\partial M}{\partial t}=K_{11}\nabla^2 M+K_{12}\nabla^2 T \tag{1-3}$$

$$\frac{\partial T}{\partial t}=K_{21}\nabla^2 M+K_{22}\nabla^2 T \tag{1-4}$$

式中　K——综合系数；

T——温度，K；

t——干燥时间，s。

蒸发冷凝理论即假设干燥时湿分仅会汽化，蒸发后再进行传递，且固相孔道为均匀连续的。在扩散过程中水蒸气会部分阻滞或吸收，干燥物料内部的蒸汽量与蒸汽浓度和温度呈线性关系，质量和能量平衡方程如下式所示：

$$\alpha\varepsilon^{*}K_{v}\nabla^{2}M_{vap}=\alpha\frac{\partial M_{vap}}{\partial t}+(1-\alpha)\rho_{s}\frac{\partial M}{\partial t} \tag{1-5}$$

$$\alpha\rho_{s}c_{s}\frac{\partial T}{\partial t}=\lambda\nabla^{2}T-L_{T}\frac{\partial M}{\partial t} \tag{1-6}$$

式中　α——空气体积分数；

ε^{*}——扩散路径迂曲度系数；

T——温度，K；

M_{vap}——蒸汽浓度，kg·m³；

K_{v}——蒸汽扩散系数，m²·s；

ρ_{s}——固相密度，kg/m³；

c_{s}——固相比热容，J/（m³·K）；

λ——导热系数，W/（m·K）；

L_{T}——吸附热，J·m³。

Philip、De Vries 理论和 Krischer、Berger 理论以上述经典理论为基础，进一步优化控制方程。通过分析上述干燥经典理论发现，干燥物料通常被视为连续介质，可以采用时间和空间的连续函数来表征连续介质的性质和运动特性等物理量，从而采用连续函数来分析或求解其热质传递问题。但是，应用连续假设方法进行研究存在两个缺点：第一，由于干燥过程中水分或水蒸气在多孔介质内部的传输只能在孔隙内进行，且无法沿任意方向迁移，所以介质在各个方向上均表现为各向同性，这一特性使得连续介质假设模型难以准确描述干燥过程；第二，多孔介质的孔隙率、孔道半径及分布、孔道曲折度等结构特征均会影响热质传递规律，为充分考虑结构特征的影响，可以采用 Whitaker 体积平均法解决该问题。

Whitaker 体积平均法即在系统内任选一个表征单元体，假设该单元体的结构特性可以反映整个系统，通过对该单元体内湿分传输模型进行求解从而确定有效传输参数，并将其用于系统的宏观传输模型上。这种方法可以将传输模型转化为理论分析模型，但其局限性在于仍需要采用连续介质假设，且对介质均一性有较高要求。Whitaker 体积平均法与连续介质假设在本质上并无区别。

为了实现对多孔介质物料的干燥，可以通过在非连续相中构建描述温度梯度和水蒸气浓度的非平衡数学物理模型或介观模型，深入描述多孔介质微观孔道内的三相传输规律，从而揭示多孔介质的孔道尺寸及分布、孔隙率等参数和宏观或介观条件下毛细作用力、湿分吸附、物料表面张力效应、水蒸气压力差等因素对干燥过程的影响。

20 世纪 90 年代提出的孔道网络干燥理论和多尺度模型，在固体干燥过程热质传递研究方面有着广泛的应用。孔道网络干燥理论是一种完全离散化的方法，可以将干燥物质的微观结构直接通过仿真模型描述出来。不同类型的微观孔道网络模型如图 1-4 所示。

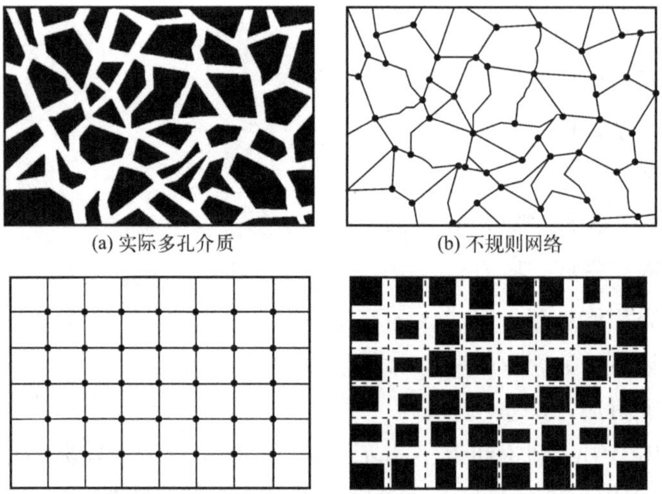

(a) 实际多孔介质　(b) 不规则网络

(c) 规则网络　(d) 孔道网络

图 1-4　微观孔道网络

图 1-4（a）为松散的多孔介质微观结构，具有较大体积的孔隙称为孔道节点，两个孔道节点之间的较小孔隙通常被称为孔道。将相邻的孔道节点连接，就形成了如图 1-4（b）所示的不规则网络。与某个孔道节点相邻的节点数称为该孔

道节点的配位数，各节点的配位数在不规则网络中有所不同，目前鲜有学者直接采用该模型进行研究。有专家学者指出可采用各孔道节点具有相同配位数的规则网络来代替不规则网络进行研究，当前者的配位数等于后者各节点配位数的平均值时，说明两模型的主要性质相同，也可以采用如图 1-4（d）所示规则的孔道网络模型研究多孔介质的干燥过程。到目前为止，基于孔道网络的研究主要分为两大类：第一类是针对单元体上的孔道网络进行研究；第二类是基于物料等级上孔道网络进行研究。

Nowicki 为了明确干燥物质连续模型中宏观传输参数，在干燥物料上划定了表征性体积单元（Representative Volume Element，REV），并采用孔道网络理论进行干燥机理研究。首先，采用孔道网络表达 REV 内部的孔道空间，然后再运用“等效”的规则来描述孔道空间中流态物质的流动及分布。此外，还采用分子动力学计算平均体积单元上的有效传输参数。在孔道网络建立完成后，构建气相和液相在孔道内部的迁移模型，通过计算干燥过程中弯月面的位置等物理参数，从而获得干燥物料典型特性参数，该方法为干燥研究的发展指明了新方向。Prat 和 Yortsos 等构建了透明的蚀刻孔道网络模型实验台并进行实验研究，从而明晰多孔介质中气相和液相的动态分布规律、瞬时干燥速率等干燥特性，还可以采用该模型来直接观察物料整体的动态变化规律。

20 世纪 80 年代开始发展的复杂性科学研究对象为复杂系统，包括湍流、大脑神经网络等。复杂性系统的显著特征就是有明确的层次结构，或者称为系统具有多尺度性。多尺度系统理论主要用于研究各种空间或时间尺度的相互耦合现象。多尺度理论方法主要包括五点：将复杂系统分解成为若干不同尺度的子系统；对各个子系统本身进行深入研究；探究不同子系统之间的相互联系；通过分析归纳等方法总结出总系统中多尺度结构产生的控制机理；结合不同子系统的研究结果来解决总复杂系统存在的问题。

多尺度方法中通常包括时间尺度和空间尺度，不同领域的尺度概念也有所不同。在空间上可将所研究的对象划分为微观、宏观以及介观三个尺度。根据不同尺度的差别需采用不同的研究方法，但其根本目的在于实现多个尺度耦合。此外，对于处于复杂性系统中的研究对象，不仅要了解复杂系统特定的时间、空间尺度，还需对子尺度之间的关联性进行深入探索。重点需要解决的问题包括相邻尺度现象之间和跨尺度作用的关联、多尺度结构的定量预测等。

多孔介质是典型的复杂性系统。由于研究手段的限制，传统的连续介质理论常常忽略多孔介质微观尺度的复杂性，但多孔介质热质传递问题同样可以采用多尺度的方法进行研究，常规多孔介质的结构本身具有明显的多尺度特征。

在空间上，多孔介质包含尺寸不同的孔道，孔道半径小于 10^{-5}m 的被称为毛细孔道，干燥过程中毛细效应对水分迁移起着主要作用，而当多孔介质的孔道半径大于 10^{-5}m 时，重力作用就不能忽视。Luikov 又进一步将毛细孔道分为微毛细孔道（半径小于 10^{-7}m）和宏毛细孔道（半径大于 10^{-7}m）。在微毛细孔中，如果孔道半径小于分子平均自由程，即存在稀薄气体效应。具体来说，孔道内部气体不再具有连续介质的特性，而表现出分子离散运动特征。水蒸气的迁移通过气体扩散实现，毛细孔的壁面吸附数层水分子，这些迁移特征与宏毛细孔中的特征有着显著的差异。干燥过程中毛细作用和稀薄气体效应对热质传递规律均有不可忽视的影响。

在时间上，非 Fick 效应和非傅里叶效应等均与时间尺度密切相关。采用多尺度方法的主要目的在于对不同尺度进行预测，即掌握“低尺度”的规律后，再基于此规律预测“高尺度”的规律。而对于干燥机理相关研究而言，从微观结构出发可以更精准地研究其对宏观干燥特性的影响。

除此之外，分形理论也是研究多孔介质传热传质的有效方法。分形是研究任意空间标度和时间标度下具有自相似的形状或现象的理论，可以反映非线性现象和不规则结构的客观规律。在 20 世纪 90 年代，分形理论进入发展与开拓应用阶段。分形几何理论结合各个学科的特点，不断提出新理论并在不同领域成功应用。分形理论可以有效描述多孔介质复杂微观结构，例如孔隙尺寸、迂曲性和异质性等，为研究其对热质传递的影响提供了新思路。

1.4.2 干燥技术分类及特点

现代干燥技术的发展不仅追求高效去除水分，更注重能源效率、低碳足迹和环保成本。干燥设备的设计不再仅仅是实现脱水目标，而是力求高能效、低成本和环境友好的运行方式，特别是在新兴经济体的工业化和人口增长推动下，干燥过程的巨大能源需求加快了技术创新的步伐。

早期的农产品干燥通常采用自然干燥方式，运用自然能源（风能或太阳能等）实现水分脱除。其生产过程中能耗较低，但生产效率和产品质量较差，且受限于气候和季节条件。随着工业革命的发展，人工干燥技术的发展十分迅速。人工干燥是指在人工控制条件下对食品进行干燥，不受气候限制，干燥时间短，产品质量好。目前，农产品人工干燥常采用的技术包括热风干燥技术、热泵干燥技术、真空干燥技术、微波干燥技术、高压电场干燥技术、过热蒸汽干燥技术等，不同干燥技术的特点也各不相同。

（1）自然晾晒法

自然晾晒法是指在无外部热源或强制通风情况下，借助太阳辐射和自然界的风力，使物料中的水分汽化，达到去除水分目的。该方法是农产品种植区的大部分散户、农户以及部分企业处理农产品量较少的时候采用的庭院式晾晒传统模式，地点常选择空旷通风之处。这种方法的优点在于干燥成本低、热损伤小，但同时具有干燥周期相对长、效率低、劳动强度大、占地面积大、容易受风沙等天气的影响、易受灰尘和虫蚁的污染等缺点，这些将会导致农产品营养成分严重流失、品质降低、卫生指标严重超标、严重“二次污染”，使产品质量不稳定。

国内外学者针对农产品自然晾晒干燥方式存在的问题，研究出不同的自然晾晒干燥方式，例如装袋堆垛、囤藏和风干仓风干等，如表 1-2 所示。虽然问题得到一定改善，但自然晾晒过程的空气温度、相对湿度和风速随气候条件变化而变化，不能人工精准控制调节。在天气晴朗、气温高的环境下，干燥周期短；而在阴雨天气、气温低、相对湿度大的条件下，干燥周期较长。

表 1-2　不同自然干燥方式

干燥方式	平铺	袋装堆垛	囤藏	风干仓风干
作业照片				

（2）热风干燥技术

热风干燥是依据介质传热原理，当热空气与物料表面接触时，将热量传递给物料，物料表面水分受热汽化扩散到周围介质中，形成物料自内部到表面的湿度梯度，物料内部水分便向外扩散，直到物料中的水分下降到一定程度时，此过程趋于停止。与此同时，物料表面受热后温度高于物料中心而形成温度梯度，促使水分从中心向表面传递。热风干燥过程中，传质和传热同时发生，但方向相反。热风干燥装备示意图如图 1-5 所示。热风干燥具有成本低、自动化程度较高、操作简单、处理量大、适应性强、经济性好等优点，被广泛应用于农产品干燥加工。但干燥效率低，且干燥后空气直接排入大气中造成热效率及能源利用率低。同时，过度加热及热空气的氧化作用导致产品质量难以保障。

在早期探索阶段，研究人员重视热风干燥过程中客观干燥对能量利用率的影响，相关研究揭示了热风干燥机理，为今后干燥设备的研制和改造提供了理论基础。随着干燥理论研究的深入，农产品热风干燥技术迅速发展并有向新技术开发

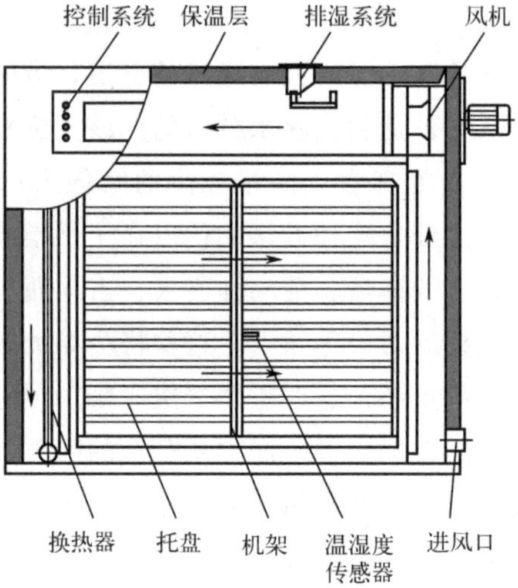

图 1-5　热风干燥装备

和多技术联合发展的趋势。研究人员证明了变温干燥可有效控制物料内部水分扩散速率，即在热风干燥过程中应该根据不同物料特性、不同干燥阶段适时调整干燥温度以提升干燥效率，使内部和外部水分扩散保持相对均衡，这一研究成果已经推广应用到包括枸杞、玉米、黑木耳、蓝莓、猕猴桃片等物料干燥，有效改善了以往热风干燥产品表面出现硬壳的缺点，提高了物料品质。

目前，热风干燥是使用最为广泛的干燥技术。影响热风干燥的因素包括热风温度、湿度、风速等，在多种影响因素中以热风温度影响最为显著。大量实验研究表明，干燥温度越高，物料的干燥速率越快，并且物料中的营养成分含量受干燥温度影响也比较大，具体变化趋势因物料本身特性而定。热风速度也是重要影响因素之一，研究表明在一定范围内热风速度与物料干燥速率呈正相关。此外，物料生物学特性、形状大小等性质和在干燥过程中排列堆放情况对热风干燥的影响同样不容小觑。

(3) 热泵干燥技术

热泵是一种高效的制热设备，以电能、机械能等为动力，依靠系统内部制冷工质热力循环实现热量转移。热泵主要分为地源热泵、水源热泵和空气源热泵，其中空气源热泵被广泛应用于干燥操作中，典型的热泵干燥系统如图 1-6 所示。热泵干燥技术属于热风干燥技术的一种，也是对传统干燥工艺的改革。

在干燥过程中，热泵可以回收排湿废气余热，从而实现能量回收与循环利用，大幅度降低干燥能耗并有效地提高热能的利用率和能源转化率。研究结果表明，在运行工况相同的情况下，与电加热热风干燥相比，热泵干燥普遍可节能

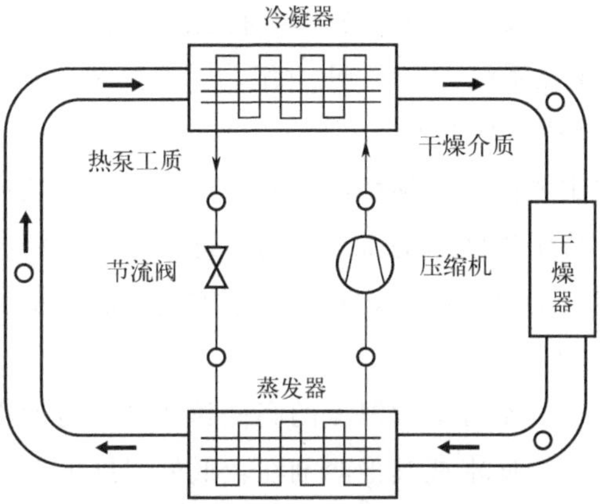

图 1-6　空气源热泵干燥系统

20%～50%，且不会对大气环境产生污染。热泵干燥的操作运行不再受大气环境温湿度的限制，可以较好地保持干燥产品的质量，使产品的成品率和品质有所提高。目前，该技术在干燥领域获得了广泛深入的研究并取得了较快的发展。

（4）微波干燥技术

微波干燥技术是利用微波发生器将电功率转换成微波功率，通过波导输送到微波加热器，微波直接透入干燥物料内部被水分吸收而转化为热能，实现加热干燥。该技术加热速度快、干燥效率高、操作方便、产品质量高，但温度无法精确控制和调节，并且投资和运行成本较高、设备昂贵、批处理量小、操作使用要求高、对监控手段和供电条件要求苛刻。微波干燥装备如图 1-7 所示。

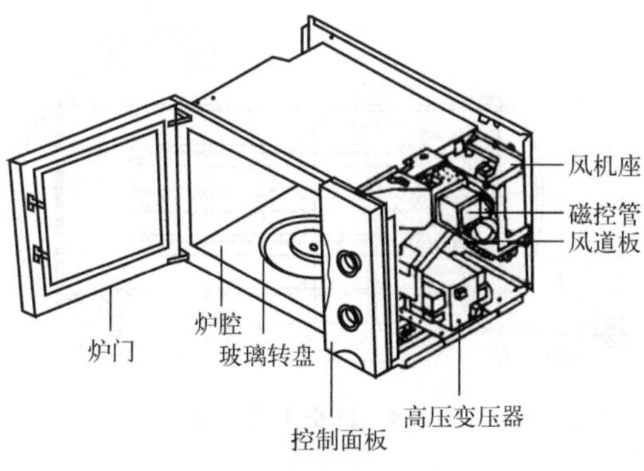

图 1-7　微波干燥装备

微波干燥技术在农产品干燥领域经历了漫长的发展历程。该技术在 20 世纪 40 年代被引入，主要应用于食品加热。随着科技的进步，80 年代开始应用于农产品干燥。研究人员发现微波能够迅速穿透物料并且加热均匀，可以有效提高干燥效率。到20世纪90年代，微波干燥设备逐渐商业化，并结合了其他干燥技术，如热风干燥等，形成复合干燥系统。进入21世纪，随着控制技术的提升，微波干燥的精确性和能效进一步增强，成为农产品加工中越来越重要的技术选择。

影响微波干燥的主要因素包括微波功率、持续时间和功率密度等。例如，较高的微波功率会破坏待干燥物料的微观结构、迅速分解物料中的营养成分，并且物料暴露于微波辐射下的时间越长，对微观结构造成的损伤就越大。

（5）真空干燥技术

真空干燥技术是根据水分蒸发温度的高低随环境压力大小而变化的原理，通过降低干燥器内的气压，使水或其他溶剂在较低的温度下低温蒸发，从而快速去除产品中的水分或挥发性成分。并且真空机组快速抽出汽化的蒸汽，使得真空作用下物料内部及周围形成水分梯度、压力梯度及浓度梯度，促使水分扩散逸出，从而能提高干燥效率。另外，待干物料处于负压状态下隔绝空气，使得部分在干燥过程中容易氧化的物料更好地保持原有的特性，保证良好的干燥品质，这是真空干燥不同于其他干燥技术的优点。

真空干燥技术的发展经历了从实验室小规模应用到工业化推广的逐步演进，真空干燥装备如图1-8所示。早期的真空干燥主要应用于制药和化工行业，处理热敏性和易氧化的物质。随着真空泵、加热技术和真空腔体设计的进步，真空干燥逐渐向食品、电子、材料等领域扩展，解决了多种工业生产中的干燥需求。尤其在20世纪后期，随着自动化控制技术和新型真空系统的引入，真空干燥装备变得更加高效稳定。

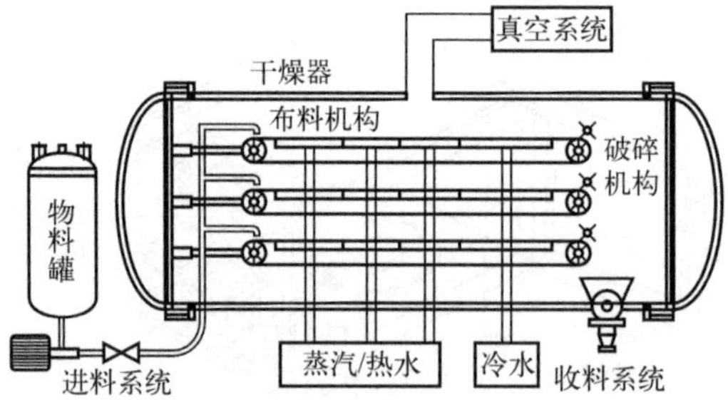

图1-8 真空干燥装备

真空干燥的效果受真空度、干燥温度、物料特性、加热方式、干燥腔体设计、真空泵性能等多方面因素的综合影响。适当的真空度可以降低溶剂的沸点，加速水分蒸发；而合理的干燥温度既能保护热敏性物料，又能提高干燥效率；物料的含水量、粒度和结构等特性会影响水分扩散速率，加热方式（主要为接触式或辐射式）和加热均匀性决定了干燥的效率和效果。另外，干燥腔体的设计影响热量分布和水分蒸发速率，冷凝系统则可提高溶剂回收率。真空泵的性能及腔体密封性直接影响真空环境的稳定性。通过综合优化这些因素，能更好地控制干燥速度、物料质量和干燥能耗。

（6）真空冷冻干燥技术

真空冷冻干燥技术通常使干燥物料中所含的水分迅速冻结，再通过高真空度将冰晶迅速升华为蒸汽从而实现水分去除，真空冷冻干燥装备如图 1-9 所示。20 世纪初真空泵和制冷机问世后，真空冷冻干燥技术于 1909 年首次实现应用。1942 年第二次世界大战中将其用于血液制品、抗生素的储存运输。20 世纪 50 年代我国开始引进真空冷冻干燥技术用于生物制药的生产和保存。60 年代开始应用于食品领域，随后尝试将其用于农产品干燥等领域。

真空冷冻干燥过程主要分为预冻和干燥两部分。在预冻阶段，冻结速率将会影响冰晶的尺寸大小。冻结速率越快则形成的冰晶越大，会导致物料内部形成较多孔隙结构，有利于干燥进行，但对物料的细胞结构会造成一定程度的破坏；当冻结速率较小时，形成的冰晶较小，对物料结构的影响较小。真空冷冻干燥的干燥阶段包括升华干燥和解析干燥两个过程。升华干燥阶段是指在真空条件下物料中的水分从冻结状态直接以气态形式大量升华逸出的过程。随着升华干燥的进行，物料内部形成的孔隙结构有利于后续干燥的进行。解析干燥主要是指与物料结合紧密的结合水干燥逸出的过程，解析干燥过程往往比较缓慢，其干燥速率通常由物料温度及其玻璃化转变温度决定，一般认为物料中冰晶消失时即为解析干燥的起点，但物料在升华干燥过程中冰晶升华的部分也伴随着解析干燥，所以在真空冷冻干燥的升华干燥阶段也发生了解析干燥，其干燥速率受到物料崩解温度的制约。

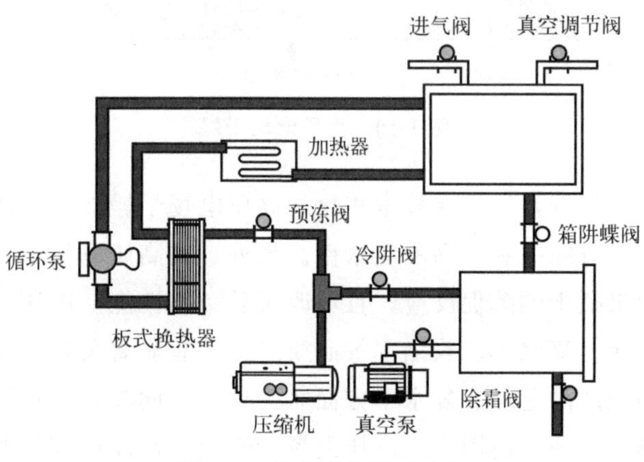

图 1-9　真空冷冻干燥装备

相较于传统高温干燥方式，真空冷冻干燥在低温、真空的环境下进行，具有其他干燥不可比拟的优点。具体而言，真空冷冻干燥的过程隔绝空气且低温处理能够较大程度地保留营养物质，还可以保持物料原有的疏松多孔的网状结构而不发生皱缩等现象，有利于复水及后续加工；从干燥程度来说，真空冷冻干燥脱水更彻底。虽然农产品真空冷冻干燥具备诸多优点，但目前也存在自身难以克服的显著缺点，例如，相较于传统的干燥方式，真空冻干时间明显较长，是其他干燥方式的几倍甚至十几倍之多；真空冷冻干燥具有能耗较高、设备机组昂贵、干燥效率较低、生产成本高等特点，限制了其在农产品加工等领域中的产业化应用。

（7）电场干燥法

高压电场干燥是一种新兴的干燥技术，工作原理如图 1-10 所示。在千伏量级电压范围内，高电压引起发射极电晕放电，导致发射极周围的空气分子发生局部电离，产生离子和电子。发射极和集电极之间产生强电场，在静电力的作用下离子朝集电极方向移动，与中性空气分子发生碰撞导致空气运动，形成离子风。离子风撞击湿物料表面，扰动物料的饱和边界层，增强传热和传质，加快湿物料的干燥速率。同时，电场中极化水分子受电场力作用提高湿物料干燥效率。

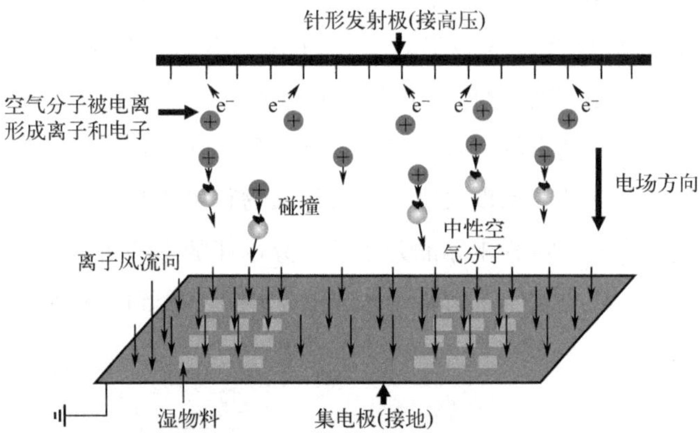

图 1-10　高压电场干燥

研究发现，与传统热风干燥技术相比，高压电场干燥技术保证了干燥物料优异的外观、风味、收缩率和更高的复水性。另外，在高压电场干燥技术前进行热风处理，可减少果蔬干的酶促反应，且可改善其结构性能。电压、电场强度等参数与果蔬干的色泽、复水率、收缩率等品质指标具有显著关联，发射极针或线之间的间隙在增强农产品色泽、复水率方面尤为重要。此外，能耗同样是高压电场干燥技术大规模推广的关键因素。高压电场干燥装置性能研究表明，果蔬高压电场干燥的能耗较低。

(8) 过热蒸汽干燥技术

过热蒸汽干燥技术以水蒸气作为干燥介质，过热蒸汽与物料直接接触，使物料内部水分迁移而实现干燥。该技术的发展始于 20 世纪初期，最初在化工和食品加工领域用于干燥热稳定性较强的物料。由于过热蒸汽具有可在高温下快速蒸发水分并防止氧化的优点，随后被广泛用于处理颗粒、矿物、纺织等多种工业物料。到 20 世纪中后期，随着能源危机的影响，过热蒸汽干燥在节能和热回收方面的优势受到重视，并且得益于热交换设备和控制系统的进步，该技术的应用逐渐扩展到制药、造纸等领域。近年来，随着节能环保要求的提升，过热蒸汽干燥技术结合新型换热器、高效蒸汽发生装置和自动化控制，可以进一步提高干燥效率，成为绿色工业生产的重要技术之一。过热蒸汽干燥装备如图 1-11 所示，通常由圆柱形室、电加热器、离心风机、反转旋风除尘器和小型锅炉等五部分组成。

在干燥效率方面，过热蒸汽的传热系数较大，干燥效率要显著高于热风干燥；在产品品质方面，过热蒸汽干燥产品的质量通常也更优。有相关研究表明，将过热蒸汽干燥技术应用于农产品干燥是协调干燥能耗与农产品品质的有效途径之一。

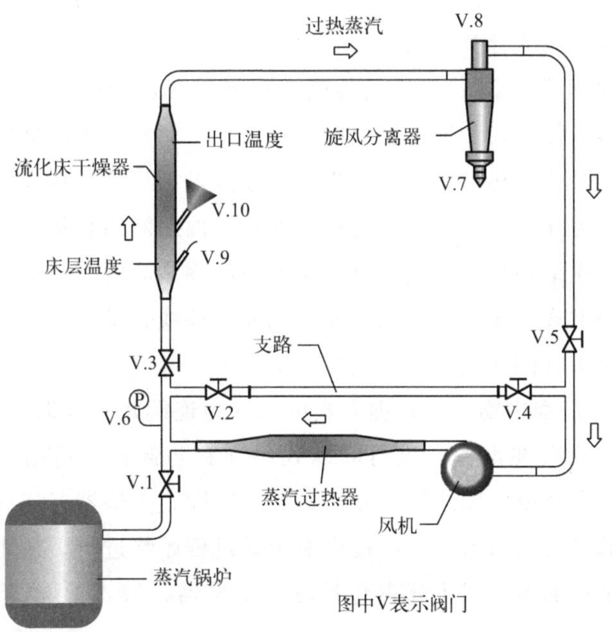

图 1-11 过热蒸汽干燥装备

过热蒸汽干燥技术的效果受蒸汽温度、湿度、压力、气流速度以及物料特性等因素的影响。蒸汽温度是关键因素，过高温度可以加速水分蒸发，但可能导致热敏性物料变质；蒸汽的压力和湿度会影响其热焓值，从而决定干燥效率；气流速度则会影响蒸汽与物料的热交换速率和干燥均匀性，通常较高的气流速度能更快带走水分。另外，物料的形态、粒度和初始含水量会直接影响蒸发速率和干燥效果。合理调控上述因素有助于提高过热蒸汽干燥的速度和效率，同时保障物料的品质。

过热蒸汽干燥虽然在节能和干燥品质方面都具有显著优势，但是对于大批量的农产品干燥，压力、温度都需要精准调试，技术要求性高。低压过热蒸汽干燥可以获得更好的农产品品质，但目前为止还未有商业化应用的报道。此外，对过热蒸汽干燥排放的尾气进行能量回收是保证过热蒸汽干燥节省能源的关键，此方面的研究还需要进一步深入。

1.4.3 干燥器分类及特点

干燥器是一种通过加热使物料中的湿分汽化逸出，以获得规定湿含量的固体物料的机械设备。干燥器种类繁多，根据不同的分类标准，分类方法也有所差异。干燥器的分类可以根据操作方式、操作压力、设备结构、工作原理等进行划分。以下是几种常见的分类方式。

① 干燥过程通常伴随着热量的传递。根据传热原理的不同，干燥器可以分为对流式干燥器、传导式干燥器、辐射式干燥器。对流式干燥器依靠气流与物料表面之间的热交换传递热量。气流与物料直接接触，将热量传递给物料表面，促进水分的蒸发。传导式干燥器依靠物料与加热表面之间的直接接触，通过热传导的方式将热量传递给物料，热量通过物料的表面逐步向内部传递，从而使物料中的水分蒸发。辐射式干燥器通过电磁波（例如红外线、微波）直接将热量传递给物料，不需要介质（例如气流）传递。

② 依据干燥过程中物料的处理方式可以分为连续式干燥器与间歇式干燥器。间歇式干燥器是物料在设备内进行间歇式的加料与卸料，适用于小批量、周期性、多品种的生产环境，厢式干燥器是典型的间歇式干燥器；连续式干燥器能够实现物料连续的进料与出料，生产过程中干燥过程始终进行，适用于大规模连续生产的场景，常见的连续式干燥器包括隧道干燥器、带式干燥器、气流干燥器、流化床干燥器等。

近代最开始使用的是间歇操作的固定床式干燥器。19 世纪中叶，隧道干燥器的使用，标志着干燥器由间歇操作向连续操作的发展。大多数工业产品均在某个生产阶段需要干燥处理，物料需要有特定的湿含量以便加工、成型或造粒。不同类型干燥器的特点具体如下。

1.4.3.1 厢式干燥器

厢式干燥器是一种外形为厢体的干燥器。厢体器壁通常采用绝热材料构成，以减少热量损失。干燥器内设有框架或盘架用于盛放物料。其优点是容易装卸、物料损失小、盘易清洗，常用于需要经常更换产品、附加值高的成品或小批量物料。但厢式干燥器在使用过程中容易存在物料不分散、干燥时间长、工人劳动强度大、产品质量不够稳定等问题。随着技术的发展，普通厢式干燥器中可以配备辅助加热、自动装料、自动翻料及自动卸料等部件，实现厢式干燥器的快速连续干燥。根据气体流动形式，厢式干燥器可以分为水平气流厢式干燥器与穿流气流厢式干燥器。

(1) 水平气流厢式干燥器

水平气流厢式干燥器的工作原理是将新鲜空气经预热器加热后，横向流经框架，在盘间及盘上流动，具体结构如图 1-12 所示。干燥过程热风以不扰动物料的速度掠过静止的物料表面，在加热物料的同时带走物料中蒸发的水分，使物料干燥。部分吸湿的空气可循环使用，以保持空气温度和干燥效率。

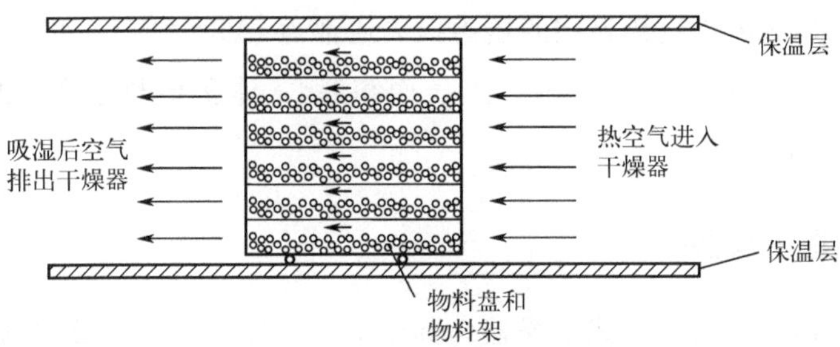

图 1-12 水平气流厢式干燥器

水平气流厢式干燥器适用于染料、颜料等干燥末期易产生粉尘的泥状物料，药品等小处理量、多品种的粉状物料以及电气元件、树脂等需要程序控制的块状物料，还适于兼有干燥和热处理的场合以及出水量少而形状繁多的吸附水物料等。水平气流厢式干燥器的热风速度在 0.5～3m/s 之间，通常取 1m/s 左右，实际设计应以尽量提高传热传质系数且又不将物料带出为原则。物料层厚度可为 10～50mm，物料中水分的蒸发强度通常为 0.12～1.5kg（水）/［h·m^2（盘表面积）］。

（2）穿流气流厢式干燥器

穿流气流厢式干燥器的气流运行方式具有显著特点，其核心在于热风垂直穿过物料层，实现高效干燥。外部空气由风机吸入，经过过滤、加热后形成高速气流。这股热风在气流分配器的作用下，被均匀引导进入干燥室。不同于水平气流厢式干燥器，穿流气流厢式干燥器的热风是垂直穿过物料层的。这种流动方式使得气固接触面积大，内部湿分扩散距离短，从而提高了干燥效率。干燥过程中，部分热风在穿过物料层后，温度降低，但可经过重新加热后，再次进入干燥室进行循环使用，以提高热量利用率，如图 1-13 所示。

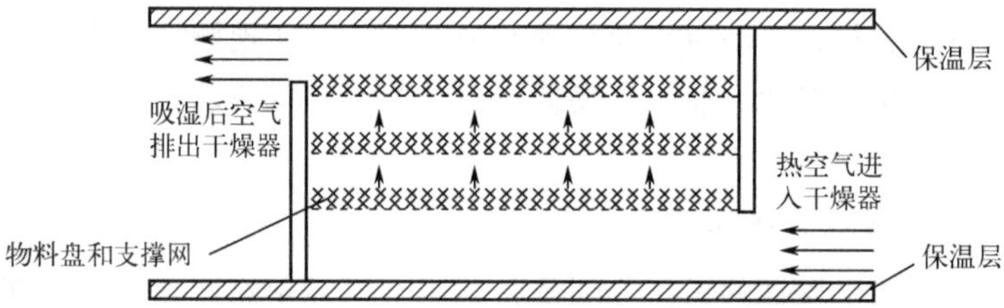

图 1-13　穿流气流厢式干燥器

穿流气流厢式干燥器适用于干燥通气性好的颗粒状、条状、块状等物料。穿流气流厢式干燥器中通过物料层的热风风速一般为 0.6～1.2m/s，物料层厚度可取 10～65mm，热风流过物料层的压力损失通常为 190～490Pa，物料中水分的蒸发强度约为 2.4kg（水）/[h·m^2（盘表面积）]，体积传热系数一般为 3490～6970W/（℃·m^3）。

1.4.3.2　隧道干燥器

隧道干燥器也称为洞道式干燥器，其干燥室的外壳为一狭长的通道。隧道干燥器除隧道本身外，还包括在隧道内部移动的输送小车和热风机，小车上设有托盘或货架，用于放置被干燥的物料，使其在隧道内移动，实现连续不断地进出通道，与其中的热风进行对流传热传质而实现干燥。按照小车移动方向的不同，可分为逆流型和顺流型两种隧道干燥器，具体如图 1-14 所示。

隧道干燥器属于高效的连续式对流干燥设备，干燥室内热风速度一般为 2～3m/s，干燥器长度一般小于 50m，宽度一般小于 3.5m，物料输送器与器壁的间隙通常为 70～80mm，广泛应用于需要大批量、连续干燥的工业场景。其主要特点在于多温区设计和精确的分段控制，通过在干燥隧道内设置不同的温度和湿度区域，物料能够均匀地干燥。在干燥过程中，物料在传送带或托盘上逐步移动，

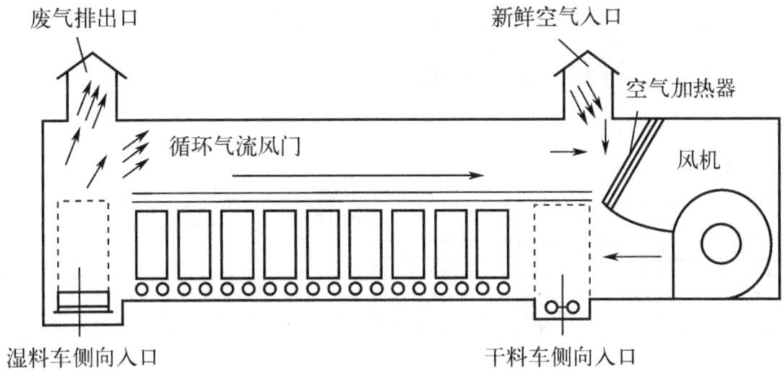

(a) 逆流型

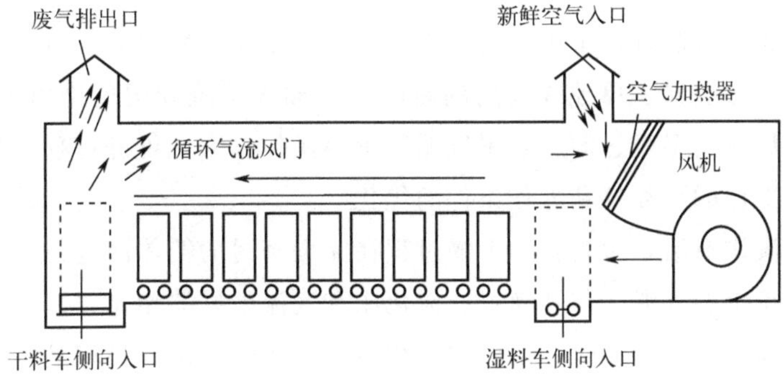

(b) 顺流型

图 1-14　隧道干燥器

与热空气接触，通过对流传热迅速蒸发水分，同时通过热风循环系统提高热能利用率，显著降低能耗。此外，隧道干燥器设备结构简单、维护便捷，适用于多种形态的物料，包括颗粒、片状、块状及膏状物料等。

隧道干燥器因其可靠性和高效性，广泛应用于食品、医药、化工和农产品加工等行业。典型应用包括果蔬干燥、烘焙食品的脱水、药材及中药饮片的干燥、化工原料的水分去除、谷物和种子的脱水处理等。尤其在食品加工领域，隧道干燥器能够在低温条件下快速干燥果蔬、水产品等，保留色泽和营养成分。在医药行业中，它可以确保中药材及药用植物的有效成分和活性得以保存。因此，隧道干燥器因其高效的干燥效果、灵活的控制系统和广泛的适用性，已成为多种行业处理大批量物料的关键干燥设备。

1.4.3.3　带式干燥器

带式干燥器是在隧道干燥机的基础上发展出来的一种干燥设备。它是将输送带内置于隧道内，将需要干燥的固体物料（块状或经过造粒机成粒状等）堆置在运输带上，借助输送带的移动，将物料送入隧道内与隧道内的循环热空气进行传热、传质交换、使物料达到干燥的一种动态设备，如图 1-15 所示。

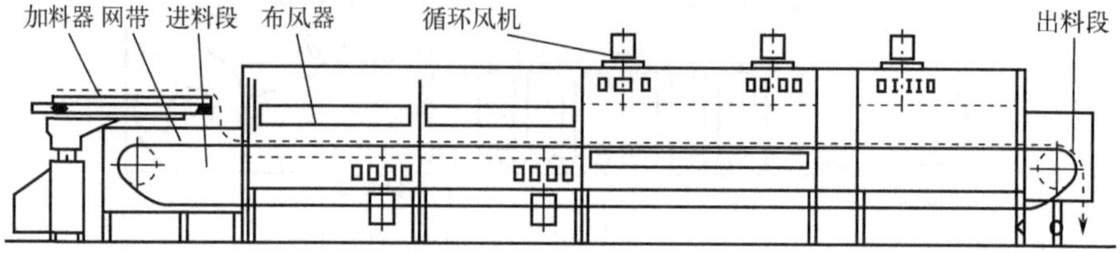

图 1-15　带式干燥器

带式干燥器（简称带干机）由若干个独立的单元段所组成。每个单元段包括循环风机、加热装置、单独或共用的新鲜空气抽入系统和尾气排出系统。因此，对干燥介质数量、温度、湿度和尾气循环量等操作参数，可进行独立控制，从而保证带干机工作的可靠性和操作条件的优化。

带干机操作灵活，湿物料的干燥过程在完全密封的箱体内进行，劳动条件较好，避免了粉尘的外泄。与转筒式、流化床和气流干燥器相比较，带干机中的待干燥物料随同输送带移动时，物料间的相对位置比较固定，具有基本相同的干燥时间。对干燥物料色泽变化或含湿量均匀严格的某些干燥过程来说，带干机是非常适用的。此外，物料在带干机上受到的振动或冲击小（冲击式带式干燥器除外），物料颗粒不易粉化破碎，因此也适用于干燥某些不允许碎裂的物料。

带干机结构简单、安装方便、能长期运行、维修方便。缺点是占地面积大、运行时噪声较大。其广泛应用于食品、化纤、皮革、林业、制药和轻工行业中，在无机盐及精细化工行业也常有采用。

1.4.3.4　气流干燥器

气流干燥也称“瞬间干燥”，是固体流态化中稀相输送在干燥方面的应用，其特征在于连续的对流传热和传质过程。该法是使加热介质（空气、惰性气体、燃气或其他热气体）和待干燥固体颗粒直接接触，并使待干燥固体颗粒悬浮于流体中，因而两相接触面积大，强化了传热传质过程，广泛应用于散状物料的干燥单元操作。

气流干燥器主要用于在潮湿状态时仍能在气体中自由流动的颗粒物料，可利用高速的热气流使粉、粒状物料悬浮于其中，在气流输送过程中进行干燥，如图 1-16 所示。空气经过滤并经预热器加热后进入气流干燥管内，热气流带着经螺旋加料器送入的湿物料在干燥管内高速流动，热气流向上的流速大于颗粒的沉降速度，物料随热气流一起流动并被输送，在流动过程中进行传质传热作用，进而被干燥。已干燥的颗粒经旋风分离器分离后作为产品流出，废气则由风机排出。

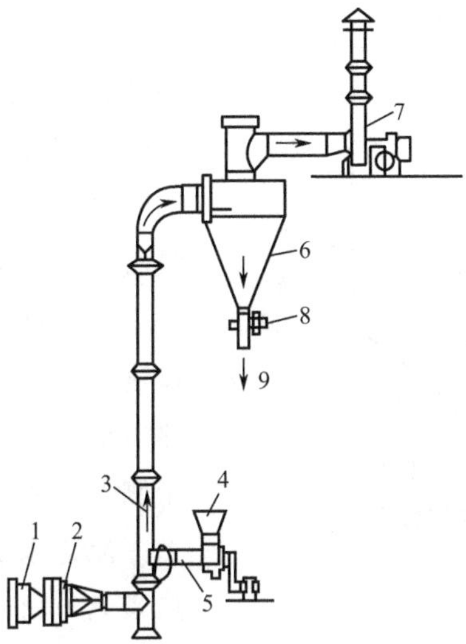

图 1-16　气流干燥器

1—空气过滤器；2—预热器；3—气流干燥管；4—加料斗；5—螺旋加料器；6—旋风分离器；7—风机；8—气封；9—产品出口

气流干燥器的优点包括：由于物料与空气的接触表面积大，故干燥速率较大；物料在干燥器内停留时间短，从而可在较高的温度下干燥；气流干燥器的散热面积小，热损失小，热能利用率高；设备紧凑、结构简单、造价低、占地面积小；由于操作连续且稳定，容易自动控制，适用于热敏性物料的干燥。

气流干燥器的缺点包括：气流在系统中压降较大；干燥管较高，一般均在10m 以上；物料在输送或干燥过程中与壁面或物料之间互相摩擦，易将产品磨碎，故不适用于晶粒不容许破坏的物料；由于全部产品是由气流带出经分离回收，所以分离器的负荷较大；在干燥易粉碎的谷物时，过高的温度和气流速度易引起粉尘爆炸。

综上所述，气流干燥适用于干燥含表面水分或非结合水分较多的无机盐结晶、有机塑料的原料等粒状物料。对于干燥程度要求严格的物料可采用与其他类型干燥器组合的方式进行操作。

1.4.3.5　流化床干燥器

流化床干燥器又称为沸腾床干燥器或流态化干燥器，是利用固体流态化原理

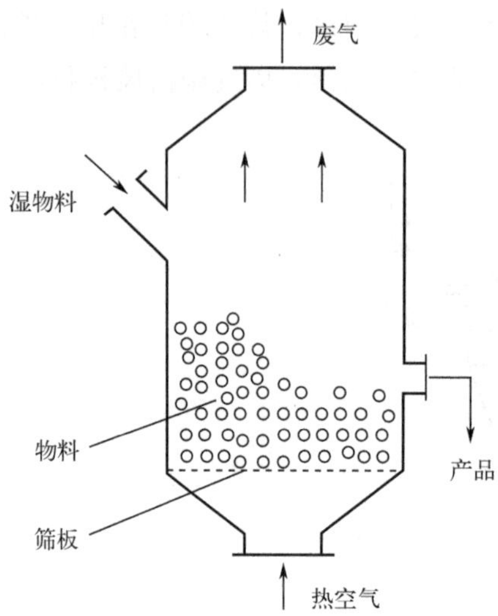

图 1-17 流化床干燥器

进行连续干燥的一种装置，如图 1-17 所示。适宜温度的热风从干燥器下部进入，经筛板（也称为热风分布器或气体分布板）均匀分配后，将筛板上固体物料吹起并进行流化，固体物料在热空气流中呈现沸腾状态，促进了物料和干燥介质间的传热传质过程，吸收了物料水分的废气从干燥器顶部排出。湿物料从干燥器侧上方的进料口进入，在与热风进行足够长时间的热质交换后，干燥后的物料产品从位于侧下方的出料口引出。

流化床干燥器在干燥过程中由于热风流与固体颗粒的充分混合，强化了传热传质过程，其体积传热系数一般为 2330～6590W/［℃ · m^3（干燥器容积）］。物料在流化床干燥器内停留时间可灵活调节。干燥时间可以根据物料的干燥需求从几分钟到几小时调节，特别适用于需长时间干燥或干燥后含湿量很低的物料。床层内温度分布均匀，因此，流化床干燥器可得到湿分均匀的干燥产品。

流化床干燥器可进行连续操作，也可进行间歇操作。设备结构简单、造价低、维修方便。但对物料粒度有一定要求，一般为 0.03～6mm，太大不易流态化，太小容易被气流带走。对易粘壁或结团成块的物料不宜采用流化床干燥。不宜用于含湿量过高的物料。

流化床干燥器种类很多，大致可分为以下几种：单层流化床干燥器、多层流化床干燥器、卧式多室流化床干燥器、脉冲流化床干燥器、旋转快速干燥器、振动流化床干燥器、离心流化床干燥器和内热式流化床干燥器等。

1.4.3.6 喷雾干燥器

喷雾干燥是采用雾化器将原料液分散为雾滴，并用热气体（空气、氮气或过热水蒸气）干燥雾滴而获得产品的一种干燥方法。原料液可以是溶液、乳浊液、悬浮液，也可以是熔融液或膏糊液。干燥产品根据需要可制成粉状、颗粒状、空心球或团粒状。

喷雾干燥器的工作原理示意如图 1-18 所示。物料的喷雾干燥过程可分为三个基本阶段：料液雾化为雾滴阶段；雾滴和干燥介质接触、混合及流动，即雾滴的干燥阶段；干燥产品与气体分离阶段。

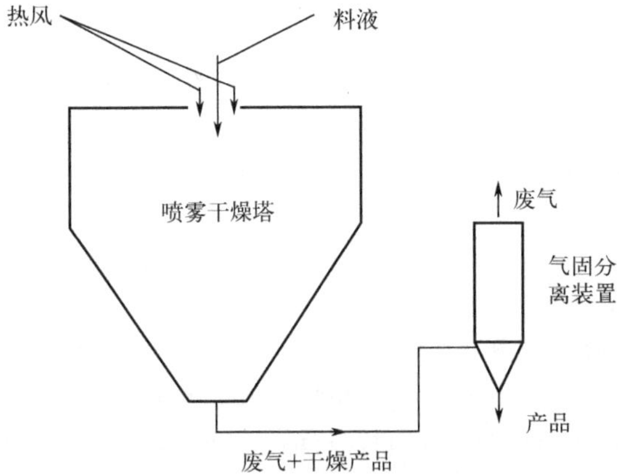

图 1-18　喷雾干燥器

喷雾干燥常用的气固分离方法包括旋风分离、袋式过滤、静电除尘、旋风分离与布袋过滤组合、旋风分离与湿法除粉组合等。具体可以根据工艺要求及环保要求等确定。

1.4.3.7　转鼓干燥器

转鼓干燥器是一种内加热传导型的转动干燥设备，如图 1-19 所示。其干燥过程是热量以热传导的方式由转鼓的内壁传至外壁，进而加热外壁上可泵送的薄层湿物料，以达到预期湿含量，再将干燥后的产品刮下转鼓。它与转筒干燥不同，这种干燥技术是将待干物料与热风顺流或逆流通过转筒内部。转鼓干燥主要采取传导加热，故热损失较小，热利用率可达 70%～80%，可连续生产。

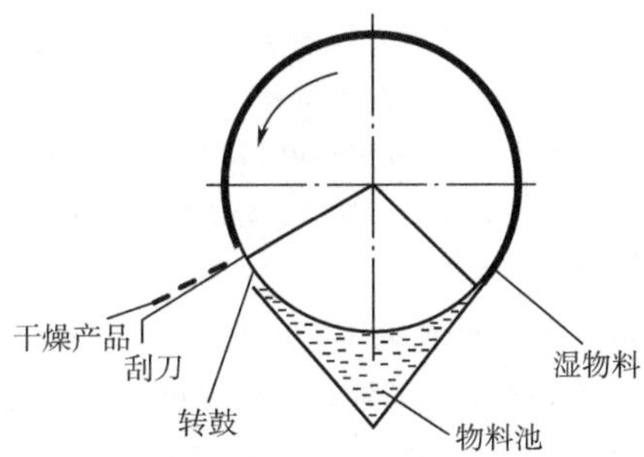

图 1-19　转鼓干燥器

转鼓干燥器适合干燥黏性液体、浆料、悬浮液或糊状物，最终的产品通常是多孔薄片或粉末，该类干燥器已广泛应用于化工产品和食品的干燥，如聚丙烯酰胺和苯甲酸盐、低糖食品（例如牛奶等）、生产速食食品用预糊化淀粉等。就工业上常见的液状物料而言，在转鼓的一个转动周期中，将依次完成布膜、脱水、刮料、得干燥制品的全过程，操作时可通过改变料液的浓度、料膜厚度、转鼓转速、加热介质的温度等参数，较方便地对产品的产量及湿含量等指标进行调控。

参考文献

[1] 刘相东，李占勇. 现代干燥技术 [M]. 北京：化学工业出版社，2022.

[2] Zhang M, Chen H, Mujumdar A S, et al. Recent developments in high-quality drying of vegetables, fruits, and aquatic products [J]. Critical Reviews in Food Science and Nutrition, 2017, 57 (6): 1239-1255.

[3] Thijs D. Advanced computational modelling for drying processes-A review [J]. Applied Energy, 2014, 131: 323-344.

[4] 刘相东，杨彬彬. 多孔介质干燥理论的回顾与展望 [J]. 中国农业大学学报，2005，10 (4)：81-92.

[5] Datta A K. Porous media approaches to studying simultaneous heat and mass transfer in food processes. Ⅰ: Problem formulations [J]. Journal of Food Engineering, 2007, 80: 80-95.

[6] Datta A K. Porous media approaches to studying simultaneous heat and mass transfer in food processes. Ⅱ: Property data and representative results [J]. Journal of Food Engineering, 2007, 80: 96-110.

[7] Xu P, Zhang Z, Peng X, et al. Analysis and modeling of heat and mass transfer and adsorption isotherms of the aqueous extracts vacuum contact drying [J]. Applied Thermal Engineering, 2023, 224: 120141.

[8] Wei L, Yi X, Chen H, et al. Methods, mechanisms, models and tail gas emissions of convective drying in sludge: A review [J]. Science of the Total Environment, 2022, 845: 157376.

[9] 陈东，谢继. 热泵干燥装置 [M]. 北京：化学工业出版社，2006.

[10] 王乐意，李长河，刘明政，等. 中药材干燥技术与装备研究现状 [J]. 农业工程学报，2024，40 (02)：1-28.

[11] Men' shutina N V, Gordienko M G, Voinovskii A A, et al. Dynamic criteria for evaluating the energy consumption efficiency of drying equipment [J]. Theoretical Foundations of Chemical Engineering, 2005, 39 (2): 158-162.

第2章

多尺度干燥数值模拟技术

2.1 细胞尺度数值模拟

农产品干燥机理是其绿色节能干燥技术及装备研发的理论基础。农产品具有多孔介质内部孔隙尺度细微、容水结构复杂、湿分传递过程物理机制种类繁多、传输过程无法直接观察等特点，数值模拟技术是研究其干燥机理的重要方法。然而，目前农产品干燥的数值模拟主要采用干燥动力学模型和基于连续介质假设的多孔介质模型两类，均属于宏观模型，存在物性参数准确性差、物料微观形变考虑不充分等问题，同时也较难用于研究堆积物料的干燥过程，无法全面揭示物料干燥过程品质转变机制，难以为绿色节能干燥技术及装备开发提供理论指导。

本章以植物农产品物料为研究对象，从细胞结构和组织结构尺度、物料尺度和干燥器尺度三个层面，分别开发相应的干燥传热传质数学模型，提出物料组织表观水分扩散参数、物料平均含水率及物料堆积区域孔隙率的尺度提升策略，实现细胞结构和组织结构尺度-物料、物料-干燥器尺度的高效耦合，进而构建细胞-物料-干燥器的多尺度农产品干燥传热传质数学模型，开发相应的高效数值求解技术，为全面揭示高热敏性、高活性农特产品干燥机理提供技术支持。

植物物料的绝大部分水分（80%～90%）存在于植物细胞中，从单个或多个细胞层面上分析干燥过程水分传输规律，对于查明干燥品质转变的微观机理具有重要意义。但目前对植物物料干燥过程中细胞尺度水分传输的研究较少，尤其是缺少耦合细胞失水形变过程的相关研究，导致细胞尺度上水分传输规律认识不足。因此，本节对植物细胞物理模型及水分传输过程进行分析，并基于植物生理学中常用的细胞结构模型，分别针对细胞腔、细胞壁和细胞间隙建立相应的干燥水分传输模型，不仅为从微观层面上研究植物物料干燥水分传输规律提供理论依据，而且为提供宏观物料特性参数奠定基础。

2.1.1 植物细胞干燥过程水分传输分析

植物细胞形态多种多样，细胞内又包含多种细胞器，结构复杂，同时干燥过程中细胞失水后会发生收缩折叠甚至破裂等结构变化，无法精确描述其结构形态及变化过程。需要对干燥过程中细胞结构及其变化进行一定假设，以便于建立物理模型。在植物生理学的细胞生长、细胞中水蒸腾等相关研究中，常将单个细胞简化为由细胞腔、细胞膜和细胞壁三种结构组成。细胞腔内液体简化为葡萄糖溶液，外层由一层半透性的细胞膜包裹。细胞壁简化为具有微纳米孔隙结构纤维组织。细胞间存在一定间隙，称为细胞间隙。简化后的实际细胞结构如图 2-1 (a) 所示。针对简化后的实际细胞结构，学者常将其规则化为模型细胞，如图 2-1（b）所示。在此基础上，构建三维模型细胞。模型细胞呈类球形或椭圆形，紧密排列相互挤压，其所占的空间被限定在某个立方体或长方体结构内，如图 2-1（c）所示。

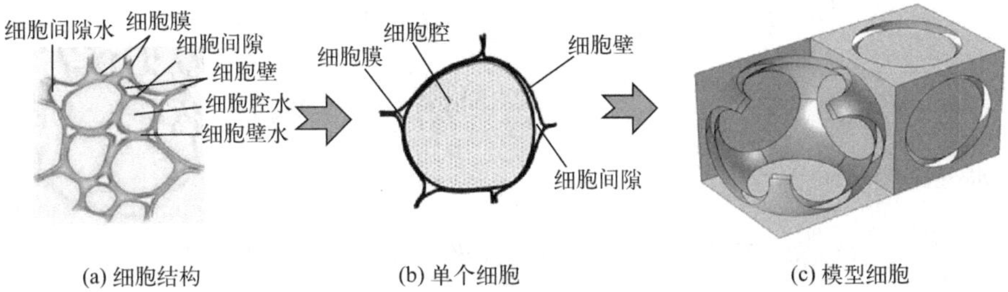

图 2-1　细胞结构简化示意图

2.1.2　植物细胞干燥过程失水形变分析

植物物料中绝大部分水分存在于细胞腔内的过饱和溶液中，少量的水分吸着于细胞壁中的微纳米孔隙空间中，细胞间隙中主要是空气、水蒸气以及可以忽略不计的液态水。因此，植物物料干燥时水分传输过程基本如下：细胞腔中的饱和溶液扩散至细胞膜附近，然后跨过细胞膜后进入细胞壁，从细胞壁的微纳米孔隙结构中传输至细胞间隙中，最后在细胞间隙中蒸发，形成的水蒸气扩散传输至外界。

假设细胞腔内为葡萄糖溶液，水分在葡萄糖溶液水势差的作用下从细胞腔中心处扩散传输至细胞膜处，细胞腔内的水分传输过程可采用菲克（Fick）扩散定律描述。细胞膜假定为理想半透性膜，水分跨膜传输的质量流量正比于膜两侧的水势差。细胞壁可视为各向同性的具有微纳米孔隙结构的含湿性多孔介质。水在细胞壁内以吸着水形式存在，传输动力为细胞壁中水势差，可采用 Fick 扩散定律描述水分在细胞壁内的传输过程。水在细胞间隙中先蒸发，再以水蒸气扩散的方式传输。假设水的蒸发过程全部发生在细胞壁与细胞间隙的接触表面，即水在细胞间隙中只以水蒸气的形式存在，其传输驱动力为水势差，水分传输过程满足 Fick 扩散定律。此外，细胞失水时体积收缩，同时伴随着应力应变的产生。一般来说，细胞组织表现出可压缩黏弹性性质，可以采用可压缩黏弹性力学模型描述干燥过程中细胞的形变过程。

2.1.3　植物细胞尺度干燥数学模型

（1）传质方程

根据植物细胞物理模型及水分传输过程分析，针对细胞结构清晰的农产品物料，以水势差为水分传输动力，分别构建了细胞腔内水分传输、水分跨膜传输、细胞壁内水分传输方程、细胞间隙中水分传输方程。

细胞腔内水分传输方程：

$$\left(\rho_{\mathrm{dm},\eta}+X_{\eta}\frac{\partial\rho_{\mathrm{dm},\eta}}{\partial X_{\eta}}\right)c_{\mathrm{w},\eta}\frac{\partial\Psi_{\eta}}{\partial t}+\rho_{\mathrm{dm},\eta}U_{\mathrm{s}}c_{\mathrm{w},\eta}\nabla\Psi_{\eta}=\nabla\cdot\left[\left(\rho_{\mathrm{dm},\eta}+X_{\eta}\frac{\partial\rho_{\mathrm{dm},\eta}}{\partial X_{\eta}}\right)D_{\mathrm{w},\eta}c_{\mathrm{w},\eta}\nabla\Psi_{\eta}\right] \tag{2-1}$$

水分跨膜传输方程：

$$\frac{\rho_{\mathrm{dm},\eta}}{1+X_{\eta}}D_{\mathrm{w},\eta}c_{\mathrm{w},\eta}\nabla\Psi_{\eta}=\rho_{\mathrm{dm},\kappa}D_{\kappa}c_{\mathrm{w},\kappa}\nabla\Psi_{\kappa}=m_{\eta,\kappa}=\rho_{\mathrm{pw}}P_{\mathrm{m}}(\Psi_{\eta}-\Psi_{\kappa}) \tag{2-2}$$

细胞壁内水分传输方程：

$$\rho_{\mathrm{dm},\kappa}c_{\mathrm{w},\kappa}\frac{\partial\Psi_{\kappa}}{\partial t}+\rho_{\mathrm{dm},\kappa}U_{\mathrm{s}}c_{\mathrm{w},\kappa}\nabla\Psi_{\kappa}=\nabla\cdot(\rho_{\mathrm{dm},\kappa}D_{\kappa}c_{\mathrm{w},\kappa}\nabla\Psi_{\kappa}) \tag{2-3}$$

细胞间隙中水分传输方程：

$$\rho_{\mathrm{a}}c_{\mathrm{w},\gamma}\frac{\partial\Psi_{\gamma}}{\partial t}=\nabla\cdot(\rho_{\mathrm{a}}D_{\mathrm{w},\gamma}c_{\mathrm{w},\gamma}\nabla\Psi_{\gamma}) \tag{2-4}$$

式中 $\rho_{\mathrm{dm},\eta}$——细胞腔内干物质的质量浓度，kg/m^3；

$U_{\mathrm{s}}=\partial\delta/\partial t$——细胞腔和细胞壁形变产生的基质移动速度，由结构形变方程求解，m/s；

X_{η}——细胞腔内的干基含水率，kg/kg；

P_{m}——细胞膜渗透系数；m/（Pa·s）；

$m_{\eta,\kappa}$——细胞腔与细胞壁单位面积上水分跨细胞膜传输的质量流量，kg/s；

Ψ_{γ}——细胞间隙靠近细胞膜表面的点的水势，J/m^3；

t——时间，s；

Ψ_{η}——细胞腔内靠近细胞膜表面的点的水势，J/m^3；

$c_{\mathrm{w},\eta}$——细胞腔的水容，m^3/J；

$D_{\mathrm{w},\eta}$——细胞腔溶液中水的二元扩散系数，m^2/s；

$\rho_{\mathrm{dm},\kappa}$——细胞壁内干物质的质量浓度，kg/m^3；

D_{κ}——细胞壁的扩散系数，m^2/s；

$c_{\mathrm{w},\kappa}$——细胞壁的水容，m^3/J；

Ψ_{κ}——细胞壁靠近细胞膜表面的点的水势，J/m^3；

ρ_{pw}——纯水的密度，kg/m^3；

ρ_{a}——空气的密度，视为常数，kg/m^3；

$c_{\mathrm{w},\gamma}$——细胞间隙的水容，m^3/J；

$D_{w,\gamma}$——细胞腔溶液中水的二元扩散系数，m^2/s。

（2）结构形变方程

假设细胞为黏弹性材料，细胞失水的结构应变包括湿应变和弹性应变，湿应变由细胞中水分浓度变化导致，细胞黏弹性应力应变采用广义 Maxwell 本构方程描述。因此，采用可压缩黏弹性力学模型描述干燥过程中细胞的形变过程。

$$\rho \frac{d^2\delta}{dt^2} = \nabla \cdot S + F_v \tag{2-5}$$

$$\frac{1}{2}[(\nabla\delta)^T + \nabla\delta] = \varepsilon_{el} + \varepsilon_{hs} \tag{2-6}$$

$$S = S_q + C : \varepsilon_{el} \tag{2-7}$$

$$\varepsilon_{hs} = \beta_h (c - c_0) \tag{2-8}$$

$$S_q = \sum_m 2G_m(\varepsilon_{el,dev} - \gamma_m) \tag{2-9}$$

式中　δ——位移，m；

S——物料的应力，Pa；

F_v——体积力，N/m^3；

ε_{el}——弹性应变张量；

ε_{hs}——湿应变分量，由细胞中的质量浓度变化导致的失水收缩应变；

C——物料的力学属性，与杨氏模量 E 和泊松比 v 相关；

S_q——黏弹性导致的应力分量，Pa；

G_m——剪切模量，GPa；

$\varepsilon_{el,dev}$——偏应变张量；

γ_m——辅助应变；

t——时间，s；

T——绝对温度，K；

β_h——吸湿膨胀系数，%；

c——改变后质量浓度，kg/m^3；

c_0——改变前质量浓度，kg/m^3。

（3）边界条件

植物物料干燥过程细胞尺度干燥数学的边界条件主要分为传质方程的内部边界、外部边界及形变方程的位移边界条件。

内部边界条件主要是同一细胞不同结构之间的接触面和不同细胞间的接触面，此时边界内外两侧的水势相等，即属于零梯度边界条件，具体方程如下：

$$-n \cdot (\rho D c_w \nabla \Psi) = 0 \tag{2-10}$$

外部边界条件主要是细胞组织与周围环境接触的表面和表征对称性的表面。热风干燥中一般控制空气的相对湿度，即热空气的水势为定值。由于细胞尺度数学模型所研究的尺度较小，较难直接针对整个物料组织进行求解。常取物料组织中某一区域进行模拟研究，当所取区域的表面具有对称特性，可采用对称边界，边界条件分别为：

$$\Psi = \Psi_{\infty} = \frac{RT}{V_w}\ln(\text{RH}) \tag{2-11}$$

式中 R——气体常数，J/（mol·K）；

T——绝对温度，K；

V_w——水的摩尔体积，m^3/mol；

RH——热空气的相对湿度。

$$-n \cdot (\rho D c_w \nabla \Psi) = 0 \tag{2-12}$$

当物料置于干燥箱隔板上，与隔板接触的表面，在上下的空间位移为零。此时，形变边界为固定位移边界

$$\delta_z = 0 \tag{2-13}$$

（4）初始条件

初始时刻，细胞含水率较高，且处于水势平衡状态，即细胞中各结构的水势均相等。该水势值为高含水率细胞组织所对应的水势的值。

$$\Psi = \Psi(0) \tag{2-14}$$

2.1.4 模型验证

以已公开发表的文献（Non-destructive investigation of cellular level moisture distribution and morphological changes during drying of a plant-based food material）中的实验结果验证模型水分传输及形变现象模拟的准确性。模型的几何建模采用上述文献中给出的图像，文献中采用X-ray射线拍摄得到了苹果细胞组织结构，经二值化处理得到组织内部细胞的水分分布及形变的图像。实验条件为干燥温度60℃，风速0.7m/s，相对湿度60%～65%，实验观察的苹果组织直径为5mm。采用所提模型对上述算例进行求解，所用的计算参数参考文献中提供的苹果细胞组织数据。计算得到数值模拟结果与文献中给出的实验结果对比情况如图2-2和图2-3所示，图2-2为湿基含水率变化对比，图2-3为水分分布结果对比。

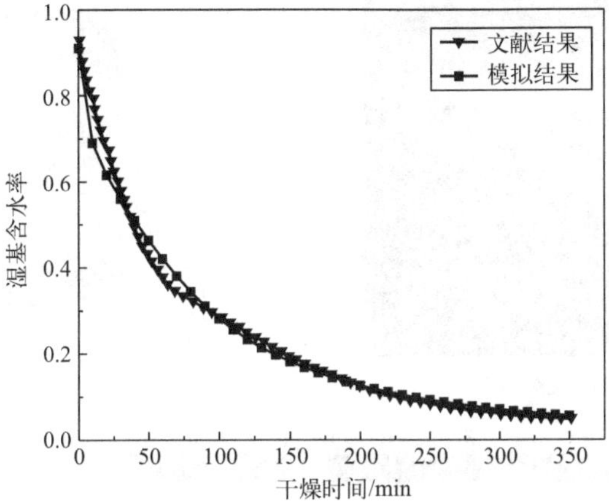

图 2-2　湿基含水率对比图

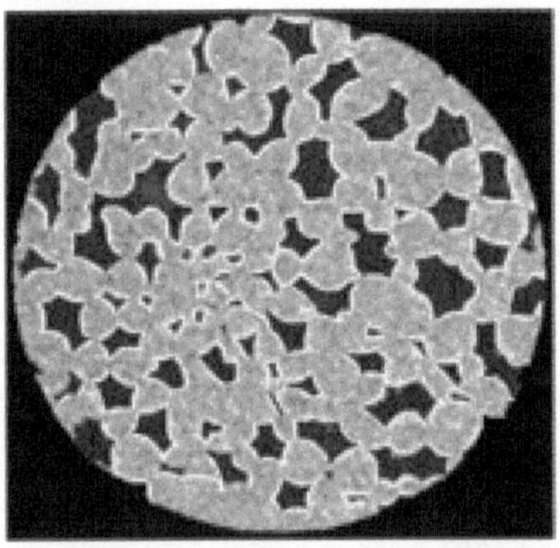

(a) 0s文献结果

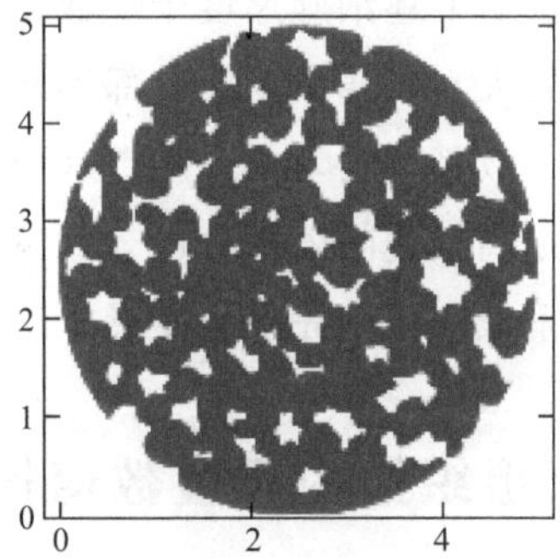

(b) 0s模拟结果

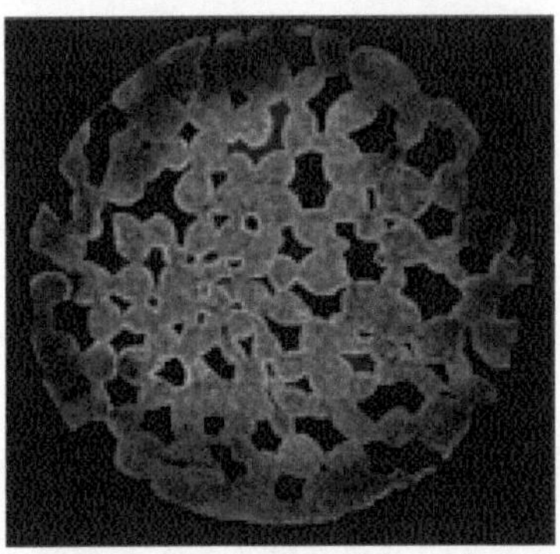

(c) 60min文献结果

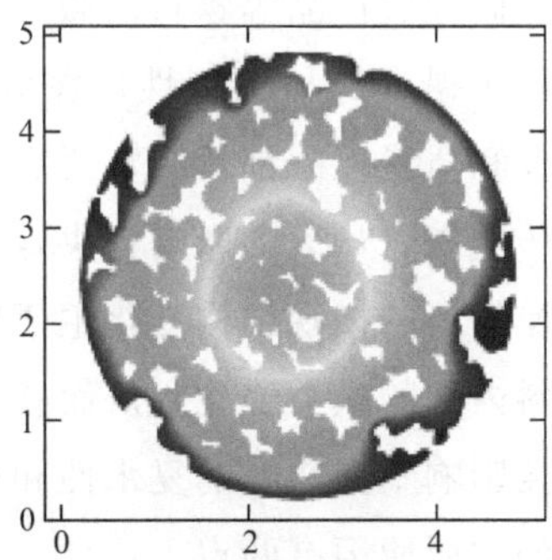

(d) 60min模拟结果

图 2-3

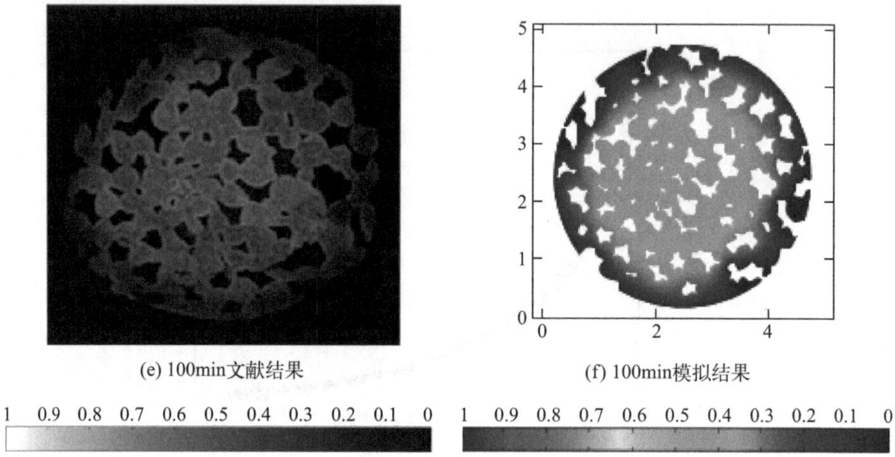

图 2-3　水分分布对比

从图 2-2 的对比可以看出数值模拟的含水率变化结果与文献中的结果较为吻合，可证明上述细胞尺度干燥数学模型的准确性。从图 2-3 中可以看出，模型的外侧率先失水，随后组织内部逐渐失水，由于内部含水率分布不规律，水分在组织中的扩散是不均匀的，所以水分分布同样不均匀，靠近细胞间隙部分的含水率相比于远离细胞间隙部分的含水率更低。随着水分的散失，细胞发生收缩现象，水分含量低的位置先发生变形。

2.2 组织结构尺度数值模拟

农产品的微观结构研究对于指导其加工生产和品质控制至关重要。在理论方面，通过研究农产品等物料的微观结构，可以深入了解其在加工过程中的变化规律，有助于揭示其加工特性；在应用方面，了解农产品的微观结构对于物料加工、储存和质量控制都具有重要意义。干燥过程中物料微观结构的改变，同样会对传热传质有着显著的影响，决定了干燥速率与物料品质。

干燥物料的微观结构变化主要体现在孔隙尺寸和孔径均匀度上，干燥通常会引起物料内部的张力变化，从而破坏其内部组织结构而导致其形变，并且这种变化会直接影响干燥物料的复水性和质构等理化性质。研究发现在干燥过程中孔隙率变化的主要原因有两点。

第一，组织结构的破坏程度和内在化学成分的含量与类型均会影响干燥物料固体基质的机械强度、毛细管压力和玻璃化转变等特性变化，从而影响物料孔隙率。在干燥过程中，组织结构的破坏和高温环境等因素均可导致干燥物料中原溶性果胶向可溶性果胶的转变，引起固体基质机械强度下降，细胞折叠塌陷，从而导致物料发生明显的皱缩现象。

第二，受水分迁移的方向和速率影响，若干燥物料内部靠外侧的水分优先蒸发，则在蒸发过程中温度梯度和湿度梯度方向相反，从而容易导致干燥速率降低、组织结构破坏程度大、孔隙大小不均匀等问题。例如在热风干燥过程中，物料外表面温度高于内部温度，导致外部水分蒸发较内部快，所以干燥物料表面硬化、内部组织结构紧密且颗粒连接等现象严重，造成气液两相较难通过的死端孔隙较多，影响干燥速率及品质。

不同于种子和中药材等物料，菌类农产品常以菌丝体作为微观结构的基本单元。对于这样的微观结构，采用孔道网络模型可较好地描述内部微观流动与传热过程。然而，目前研究孔道网络模型的物料干燥过程中，一般假设骨架结构是相互独立、互不相连的，水分以液态水的形式存在于喉道中，仅考虑液态水蒸发和蒸汽传输，而较少考虑喉道与骨架、骨架与骨架间的水分传输过程。这与实际的菌类物料干燥过程不相符，主要有以下两方面原因：第一，菌丝物料组织结构中的菌丝在宏观上表现出肉质、胶质等质地结构，所以菌丝不是相互独立的；第二，菌丝是菌类物料生长发育所需的水、有机物等营养物质等的输送通道，菌丝之间存在水分传输。为了更准确描述菌类物料的干燥过程，本节将连续性假设的 Fick 扩散理论和离散假设的孔道网络模型相结合，开发一种可以准确描述菌类微观组织结构水分传输的数学模型。

2.2.1　组织结构孔道网络模型

采用真空冷冻干燥方法将菌类物料干燥至绝干，通过扫描电镜方法得到菌类物料组织的微观结构，如图 2-4 所示。

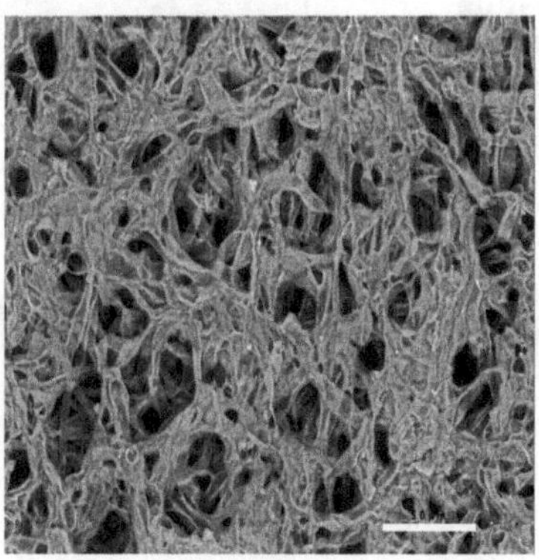

图 2-4　香菇组织微观结构图

从图 2-4 中可以看出，菌类物料组织是由相互交错的菌丝以及其包围的空间所组成，具有明显的多孔结构特征。当采用孔道网络模型来简化菌类物料组织结构时，菌丝为骨架，菌丝间的孔隙为孔道。采用图像识别方法，提取骨架与孔道的拓扑结构。对所提取的拓扑结构进行规则化，则可构建相应的如图 2-5 所示的孔道网络物理模型。

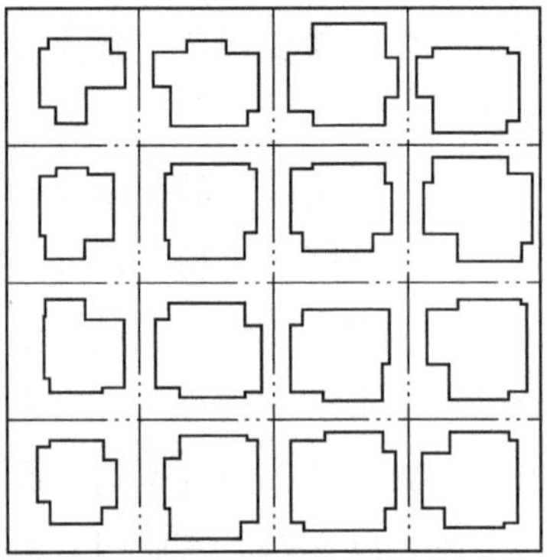

图 2-5　菌类组织微观结构的孔道网络物理模型示意图

实际上，菌类组织中菌丝相互连接，具有一定的连通性。也就是说，骨架与骨架应是相互连通的。因此，将菌类组织的微观结构简化为由孔道网络结构和连续性结构共存的特殊结构，如图 2-6 所示。上半部分为“骨架-孔道”的孔道网络结构，下半部分为菌丝体的连续结构。

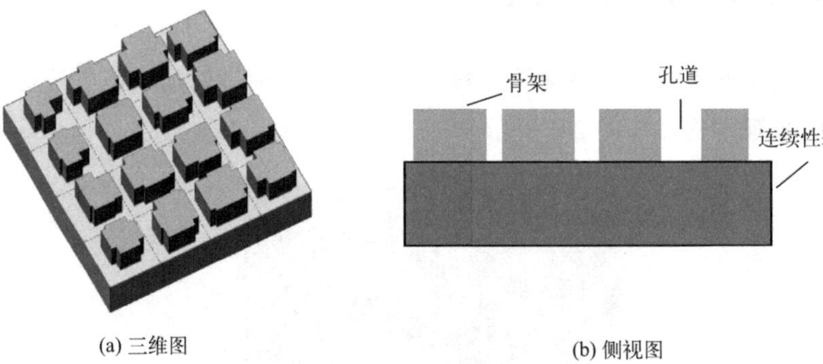

(a) 三维图　(b) 侧视图

图 2-6　菌类组织微观几何结构简化示意图

2.2.2　组织结构尺度水分传输方式分析

菌类物料组织中水分分为自由水和结合水，自由水存于孔隙间，结合水存于骨架内。菌类物料干燥过程水分的传输方式非常复杂。从离散的孔隙网络模型理论的角度来看，热风干燥时，喉道中自由水蒸发成为水蒸气，经喉道和孔节点传输至物料体外。随着喉道中自由水的量减少，在毛细拉力的作用下，自由水由大直径的喉道流向小直径的喉道，因此在喉道中液面将发生移动。从连续 Fick 扩散理论的角度来看，菌类物料干燥过程中表面的水分迁移至周围环境中，物料表面中的水分（结合水）传输至周围环境中，物料表面的含水率降低。由于水分梯度的作用，物料内部骨架水分不断地扩散至表面。此外，菌类物料干燥过程中，在水势差的作用下，物料内部喉道中自由水与骨架中的自由水也相互传输。因此，菌类物料组织干燥过程中水分传输主要有五种方式：液态水蒸发、水蒸气扩散传输、液面移动传输、骨架与孔道的水分传输、骨架内部的水分扩散传输。具体如图 2-7 所示。

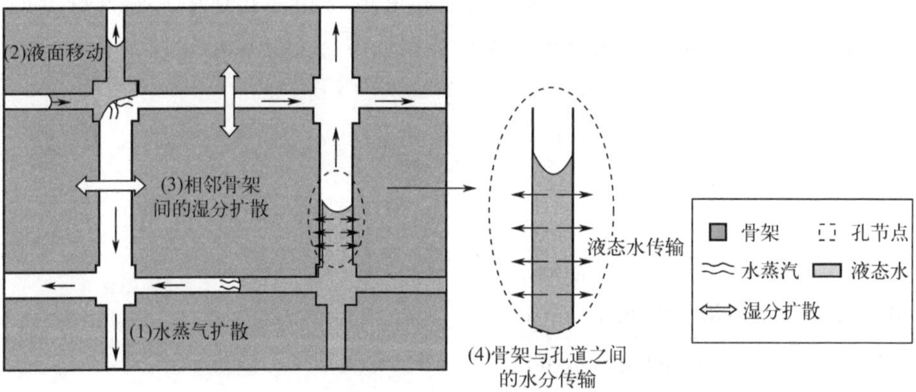

图 2-7　菌类物料组织热风干燥水分传输过程示意图

（1）液态水蒸发

当孔节点内有液态水，而且与孔节点相连接的孔道中存在气相时，孔体节点内液态水可蒸发传输至相连接的喉道中，进而传输至相邻孔体节点。孔体中液态水蒸发速率取决于气液表面的水蒸气饱和密度与相邻孔体中水蒸气密度的梯度。此时，孔节点 i_P 中液态水蒸发速率可采用如下公式计算：

$$S_{i_P}=g_v\ (\rho_{vep}-\rho_{v,j_P}) \tag{2-15}$$

$$\frac{1}{g_v}=\frac{1}{g_{v,ij_T}}+\frac{1}{g_{v,j_P}} \tag{2-16}$$

$$g_{v,ij_T}=D_v\frac{A_{ij_T}}{l_T},g_{v,j_P}=D_v\frac{A_{j_P}}{a_{j_P}/2} \tag{2-17}$$

式中　S_{i_P}——孔节点 i_P 中液态水蒸发速率，kg/s；

g_{v,j_P}——孔节点 j_P 中水蒸气扩导，m^3/s；

ρ_{vep}——饱和状态的水蒸气密度，kg/m^3；

ρ_{v,j_P}——孔节点 j_P 中水蒸气密度，kg/m^3；

D_v——水蒸气在空气中的二元扩散系数，m^2/s；

A_{ij_T}——孔节点 i_P 和孔节点 j_P 之间的喉道流通截面积，m^2；

l_T——喉道长度，m；

A_{j_P}——节点 j_P 孔体边长，m；

a_{jP}——孔节点 j_P 中扩散特征长度，m；

g_{v,ij_T}——孔节点 i_P 和孔节点 j_P 之间的喉道水蒸气扩导，m^3/s；

g_v——水蒸气扩导，m^3/s。

当孔道中为气液共存时，喉道内液态水可蒸发传输至相邻孔体中。孔体中液态水蒸发速率取决于气液表面的水蒸气饱和密度与相邻孔体中水蒸气密度的梯度。此时，喉道 ij_T 的液态水蒸发速率可采用如下公式计算：

$$S_{ij_T}=g_v(\rho_{vep}-\rho_{v,i_P}) \tag{2-18}$$

$$\frac{1}{g_v}=\frac{1}{g_{v,i_P}}+\frac{1}{g_{v,ij_T}} \tag{2-19}$$

$$g_{v,i_P}=D_v\frac{A_{i_P}}{a_{i_P}/2},g_{v,ij_T}=D_v\frac{A_{ij_T}}{l_T-l_w} \tag{2-20}$$

式中　l_w——孔道液态水长度，m；

S_{ij_T}——喉道 ij_T 的液态水蒸发速率，kg/s；

a_{i_P}——孔节点 i_P 中扩散特征长度，m。

（2）*水蒸气扩散传输*

当孔体和喉道均为气相时，将形成连通的通道。液态水蒸发成水蒸气后，通过这些连通的通道传输至菌类组织体外。水蒸气传输过程可采用 Fick 第一扩散定律描述。由孔体 j_P 通过喉道 ij_T 扩散传输至孔体 i_P 的水蒸气传输速率由下式计算：

$$J_{v,ij_T}=g_v(\rho_{v,j_P}-\rho_{v,i_P}) \tag{2-21}$$

$$\frac{1}{g_v}=\frac{1}{g_{v,i_P}}+\frac{1}{g_{v,ij_T}}+\frac{1}{g_{v,j_P}} \tag{2-22}$$

$$g_{v,i_P}=D_v\frac{A_{i_P}}{a_{i_P}/2},g_{v,ij_T}=D_v\frac{A_{ij_T}}{l_T},g_{v,j_P}=D_v\frac{A_{j_P}}{a_{j_P}/2} \tag{2-23}$$

式中　J_{v,ij_T}——水蒸气的传输速率，kg/s。

（3）*液体移动传输*

液态水在喉道的流动可采用泊肃叶（Poiseuille）定律来描述。此时，由孔体 j_P 通过喉道 ij_T 扩散传输至孔体 i_P 的速率和喉道中液态水流动的流量可采用下式计算：

$$m_{ij_T}=\rho_w g_w (p_{c,j_P}-p_{c,i_P}) \tag{2-24}$$

$$\frac{1}{g_w}=\frac{1}{g_{w,i_P}}+\frac{1}{g_{w,ij_T}}+\frac{1}{g_{vw,j_P}} \tag{2-25}$$

$$g_{w,i_P}=k\frac{A_{i_P}^2}{\mu_w a_{i_P}/2},g_{w,i_P}=k\frac{A_{ij_T}^2}{\mu_w l_T},g_{w,i_P}=k\frac{A_{j_P}^2}{\mu_w a_{j_P}/2} \tag{2-26}$$

式中　m_{ij_T}——喉道中液态水的质量流量，kg/s；

g_w——液态水导，m^3/（Pa·s）；

μ_w——液态水的动力黏度，Pa·s；

k——系数，与喉道形状有关。

（4）相邻骨架间湿分传输过程

水分在连续性结构的骨架中传输的驱动力为含水率梯度，可由菲克第一扩散定律描述。骨架中扩散的质通量为：

$$k_m=\rho_d D_C(\nabla X) \tag{2-27}$$

式中　k_m——相邻骨架之间的水分传输速率，kg/（m^2·s）；

D_C——水分在骨架中的扩散系数，m^2/s；

ρ_d——菌类组织干基表观密度，kg/m^3；

X——菌类组织菌丝（骨架）中干基含水率，kg/kg。

（5）骨架与孔道之间的水分传输

当与骨架相邻的喉道内为液相时，骨架中水直接以液相水形式传输至孔道。在植物生理学中，水在不同植物组织中的传输动力是水势，水分传输质量与水势差成正比。因此，骨架与孔道之间液态传输速率可采用下式计算：

$$I_{w,ij_T}=L_{w,ij_T}\rho_w L_C(\Psi_{ij_T}-\Psi_{i_C}) \tag{2-28}$$

式中　I_{w,ij_T}——骨架与孔道之间液态传输速率，kg/s；

L_C——骨架表面水导，m/（Pa·s）；

ρ_w——液态水密度，kg/m^3；

L_{w,ij_T}——喉道中液态水的侧面积，m^2；

Ψ_{ij_T}——孔节点 i_P 和孔节点 j_P 之间喉道的水势，J/m^3；

Ψ_{i_C}——孔节点 i_P 和骨架表面的水势，J/m^3。

2.2.3　基于孔道网络模型的组织结构干燥数学模型

（1）传质方程

对于菌类物料组织的热风干燥过程，基于水分传输理论分析，分别建立气相传输方程、液态传输方程、骨架湿分扩散方程及液相分布变化方程来描述干燥过程中水分的传输过程。

当孔体为气相时，流进和流出该孔体的水蒸气质量守恒。此时，孔节点 i_{P} 的气相质量守恒方程如式（2-26）。将式（2-15）～式（2-20）代入式（2-26）中，可得到求解孔节点水蒸气密度的离散代数方程组：

$$\sum_{j} S_{ij_{\mathrm{T}}} + \sum_{j} J_{\mathrm{v},ij_{\mathrm{T}}} = 0 \tag{2-29}$$

当孔体为液相时，流进和流出该孔体的液态水质量守恒。此时，孔节点 i_{P} 的液相质量守恒方程如式（2-27）。将式（2-21）～式（2-23）代入式（2-28）中，可得到求解孔节点液相毛细压强的离散代数方程组：

$$\sum_{j} m_{ij_{\mathrm{T}}} = 0 \tag{2-30}$$

骨架湿分扩散方程主要包括以下两个方面：相邻骨架之间的水分菲克扩散传输；骨架与孔道之间的液态水传输。因此，骨架中湿分传质方程如下：

$$\frac{\partial(\rho_{\mathrm{d}} X)}{\partial t} = \nabla \cdot (\rho_{\mathrm{d}} D_{\mathrm{C}} \nabla X) - \frac{1}{V_{\mathrm{C}}} \sum I_{\mathrm{w},ij_{\mathrm{T}}} \tag{2-31}$$

针对骨架节点 i_{C} 所代表的控制容积，采用有限容积法和中心差分格式对上式进行离散，将式（2-25）代入式（2-29）中，可得到求解骨架含水率的离散代数方程：

$$V_{i_{\mathrm{C}}} \rho_{\mathrm{d}} \frac{X_{i_{\mathrm{C}}}^{n+1} - X_{i_{\mathrm{C}}}^{n}}{\Delta t} = \sum_{j_{\mathrm{C}}} \left(A \rho_{\mathrm{d}} D_{\mathrm{C}} \frac{X_{j_{\mathrm{C}}}^{n+1} - X_{i_{\mathrm{C}}}^{n+1}}{\Delta x} \right)_{i_{\mathrm{C}}-j_{\mathrm{C}}} + \sum_{k_{\mathrm{C}}} \left(A \rho_{\mathrm{d}} D_{\mathrm{C}} \frac{X_{k_{\mathrm{C}}}^{n+1} - X_{i_{\mathrm{C}}}^{n+1}}{\Delta y} \right)_{i_{\mathrm{C}}-k_{\mathrm{C}}} - \sum_{ij_{\mathrm{T}}} I_{\mathrm{w},ij_{\mathrm{T}}} \tag{2-32}$$

在孔节点中，随着液相的蒸发，孔节点中气液界面的面积会越来越大。为简化计算，忽略孔节点气液相界面的 Haines 跳跃现象。此时，孔节点 i_{P} 液相变化方程写为式（2-30）。将式（2-12）～式（2-14）代入式（2-30）中，可得到求解孔节点液相变化的离散代数方程组：

$$\rho_{\mathrm{w}} V_{i_{\mathrm{P}}} \frac{\theta_{\mathrm{w},i_{\mathrm{P}}}^{n+1} - \theta_{\mathrm{w},i_{\mathrm{P}}}^{n}}{\Delta t} = \sum_{j} S_{i_{\mathrm{P}}} \tag{2-33}$$

式中 θ_{w}——液相分数；

V——体积，m^3。

对于喉道，液相变化主要包括以下三个方面：喉道内液态水蒸发传输；毛细力作用下的孔道内液态水移动；骨架与孔道之间的液态水传输。因此，喉道 ij_{T} 液相变化方程写为式（2-34）。将式（2-18）～式（2-20）、式（2-24）～式（2-26）

和式（2-28）代入式（2-33）中，可得到求解喉道液相变化的离散代数方程组：

$$\rho_w V_{ij_T} \frac{\theta_{w,ij_T}^{n+1} - \theta_{w,ij_T}^{n}}{\Delta t} = -S_{ij_T} - m_{ij_T} - I_{w,ij_T} \tag{2-34}$$

需要说明的是，计算得到喉道中液相分数后，可通过式 $l_w = \theta_w l_T$ 进一步得到喉道中液相长度。

（2）传热方程

对于菌类组织的热风干燥过程，采用局部热平衡假设，也就是假设骨架的温度与周围孔道及孔节点中气相和液相的温度相同。因此，可以采用能量方程来描述菌类组织热风干燥传热过程。此时，传热控制方程如下：

$$\frac{\partial(\rho c_p)_{eff} T}{\partial t} = \nabla \cdot (\lambda_{eff} \nabla T) + s_\gamma \tag{2-35}$$

式中　T——温度，K；

c_p——比热容，J /（kg・K）；

λ_{eff}——导热系数的有效值，W/（m・K）；

s_γ——液态水蒸气吸热量，J/m³。

针对骨架节点 i_C 所代表的控制容积，采用有限容积法和中心差分格式对式（2-35）进行离散，可得到求解骨架温度变化的离散代数方程：

$$V_{i_C} (\rho c_p)_{eff} \frac{T_{i_C}^{n+1} - T_{i_C}^{n}}{\Delta t} = \sum_{j_C} \left(A\lambda_{eff} \frac{T_{j_C}^{n+1} - T_{i_C}^{n+1}}{\Delta x} \right)_{i_C - j_C} + \sum_{k_C} \left(A\lambda_{eff} \frac{T_{k_C}^{n+1} - T_{i_C}^{n+1}}{\Delta y} \right)_{i_C - k_C} - \gamma \left(\frac{1}{4} \sum S_{i_P} + \frac{1}{2} \sum S_{ij_T} \right) \tag{2-36}$$

式中　γ——水的相变潜热，J/kg。

（3）边界条件

菌类组织热风干燥时，热空气通过对流的方式与物料边界处进行传热传质，同时喉道中气液相界面受毛细压强的作用导致液相传输。因此，离散孔隙网络模型中边界条件主要可以分为孔节点、喉道和骨架边界三类。

孔节点边界是指孔节点中水蒸气通过喉道传输至热空气，属于气相传输方程的边界条件，具体如下：

$$J_{v,T} = g_v (\mathrm{RH} \cdot \rho_{vep} - \rho_{v,P}) \tag{2-37}$$

$$\frac{1}{g_v} = \frac{1}{g_{v,T}} + \frac{1}{g_{v,P}} + \frac{1}{g_{v,a}} \tag{2-38}$$

$$g_{v,P} = D_v \frac{A_P}{a_P/2}, g_{v,T} = D_v \frac{A_T}{l_T}, g_{v,g} = h_g A_T \tag{2-39}$$

式中 RH——热空气的相对湿度，%；

h_g——热空气的对流传质系数，m/s。

喉道边界指喉道中气液相界面受毛细压强的作用，属于液相传输方程的边界条件，具体如下：

$$p_{c,T}=p_{vep}-\frac{4\sigma\cos\theta}{d} \tag{2-40}$$

式中 p_{vep}——饱和蒸气压，Pa；

d——孔道直径，m；

σ——喉道内水的表面张力，N/m；

θ——喉道中液态水与喉道壁面的接触角，此处假设为0。

骨架边界是指干燥介质通过对流的方式与骨架边界进行传热传质，属于骨架湿分扩散和传热方程的边界条件，具体如下：

$$-\rho_d D_C(\nabla X)\cdot n=\rho_w L_C(\Psi_g-\Psi_C) \tag{2-41}$$

$$-\lambda(\nabla T)\cdot n=h_f(T_g-T) \tag{2-42}$$

式中 Ψ_g——热空气的水势，Pa；

T_g——热空气温度，K；

L_C——有效水导率，m/s；

h_f——有效传热系数，W/(m^2·K)。

(4) 初始条件

在干燥初始时，菌类组织结构孔道网络中孔道和孔节点中充满液态水，液相分数表示如下：

$$\theta_w(0)=1 \tag{2-43}$$

骨架的初始含水率，即菌类组织结构菌丝体的初始含水率，与菌丝体干基密度、菌类组织结构初始时刻表观密度及孔隙率有关，具体如下：

$$X_C(0)=\frac{\rho_m(0)-\varepsilon\rho_w}{(1-\varepsilon)\rho_d}-1 \tag{2-44}$$

式中 ε——菌类组织结构的孔隙率，%；

ρ_m——菌类组织表观密度，kg/m^3。

菌类组织结构的初始温度取为室内环境温度，具体如下：

$$T(0)=T_\infty \tag{2-45}$$

2.2.4 模型验证

为了对所构建数学模型进行验证，开展香菇切片干燥实验。挑选新鲜且成熟度良好、形状均匀、大小中等、菌盖完整、干净无褐变的香菇，去掉菇柄，留菌盖。将香菇切成 2mm 厚、1cm×1cm 大小的切片样品。用胶水将上下两个 1cm×1cm 的面密封，确定绝湿边界条件。干燥箱中进行 40℃ 和相对湿度为 20% 的热风干燥。在干燥过程中实时检测香菇样品质量，从而得到香菇热风干燥过程的干燥曲线。采用所构建模型模拟香菇切片热风干燥过程，得干基含水率和水分比随干燥时间的变化曲线。模拟结果和实验结果对比如图 2-8 所示。

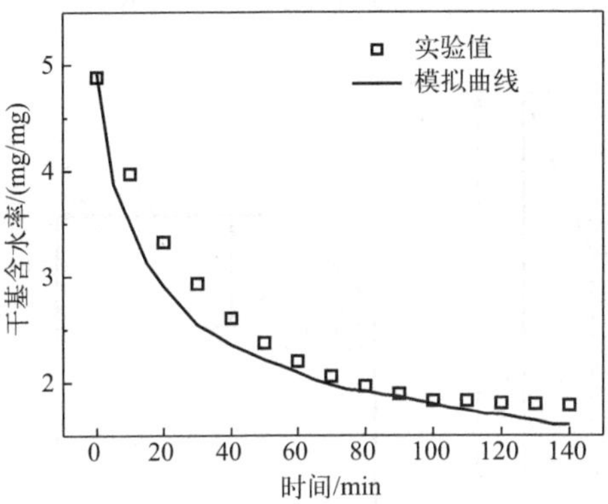

(a) 干基含水率的对比

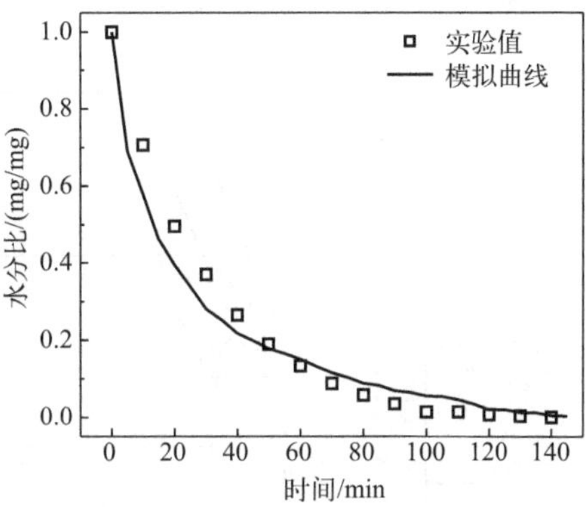

(b) 水分比的对比

图 2-8　菌类微观组织干燥过程干基含水率和水分比的对比

香菇切片热风干燥的干基含水率和水分比随干燥时间呈现指数下降的趋势。干燥前期水分比下降较快，干燥后期变化趋于平缓。干燥模拟结果与实验结果趋势一致，吻合度较好，可证明所构建菌类物料组织结构微观干燥数学模型的正确性。

2.3　物料尺度多场双向耦合数值模拟

针对农产品物料尺度构建干燥过程的传热传质数学模型，可从单个物料层面研究物料内部水分场和温度场的迁移过程以及物料的体积收缩过程，为高品质、低能耗的干燥加工提供理论指导。农产品物料尺度干燥是一个包含流动、传热、传质和收缩过程的复杂多场耦合问题。尽管众多学者已经对农产品物料尺度干燥进行了一系列数值模拟研究，但耦合了物料收缩与传热传质过程的研究相对较少，导致农产品物料尺度干燥过程传热传质规律难以准确揭示。因此，本节构建了热湿场与力场双向耦合的多相多孔介质农产品物料尺度干燥模型。

2.3.1 物料尺度物理模型

农产品物料尺度干燥的物理模型是基于农产品物料干燥实验构建的。本研究以香菇干燥为例，香菇热风干燥实验采用恒温恒湿干燥箱进行。干燥箱的尺寸为 0.4m×0.56m×0.45m（长×高×宽），热风从左上角的切面进入，从底部流出。切除菌柄的香菇被放置于底部的网状托盘上。考虑到对称性，可将物理模型简化为二维对称模型。香菇物料尺度干燥的物理模型构建过程如图 2-9 所示。

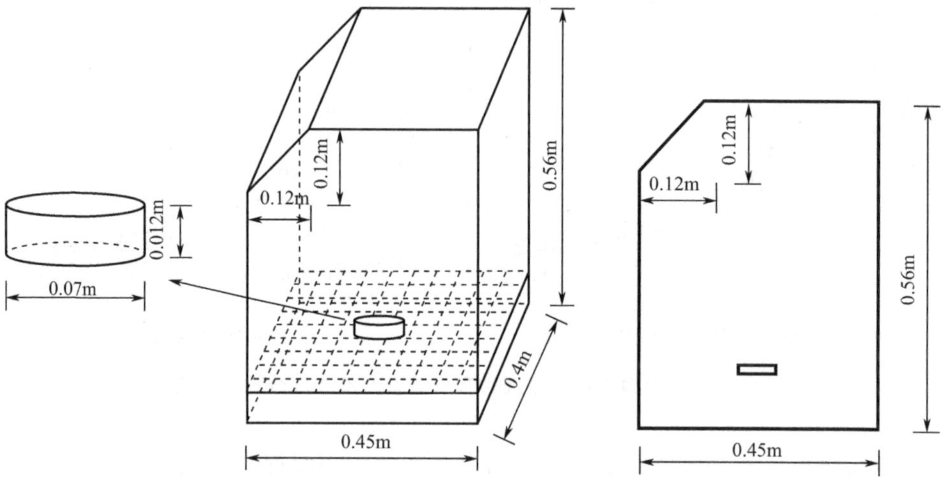

(a) 香菇干燥整体结构示意图　(b) 简化的二维结构示意图

图 2-9 香菇物料尺度干燥的物理模型构建过程

2.3.2 物料尺度数学模型

农产品物料被视为多孔介质结构，物料的孔隙内同时存在液态水、水蒸气和空气。热空气流过物料表面，热量在温度差及和液态水迁移形成的对流等作用下，由物料表面向物料内部传输，最终加热整个物料；湿分在浓度差、温度差和压力差等的作用下由物料内部向表面扩散，并在表面蒸发，产生的水蒸气不断地被热空气带走。

（1）流动方程

干燥过程中的流体流动区域分为干燥箱和农产品物料两个区域，分别建立流动方程。在干燥箱区域内流体自由流动，该区域的空气流动速度较高，属于湍流流动，选用 y^+ 湍流模型。此时自由流动的流动方程为：

$$\frac{\partial \rho_g}{\partial t}+\nabla\cdot(\rho_g u)=0 \tag{2-46}$$

$$\rho_g \frac{\partial u}{\partial t}+\rho_g(u\cdot\nabla)u=-\nabla p+ \nabla\cdot\left\{(\mu_g+\mu_T)\left[\nabla u+(\nabla u)^T\right]-\frac{2}{3}(\mu_g+\mu_T)\nabla\cdot u-\frac{2}{3}\rho_g k\right\} \tag{2-47}$$

$$\nabla G\cdot\nabla G+\sigma_w G(\nabla\cdot\nabla G)=(1+2\sigma_w)G^4 \tag{2-48}$$

$$\mu_T=\mu\left[\left(\frac{\mathrm{d}f}{\mathrm{d}l_w^+}\right)^{-1}-1\right] \tag{2-49}$$

$$l_w=\frac{1}{G}-\frac{l_{ref}}{2} \tag{2-50}$$

$$Re_w=\frac{\rho_{ma}|u|l_w}{\mu}=\frac{|u|}{u_\tau}\frac{\rho_{ma}u_\tau l_w}{\mu}=u^+ l_w^+ \tag{2-51}$$

$$u^+=f(l_w^+) \tag{2-52}$$

对于农产品物料区域，该区域的流速一般很小，湍流阻力可以忽略，但受农产品物料多孔介质阻力的影响。根据 Darcy-Forchheimer 定律，多孔介质流动阻力分为两部分：与流速成正比的黏性阻力；与流速的平方成正比的惯性阻力。同时，农产品物料内存在水分蒸发，所以在连续性方程中存在一个质量源项。该区域的流动方程如下：

$$\frac{\partial S_g\phi\rho_g}{\partial t}+\nabla\cdot(\rho_g u)=R_{evap} \tag{2-53}$$

$$\frac{1}{S_g\phi}\rho_g\frac{\partial u}{\partial t}+\frac{1}{S_g\phi}\rho_g(u\cdot\nabla)u\frac{1}{S_g\phi}=-\nabla p+\nabla\cdot \left\{\frac{\mu_g}{S_g\phi}\left[\nabla u+(\nabla u)^T\right]-\frac{2}{3}\times\frac{\mu_g}{S_g\phi}(\nabla\cdot u)\right\}-\left[\mu_g(k_{i,g}k_{r,g})^{-1}+F|u|\right]u \tag{2-54}$$

$$F=\frac{3.5}{(150k_{i,g}k_{r,g})^{0.5}(S_g\phi)^{2.5}} \tag{2-55}$$

式中　t——时间，s；

u——速度，m/s；

k——湍流动能，J；

p——压力，Pa；

ρ_g——气体密度，kg/m^3；

μ_g——气体动力黏度，kg/(m · s)；

μ_T——湍流动力黏度，kg/(m · s)；

ϕ——孔隙率，%；

R_{evap}——蒸发率，kg/(m³·s)；

$k_{i,g}$——固有渗透率，%；

$k_{r,g}$——相对渗透率，%；

S_g——气体饱和度，%。

(2) 传质方程

干燥模型中的传质过程可分为水蒸气和液态水两部分。水蒸气的传质过程发生于干燥箱和多孔介质区域，而液态水的传质过程只发生于多孔介质区域。在农产品物料区域液态水会蒸发成水蒸气，所以该区域水蒸气和液态水的传质方程中存在蒸发源项。根据质量守恒定律，干燥箱和农产品物料内的传质方程分别如下所示。

干燥箱内水蒸气的传质方程：

$$\frac{\partial c_v}{\partial t}+\nabla \cdot n_v=0 \tag{2-56}$$

农产品物料内水蒸气的传质方程：

$$\frac{\partial c_v}{\partial t}+\nabla \cdot n_v=R_{evap} \tag{2-57}$$

农产品物料内液态水的传质方程：

$$\frac{\partial c_w}{\partial t}+\nabla \cdot n_w=-R_{evap} \tag{2-58}$$

对于干燥箱内水蒸气的传质过程，该区域的水蒸气质量通量由湿空气流动形成的对流和二元扩散决定，具体如下：

$$n_v=u\rho_v-D_{va}\nabla c_v=uc_v-D_{va}\nabla c_v \tag{2-59}$$

对于农产品物料内水蒸气的传质过程，物料收缩时固体基质会产生移动速度。这个基质移动速度同样会作用于水蒸气，导致其产生对流迁移。因此，在考虑物料收缩时，固体基质的移动会产生一个附加的水分运输驱动力。此时农产品物料内的水蒸气质量通量应表示为：

$$n_v=\rho_v u-\frac{C^2}{\rho_g}M_v M_a D_{eff,g}\nabla(\mathcal{X}_v)+c_v u_s \tag{2-60}$$

对于农产品物料内液态水的传质过程，其质量通量除受由压差形成的对流和毛细扩散过程影响外，多孔介质基质收缩产生的附加驱动力也同样会影响液态水的传质过程。此时农产品物料内液态水的质量通量应该表示为：

$$n_w=\left(-\frac{k_{i,w}k_{r,w}}{\mu_w}\nabla p\right)\rho_w-D_{cap}\nabla c_w+u_s c_w \tag{2-61}$$

式中 c_v——水蒸气质量浓度，kg/m³；

c_w——液态水质量浓度，kg/m³；

D_{va}——空气中蒸汽的扩散系数，m²/s；

$D_{eff,g}$——有效扩散系数，m²/s；

C——气体摩尔密度，kg/mol；

M_v——水蒸气分子量；

M_a——空气分子量；

χ_v——气体中水蒸气的体积分数，%；

$u_s=\partial\delta/\partial t$——农产品物料固体基质的移动速度，由结构形变方程求解；

D_{cap}——水分在物料内部的水分扩散系数。

需要说明的是，D_{cap} 为水分在物料内部的扩散系数。由于该参数受多种因素影响，不同研究者确定水分扩散系数常有较大出入。例如，对于香菇物料，不同研究者所确定的水分扩散系数甚至相差 3 个数量级。采用本书构建的植物细胞或菌类微观组织干燥模型，可较准确地确定出所研究物料的水分扩散系数，从而实现农产品物料尺度干燥的准确模拟。

(3) 能量方程

干燥箱内只有湿空气存在，根据能量守恒定律，干燥箱内的能量方程如下：

$$\rho_g C_{p,g}\frac{\partial T}{\partial t}+\nabla\cdot(\rho_g C_{p,g}uT)=\nabla\cdot(\lambda_g\nabla T) \tag{2-62}$$

农产品物料视为多孔介质，由固体基质、液态水和气体组成。根据局部热平衡假设，各相温度相等，所以采用一维方程形式的能量方程。同时水的蒸发会产生一个热源项。此外，除了液态水和气体的流动导致热量的对流迁移，固体基质的移动也会引起热量的对流迁移。能量方程具体如下：

$$\rho_{eff}C_{p,eff}\frac{\partial T}{\partial t}+\nabla\cdot(n_sC_{p,s}T+n_wC_{p,w}T+n_gC_{p,g}T)=\nabla\cdot(\lambda_{eff}\nabla T)-R_{evap}h_{evap} \tag{2-63}$$

固体基质和气体的质量通量 n_s 和 n_g 分别表达如下：

$$n_s=u_s\rho_s(1-\phi) \tag{2-64}$$

$$n_g=u\rho_g+u_sc_g \tag{2-65}$$

有效密度、有效导热系数和有效比热容分别由下式计算：

$$\rho_{eff}=\phi(S_w\rho_w+S_g\rho_g)+(1-\phi)\rho_s \tag{2-66}$$

$$\lambda_{eff}=\phi(S_w\lambda_w+S_g\lambda_g)+(1-\phi)\lambda_s \tag{2-67}$$

$$C_{p,eff}=m_g(\theta_aC_{p,a}+\theta_vC_{p,v})+m_wC_{p,w}+m_sC_{p,s} \tag{2-68}$$

式中 T——温度，K；

λ——导热系数，W/（m・K）；

h_{evap}——液态水汽化潜热，J/kg；

ρ_{eff}——有效密度，kg/m^3；

λ_{eff}——有效导热系数，W/（m・K）；

$C_{p,eff}$——有效比热容，J/（kg・K）；

n_s——固体基质的质量通量，kg/（m^2・s）；

n_g——气体的质量通量，kg/（m^2・s）；

$C_{p,s}$——固体的比热容，J/（kg・K）；

$C_{p,v}$——水蒸气的比热容，J/（kg・K）；

$C_{p,a}$——气体的比热容，J/（kg・K）。

（4）应力应变方程

将农产品物料视为线弹性材料，干燥过程农产品物料失水的结构应变包括湿应变、热应变及弹性应变。通过平衡微分方程、几何方程和本构方程构建描述农产品物料的收缩过程，方程组如下：

$$\rho \frac{\partial^2 \delta}{\partial t^2} = \nabla \cdot S \tag{2-69}$$

$$\varepsilon_m = \frac{1}{2}\left[(\nabla\delta)^T + \nabla\delta\right] \tag{2-70}$$

$$S = C(E,\ \nu):\varepsilon \tag{2-71}$$

农产品物料的表观密度，由各相共同确定，方程具体如下：

$$\rho = \rho_s(1-\phi) + \rho_w \phi S_w + \rho_g \phi S_g \tag{2-72}$$

考虑吸湿膨胀和热膨胀时，弹性体的总应变包括热应变、湿应变以及内部各点之间相互约束引起的机械应变。农产品物料在各个方向上的湿应变和热应变是相同的，如下式所示：

$$\varepsilon_{th} = \alpha(T - T_0) \tag{2-73}$$

$$\varepsilon_{hs} = \beta(c_w - c_{w,0}) \tag{2-74}$$

式中 S——应力张量，Pa；

C——结构张量，Pa；

E——弹性模量，Pa；

α——热膨胀系数，1/K；

β——吸湿膨胀系数，m^3/kg；

ν——泊松比；

ε_m——机械应力下的应变张量；

ε_{th}——热应力下的应变张量；

ε_{hs}——湿应力下的应变张量；

δ——弹性位移，m；

0——初始时刻；

ρ_s——物料中干物质密度，kg/m^3；

ρ_w——液态水密度，kg/m^3；

S_w——材料中的水分量,%；

S_g——材料中的气体量,%。

（5）边界条件

农产品物料尺度干燥模型的边界主要有干燥箱入口边界、干燥箱壁面边界、干燥箱出口边界、农产品物料表面边界和农产品物料表面移动约束五类。以图 2-10 所示的香菇干燥模型为例，各边界编号如图 2-10 所示。各边界分别说明如下：1 代表干燥箱入口边界，入口空气的速度、温度和相对湿度为固定值，湍动能和湍流耗散率分别由相应公式确定。2～4 代表干燥箱的壁面边界，具有很好的保温性能。速度、温度和水蒸气浓度分别为无滑移、绝热和零法向梯度条件。壁面湍流采用壁面函数，湍动能的法向梯度为零，湍流耗散率由相应公式确定。5 代表干燥箱出口边界。6 和 7 分别代表香菇的上表面和下表面，干燥过程中表面没有液态水流出，所以液态水浓度的法向梯度为零。8 和 9 代表香菇与托盘的接触面。干燥时，香菇的上下表面没有束缚，所以为自由移动边界，而与托盘接触的表面在 y 方向上的位移为零。各边界条件的具体公式见表 2-1 和表 2-2。

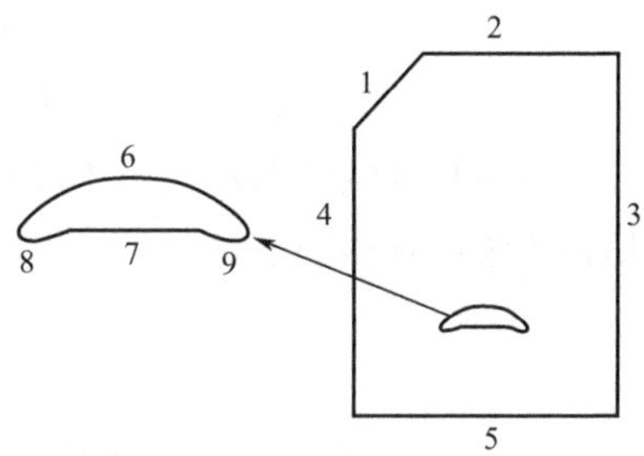

图 2-10　干燥箱和香菇的边界示意图

表 2-1　干燥箱的边界条件

项目	1	2～4	5
速度	u_{in}	0	$(\nabla u)\cdot n=0$
壁面距离倒数	$(\nabla G)\cdot n=0$	$2/l_{ref}$	$(\nabla G)\cdot n=0$
温度	T_{in}	$(\nabla T)\cdot n=0$	$(\nabla T)\cdot n=0$
水蒸气浓度	$c_{v,sat}\mathrm{RH}$	$(\nabla c_v)\cdot n=0$	$(\nabla c_v)\cdot n=0$

表 2-2　农产品物料的边界条件

项目	6 和 7	8 和 9
液态水浓度	$(\nabla c_w)\cdot n=0$	$(\nabla c_w)\cdot n=0$
结构形变	自由移动	$\delta_y=0$

（6）初始条件

农产品物料和空气自由流动域的速度场初始值设置为零，相对压力场设置为零，温度场初始值设置为初始室内温度，具体如下：

$$U(0)=0 \tag{2-75}$$

$$p(0)=0 \tag{2-76}$$

$$T(0)=T_0 \tag{2-77}$$

农产品物料区域液态水初始浓度和含水饱和度及孔隙率相关，多孔域液态水湿度场初始浓度具体如下：

$$c_w(0)=\frac{S_{w,0}\cdot\phi_{ideal}\cdot\rho_w}{M_w} \tag{2-78}$$

空气自由流动域水蒸气浓度初始条件与周围环境空气相对湿度有关，具体如下：

$$c_v(0)=c_{v,0}\cdot \mathrm{RH} \tag{2-79}$$

农产品物料区域在初始条件下，水蒸气浓度具体如下：

$$c_v(0)=c_{v,sat} \tag{2-80}$$

式中　ϕ_{ideal}——农产品物料纯干基孔隙率，%；

M_w——水的分子量；

RH——相对湿度；

$c_{v,sat}$——饱和的水蒸气浓度，kg/m^3。

2.3.3　模型验证

本研究进行了三组香菇干燥实验，干燥温度分别为 45℃、50℃和 55℃。通过对比香菇整体干基含水率和收缩率的实验结果和模拟结果，来验证所提模型的准确性。图 2-11 和图 2-12 分别是不同干燥温度下香菇整体干基含水率和收缩率的实验结果和模拟结果对比图。从图中可以看出模拟值和实验值吻合得很好。这表示所提出的数学模型能够准确预测香菇热风干燥过程。

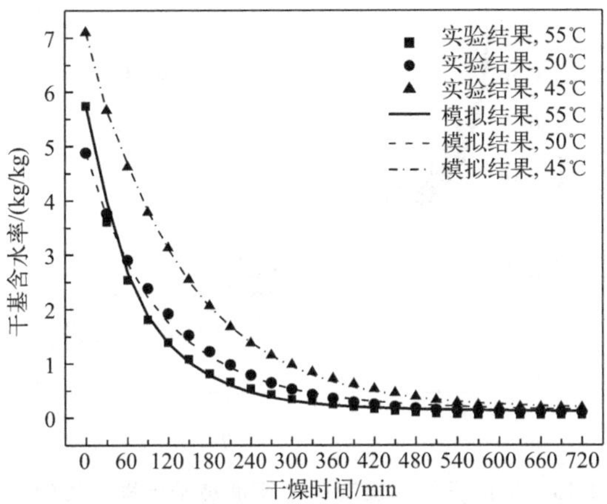

图 2-11　香菇平均干基含水率的实验结果和模拟结果对比

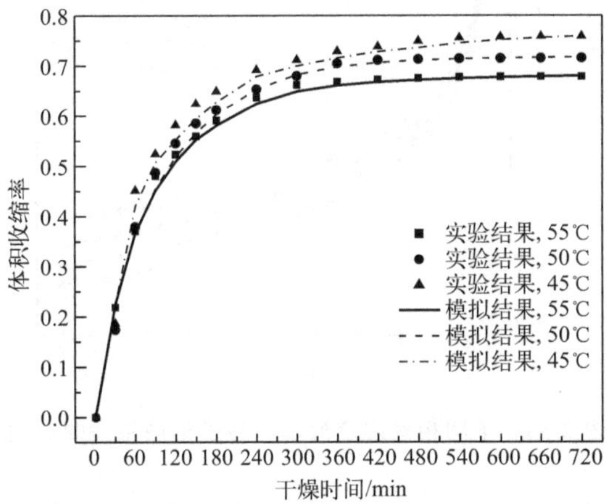

图 2-12　香菇平均收缩率的实验结果和模拟结果对比

2.3.4　物料尺度热泵干燥数值模拟

(1) 单个种子热泵干燥

种子热风干燥条件为：干燥温度 45℃，相对湿度 10%，风速 1.5m/s。通过单因素变化的方法研究了干燥温度、湿度对南瓜种子干燥特性的影响，具体如图 2-13 和图 2-14 所示。研究发现，增加进口温度并降低相对湿度，南瓜种子的干燥速率加快，干燥终了干基含水率降低。但是，当干燥温度高于 45℃后，干燥终了干基含水率降低幅度并不显著。

基于研究南瓜种子热风干燥时间、发芽率和发芽势，以 45～50℃干燥温度为基准范围，考虑到南瓜种子的热敏性及热泵的实际控制过程，在保证干燥品质

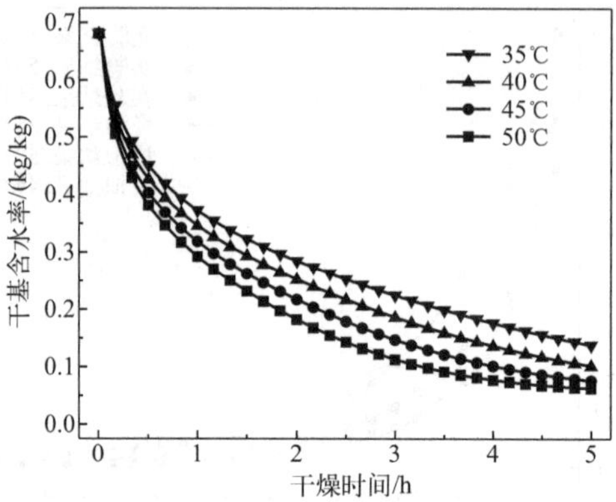

图 2-13　不同干燥温度对单个南瓜种子干燥特性的影响

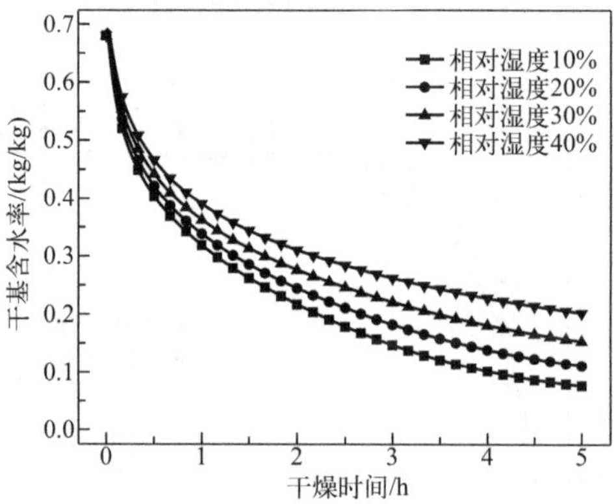

图 2-14　不同相对湿度对单个种子干燥特性的影响

的基础上，制定如图 2-15 和表 2-3 所示的南瓜种子干燥工艺。干燥起始温度设置为 46℃，相对湿度 30%，干燥约 45min 后，增加温度至 48℃，降低相对湿度至 10%，干燥约 4.5h。

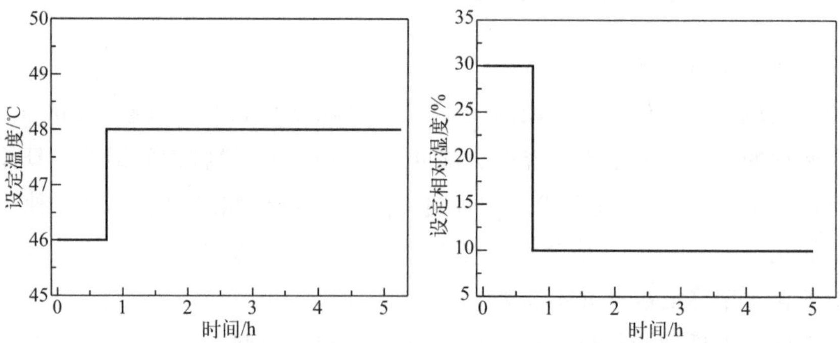

(a) 工艺一　　(b) 工艺二

图 2-15　南瓜种子干燥工艺

表 2-3　南瓜种子干燥工艺

干燥时长 t/h	设定干燥温度 T/℃	设定湿球温度 WT/℃
0.75	46	3
4.5	48	10

(2) 单个香菇热泵干燥

单个香菇恒温恒湿条件下温度场、干基含水率和孔隙率等干燥特性演化过程分别如图 2-16～图 2-18 所示。结果表明，单个香菇物料热风干燥过程约 12h，干燥过程中热量由表面向内部传递，水分由内部向表面传递，孔隙率和收缩率则在整个物料呈现较为均匀变化的现象。温度场演变主要发生在干燥前 1h 内；干基含水率变化发生在整个干燥过程中；孔隙率和收缩率变化过程相类似，发生在干燥前 4h。

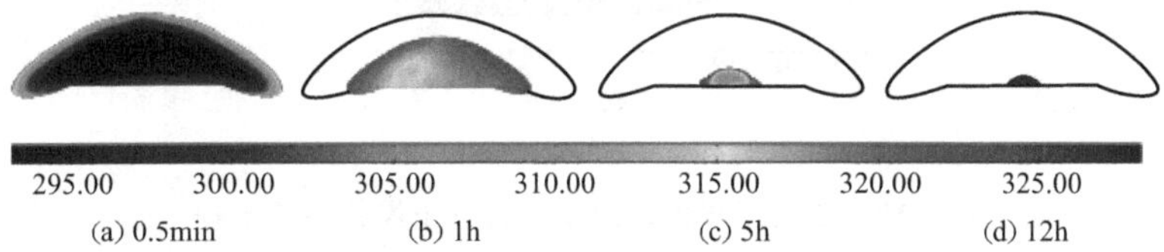

图 2-16　单个香菇热风干燥过程的温度场变化

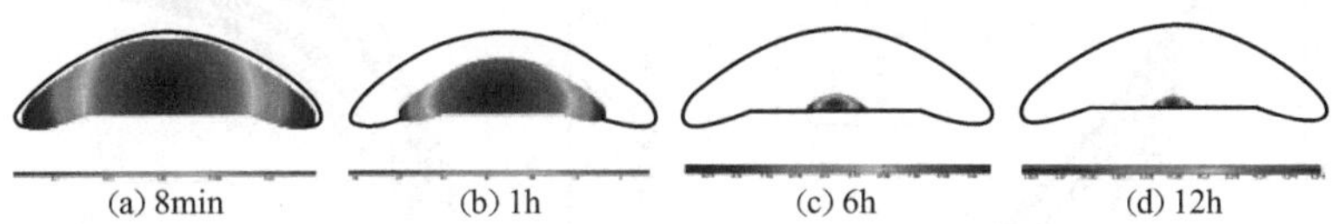

图 2-17　单个香菇热风干燥过程的干基含水率变化

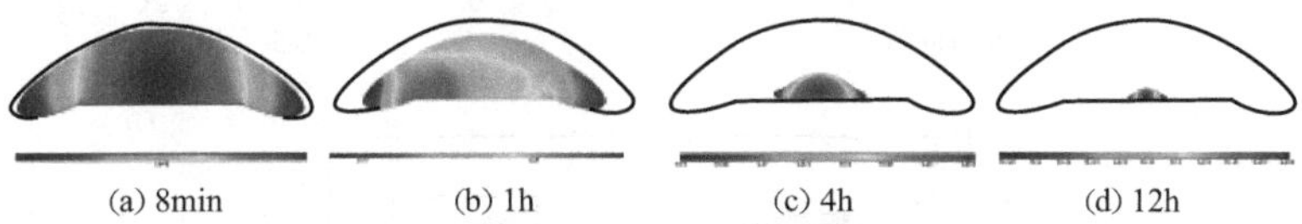

图 2-18　单个香菇热风干燥过程的孔隙率变化

干燥温度、相对湿度及风速等干燥参数对干燥特性的影响如图 2-19～图 2-21 所示。研究结果表明增加进口风温、降低相对湿度或增加进口风速，香菇的干燥速率加快，体积收缩较明显，粗多糖含量降低。干燥温度高于 50℃后，空气相对湿度低于 30%，风速高于 1m/s 后，香菇干燥过程差异幅度变小，可作为初步确定香菇干燥工艺的参考依据。

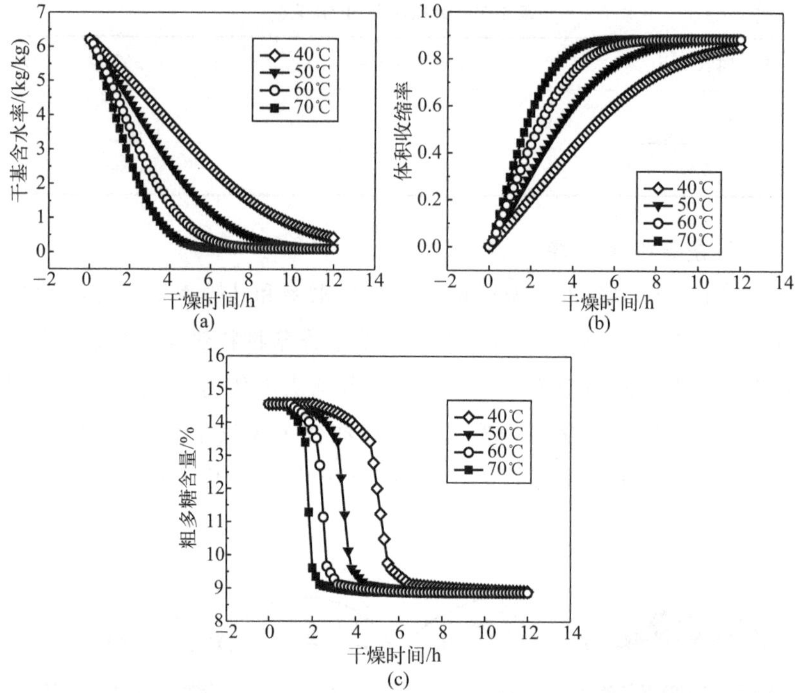

图 2-19 不同干燥风温对单个香菇干燥特性的影响

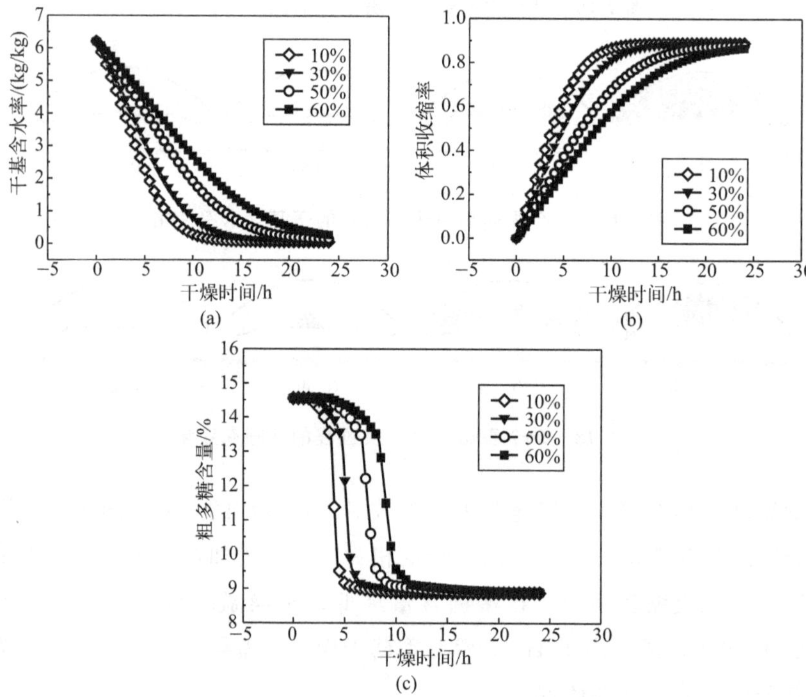

图 2-20 不同相对湿度对单个香菇干燥特性的影响

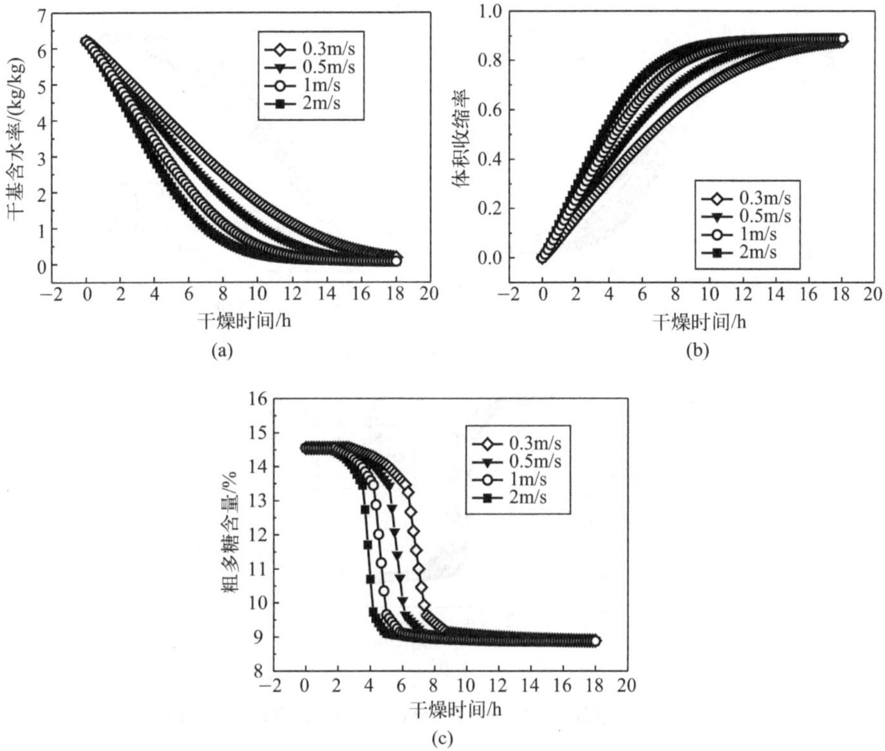

图 2-21　不同干燥风速对单个香菇干燥特性的影响

干燥温度、相对湿度和进口风速变化分段的干燥工艺对单个香菇干燥特性的影响如图 2-22～图 2-24 所示。结果表明，在干燥前期，干燥温度高于 40℃和相对湿度小于 40%时，热风对干燥特性的影响较小；在干燥中期，干燥温度 50℃和相对湿度为 20%条件下，香菇含水率较低，干燥速度较快，对粗多糖含量影响较小；在干燥后期，干燥温度为 60℃时，香菇含水率最低，可明显缩短干燥时间。不同分程过程对干燥工艺影响不同，可以通过逐步增加干燥温度，逐步减小相对湿度，来缩短干燥时间、保证干燥品质、节约能耗。当风速大于 1m/s 后，风速参数对干燥特性的影响较小。因此，较优的单个香菇干燥工艺可以基于以下过程进行设计：干燥初期可设置干燥温度 40℃左右，相对湿度 40%左右；干燥中期可提升干燥温度到 50℃左右，降低相对湿度到 20%左右；干燥后期提升干燥温度到 60℃左右。整个干燥周期的进口风速可设置为 1m/s 以上。采用上述过程所设计的分段干燥工艺将有利于提质增效。

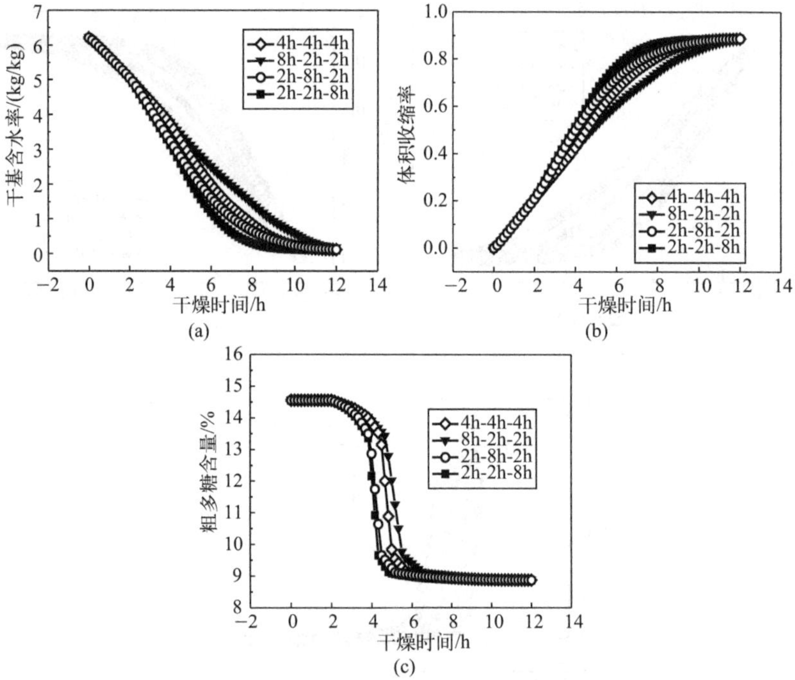

图 2-22　温度逐渐增加（40℃-50℃-60℃）对单个香菇干燥特性的影响

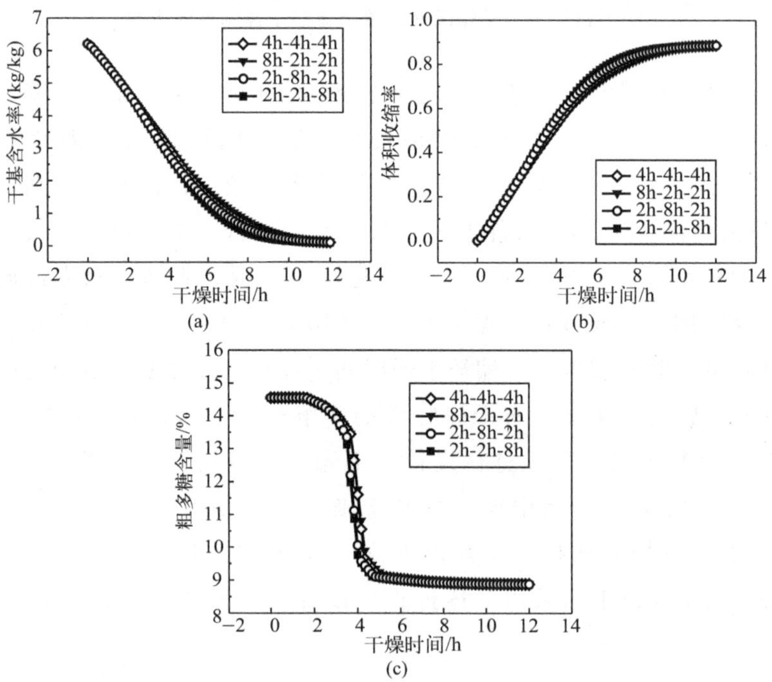

图 2-23　相对湿度逐渐减小（40%-30%-20%）对单个香菇干燥特性的影响

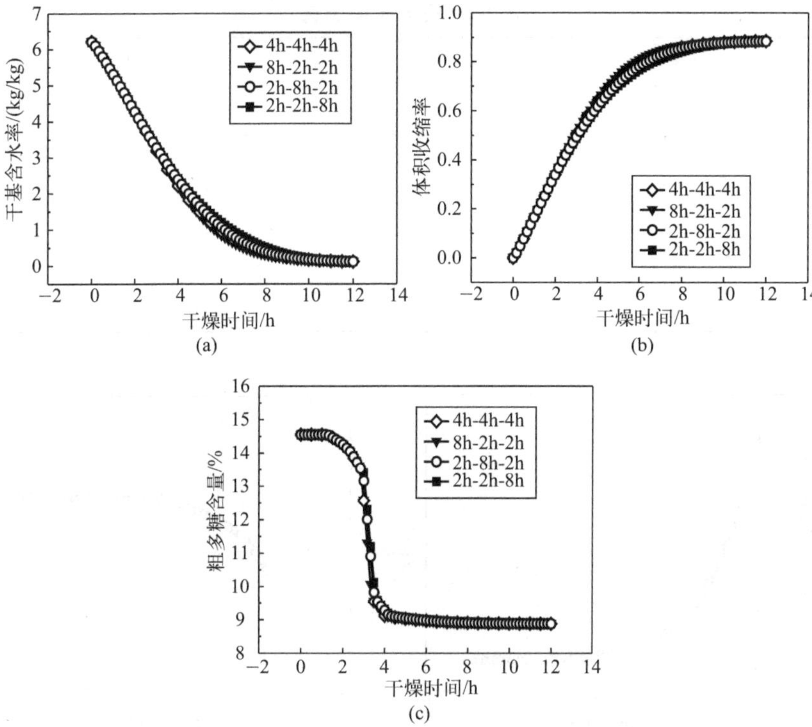

图 2-24　风速逐渐减小（3m/s-1.8m/s-1m/s）对单个香菇干燥特性的影响

基于单个香菇干燥工艺的设计思路，结合香菇实际干燥生产时热泵控制过程，制定了如图 2-25 和表 2-4 所示的香菇分程干燥工艺。此时，单个香菇干燥过程含水率、收缩率和粗多糖变化如图 2-26 所示。

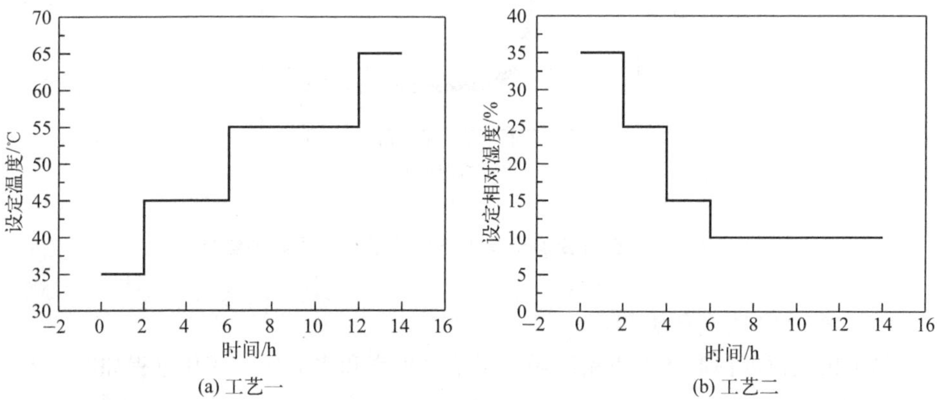

图 2-25　香菇干燥工艺

表 2-4 香菇干燥工艺

干燥时间 t/h	设定干燥温度 T/℃	设定相对湿度 RH/%
2	40	35
2	45	25
2	45	15
6	55	10
2	65	10

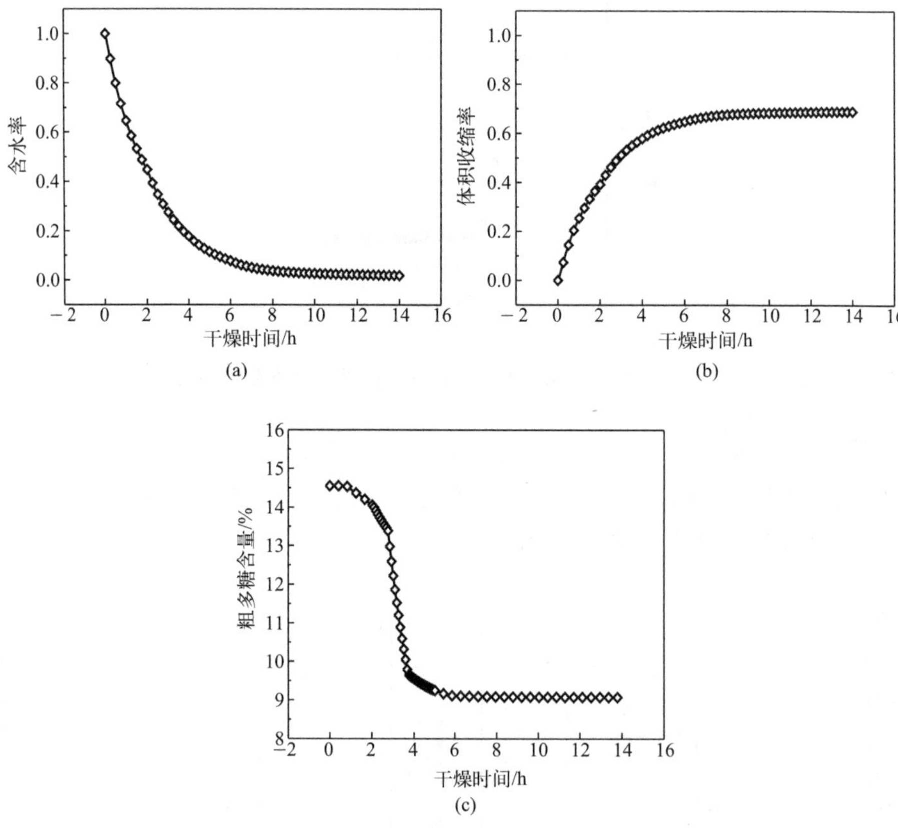

图 2-26 设计分程变温干燥工艺条件下单个香菇干燥特性

(3) 单个枸杞热泵干燥

单个枸杞恒温恒湿条件下温度场、干基含水率和水分比的演化过程如图 2-27～图 2-29 所示。干燥温度为 55℃，相对湿度 20%，进口风速 2m/s。研究结果表明，单个枸杞物料热风干燥过程约 12h；干燥前 5min 物料内部的温差较大，随后温度场逐渐均匀，并且接近干燥温度，这说明在干燥前 5min 热量传输速度较快。另一方面，干燥前 10min，水分场分布不均匀，随后水分场逐渐趋于均匀。并且发现水分场变化在整个干燥过程整体呈缓速下降趋势，这说明在整个枸杞干燥过程中水分传输均较缓慢。

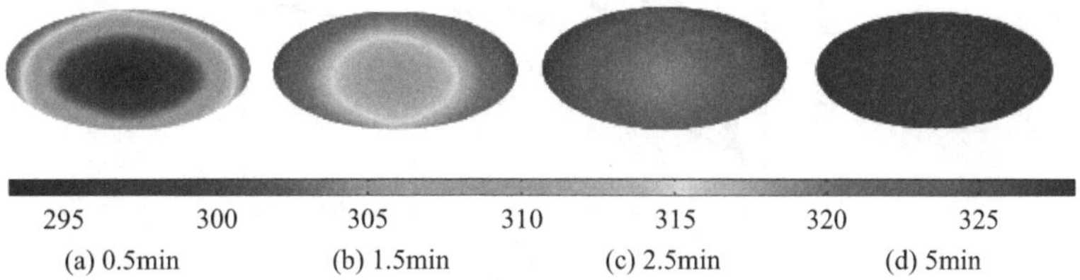

图 2-27　单个枸杞热风干燥过程的温度场变化

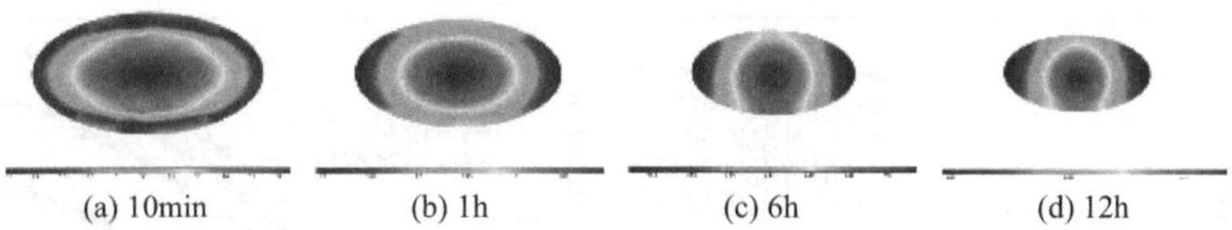

图 2-28　单个枸杞热风干燥过程的干基含水率变化

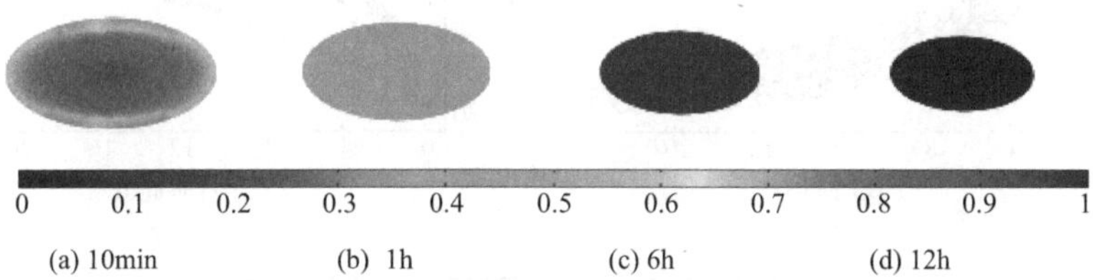

图 2-29　单个枸杞热风干燥过程的水分比变化

在上述干燥条件下，通过单因素变化的方法研究了干燥温度、相对湿度及风速等干燥参数对枸杞干燥特性的影响，结果如图 2-30～图 2-32 所示。研究发现，

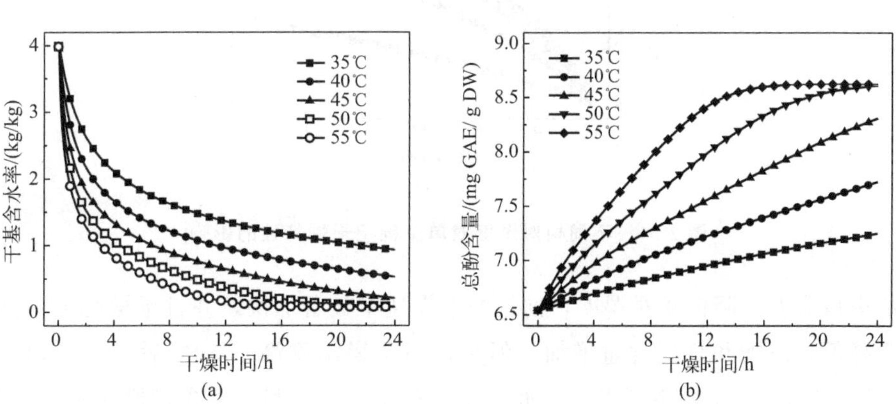

图 2-30

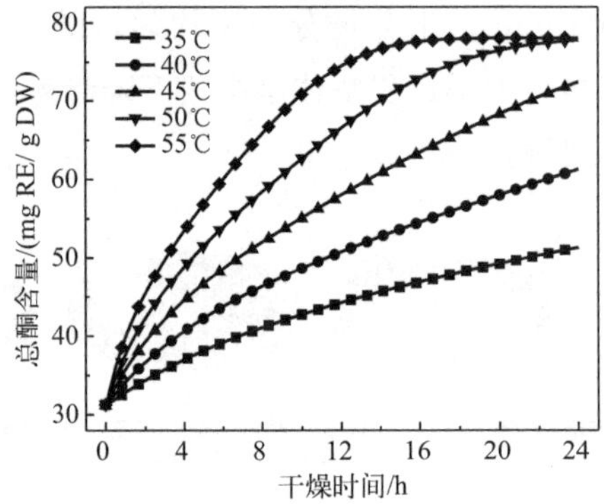

(c)

图 2-30　不同干燥风温对单个枸杞干燥特性的影响

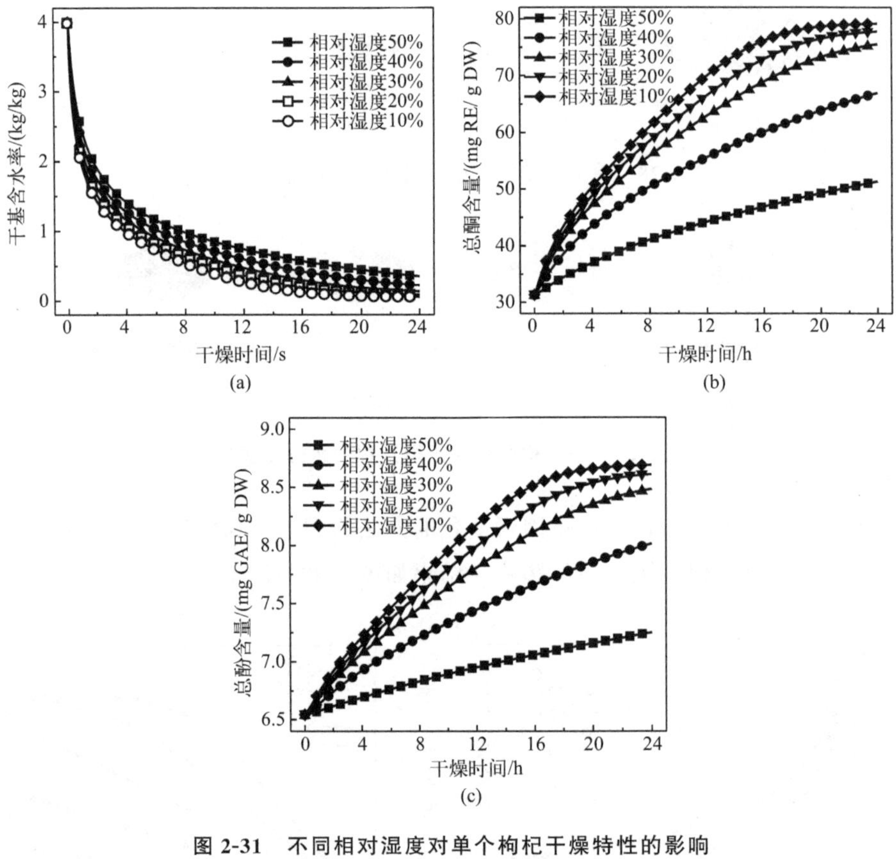

(c)

图 2-31　不同相对湿度对单个枸杞干燥特性的影响

增加进口温度，降低相对湿度，枸杞的干燥速率显著加快，并且干燥终了干基含水率降低，总酚和总酮含量增加。但是，当干燥温度高于 50℃后，空气相对湿度低于 20%时，干燥终了干基含水率降低幅度、总酚和总酮含量增加幅度有限。

此外，进口风速高于 1m/s 后，枸杞干燥过程几乎不受影响。以上结果可为初步确定枸杞干燥工艺提供参考依据。

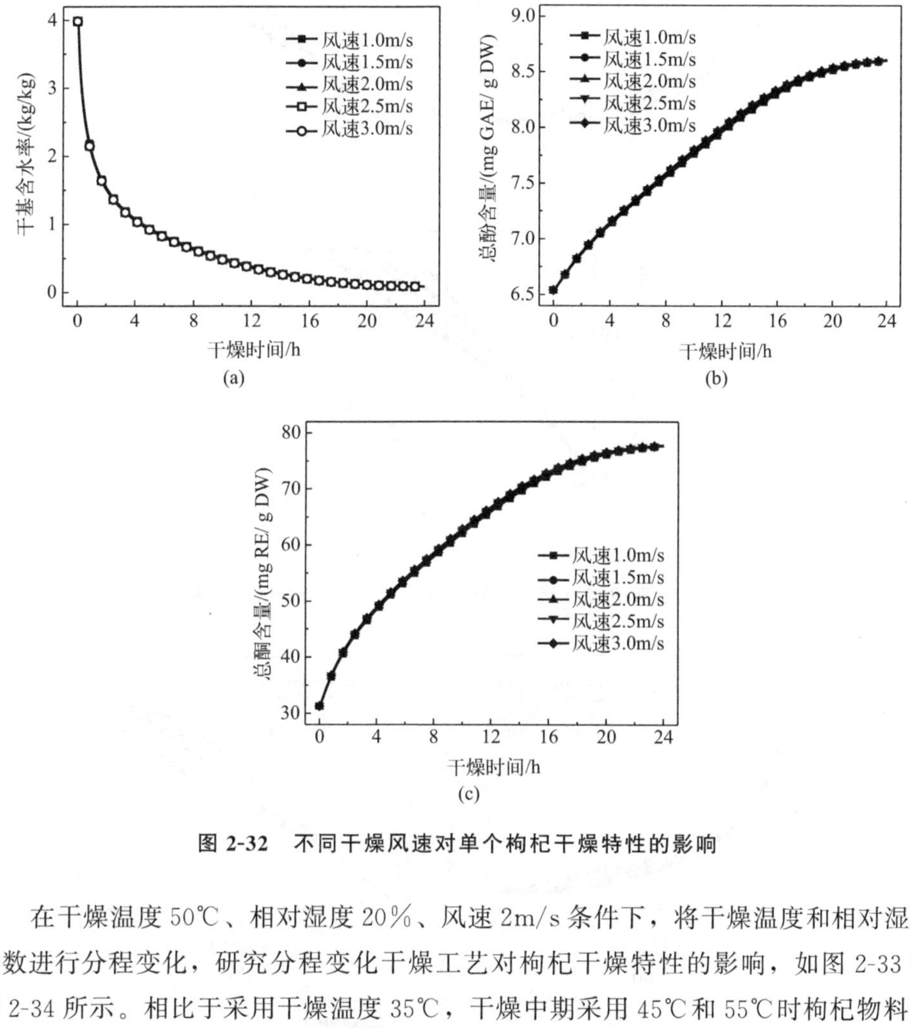

图 2-32 不同干燥风速对单个枸杞干燥特性的影响

在干燥温度 50℃、相对湿度 20%、风速 2m/s 条件下，将干燥温度和相对湿度参数进行分程变化，研究分程变化干燥工艺对枸杞干燥特性的影响，如图 2-33 和图 2-34 所示。相比于采用干燥温度 35℃，干燥中期采用 45℃和 55℃时枸杞物料干燥速率较快，干燥中后期采用 45℃和 55℃时枸杞物料干燥速率相当。另一方面，相比于干燥中期采用 50%的相对湿度，干燥中期采用 30%和 10%的相对湿度，枸杞物料干燥速率较快。相比于干燥中后期采用 30%的相对湿度，采用 10%的相对湿度时枸杞物料干燥速率有略微增加。因此，较优的单个枸杞干燥工艺可基于以下过程进行设计：干燥初期可设置干燥温度 35℃左右，相对湿度 50%左右；干燥中期至中后期提升干燥温度到 45℃左右，降低相对湿度到 30%左右；干燥后期提升干燥温度到 55℃左右，降低相对湿度 10%左右。整个干燥周期，进口风速可设置为 1m/s 以上。采用上述过程所设计的分段干燥工艺将有利于提质降耗。

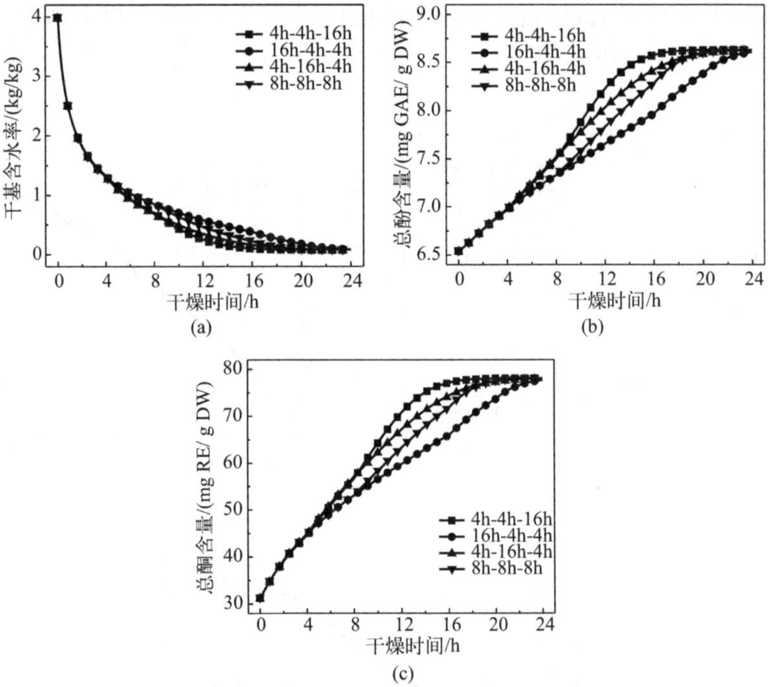

图 2-33　温度逐渐增加（35℃-45℃-55℃）对单个枸杞干燥特性的影响

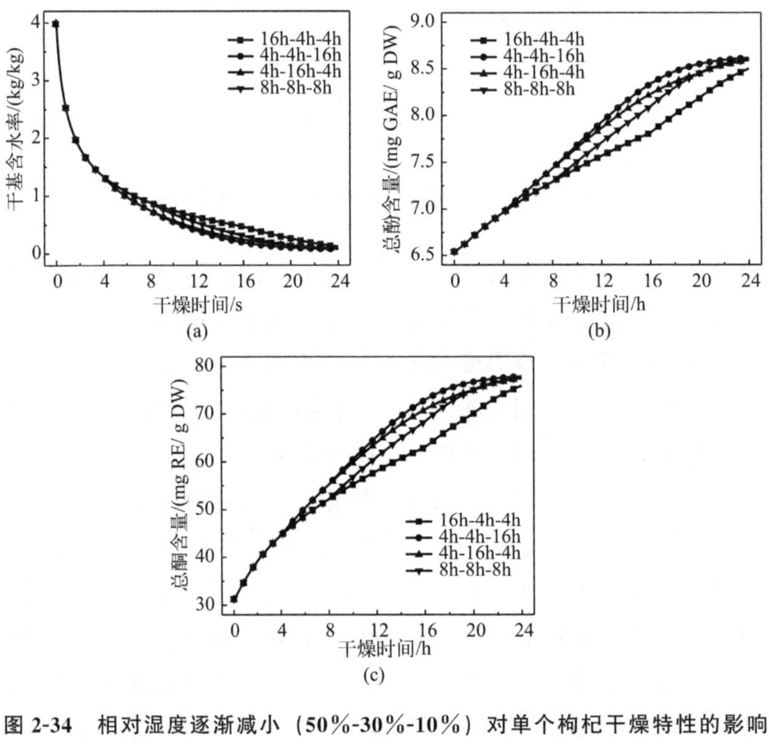

图 2-34　相对湿度逐渐减小（50%-30%-10%）对单个枸杞干燥特性的影响

考虑到枸杞热泵的实际控制过程，在保证枸杞干燥品质的基础上，制定了如图 2-35 和表 2-5 所示的枸杞干燥工艺。干燥起始温度设置为 38℃，分六个阶段逐步增加至 55℃，如图 2-35（a）所示。干燥湿球温度调节如图 2-35（b）所示；控制相对湿度从起始的约 50%，分六个阶段逐步降低至约 10%，如图 2-35（c）所示。此时，单个枸杞干燥过程干基含水率、总酚和总酮含量变化如图 2-36 所示。

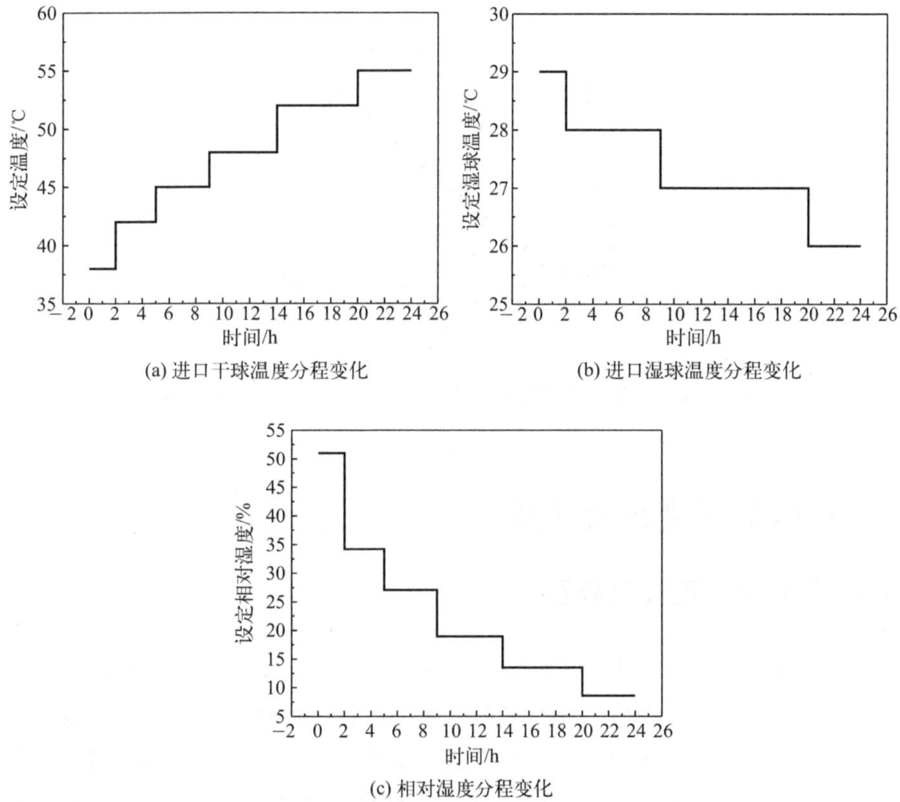

图 2-35　枸杞干燥工艺

表 2-5　枸杞干燥工艺

干燥时长 t/h	设定干燥温度 T/℃	设定湿球温度 WT/℃	设定相对湿度 RH/%
2	38	29	51.0
3	42	28	34.2
4	45	28	27.1
5	48	27	18.9
6	52	27	13.5
4	55	26	8.6

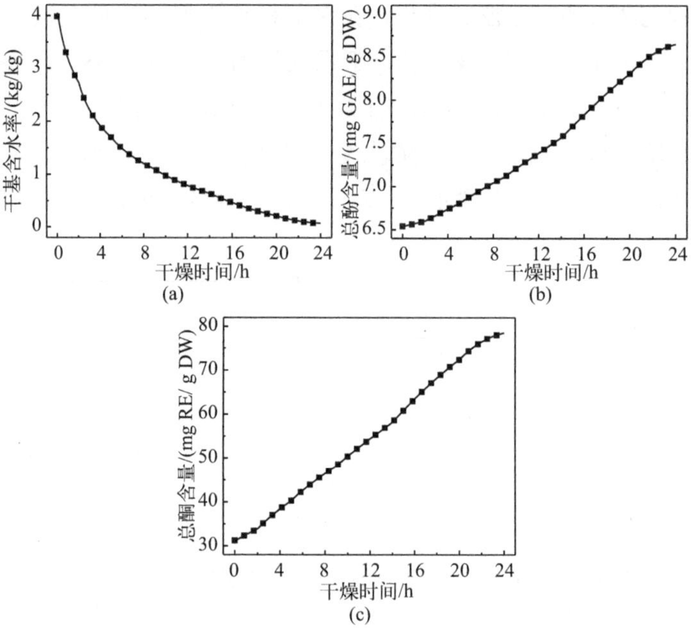

图 2-36 设计分程变温干燥工艺条件下单个枸杞干燥特性

2.4 干燥器尺度数值模拟

2.4.1 干燥器尺度物理模型

从干燥器尺度出发，研究干燥器中气流组织流场、温度场及湿度场的分布规律，查明干燥器内干燥介质与物料之间的温湿度传输机理，可直接指导现场设备及工艺的改进，具有重要的工程应用价值。本节将堆积的农产品物料视为连续性多孔介质，结合周围环境气流组织，建立“部件-物料”相互耦合的一体化干燥传热传质数学模型。

“部件-物料”一体化干燥器尺度的物理模型是基于农产品干燥中试实验或实际生产的干燥箱或干燥房来构建的。本节以香菇干燥实验为例，说明“部件-物料”一体化干燥器尺度的物理模型的构建过程。香菇中试干燥实验干燥箱的尺寸为0.8m×1m×1.5m。将香菇以13个×9个的行列形式均匀地铺放于隔板上，将12层隔板置于移动小推车，具体如图2-37所示。小推车推入干燥箱中，干燥箱左侧进风、右侧出风。因为香菇菌盖高度约2cm，所以隔板可简化为0.62m×0.86m×0.02m的多孔介质区域。此时，香菇中试干燥实验干燥的物理模型可简化为图2-38所示模型。

图 2-37　香菇中试干燥实验干燥时香菇摆放图

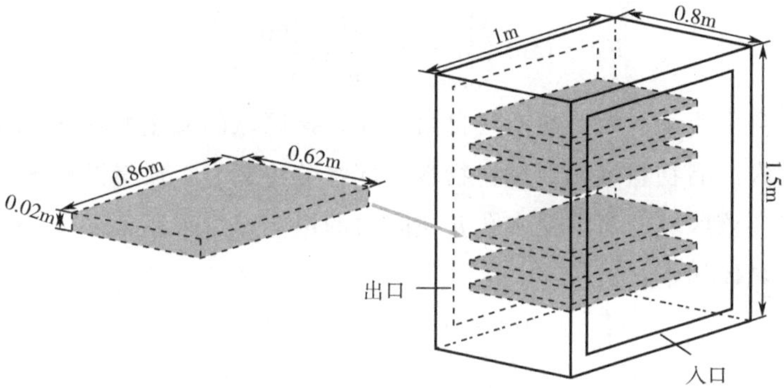

图 2-38　香菇中试干燥实验干燥简化的物理模型

2.4.2　干燥器尺度数学模型

堆积农产品物料干燥是一个物料与热空气的流动、传热、传质耦合问题，具体控制方程如下所示。

(1) 流动方程

堆积农产品物料干燥过程中，干燥箱中空气流动速度一般较高，属于湍流流动，选用 k-ω SST 湍流模型。此时流动方程为：

$$\nabla \cdot u = S \tag{2-81}$$

$$\frac{\partial u}{\partial t} + \nabla \cdot (uu) = -\frac{1}{\rho_g}\nabla p + \nabla \cdot [(\nu_g + \nu_T)(\nabla u + (\nabla u)^T)] + F \tag{2-82}$$

$$\frac{\partial k}{\partial t} + \nabla \cdot (uk) = \nabla \cdot [(\nu_g + \alpha_k \nu_T)\nabla k] + \min(G, c_1\beta^* k\omega) - \beta^* k\omega \tag{2-83}$$

$$\frac{\partial \omega}{\partial t} + \nabla \cdot (u\omega) = \nabla \cdot [(\nu_g + \alpha_\omega \nu_T)\nabla \omega] + \alpha \| S_{ij} \|^2 - \beta\omega^2 - (F_1 - 1)CD_{k\omega} \tag{2-84}$$

$$\nu_{\mathrm{T}}=\frac{a_1 k}{\max(a_1\omega, S \cdot F_2)} \tag{2-85}$$

$$G=2\nu_{\mathrm{T}}S_{ij}S_{ij} \tag{2-86}$$

$$\alpha_{\mathrm{k}}=F_1(\alpha_{\mathrm{k}1}-\alpha_{\mathrm{k}2})+\alpha_{\mathrm{k}2},\ \alpha_{\omega}=F_1(\alpha_{\omega 1}-\alpha_{\omega 2})+\alpha_{\omega 2} \tag{2-87}$$

$$\alpha=\alpha_1 F_1+\alpha_2(1-F_1),\ \beta=\beta_1 F_1+\beta_2(1-F_1) \tag{2-88}$$

$$CD_{\mathrm{k}\omega}=\max\left(2\frac{\alpha_{\omega 2}}{\omega}\nabla k\cdot\nabla\omega, 10^{-10}\right) \tag{2-89}$$

$$F_1=\tanh\left\{\min\left[\max\left(\frac{\sqrt{k}}{\beta^*\omega y},\frac{500\nu}{y^2\omega}\right),\frac{4\alpha_{\omega 2}k}{CD_{\mathrm{k}\omega}y^2}\right]\right\}^4 \tag{2-90}$$

$$F_2=\tanh\left\{\left[\max\left(\frac{2\sqrt{k}}{\beta^*\omega y},\frac{500\nu}{y^2\omega}\right)\right]^2\right\} \tag{2-91}$$

在空气自由流动区域，热空气自由流动，该区域的质量源项 S 和动量源项 F 都为零。在农产品物料堆积区域，物料内部水分将蒸发，质量源项 S 不为零。同时，热空气在该区域的流动受多孔介质阻力的影响，可采用 Ergun 公式计算多孔介质阻力，具体如下：

$$F=-\left[\nu_{\mathrm{g}}\frac{150(1-\phi)^2}{d_{\mathrm{eq}}^2\phi^3}+\frac{1}{2}|u|\frac{3.5(1-\phi)}{d_{\mathrm{eq}}\phi^3}\right]u \tag{2-92}$$

式中 u——速度，m/s；

ϕ——孔隙率，%；

p——压力，Pa；

k——湍动能，J；

ω——比耗散率，%；

ρ——密度，$\mathrm{kg/m^3}$；

ν_{g}——气相运动黏度，$\mathrm{m^2/s}$；

ν_{T}——湍流运动黏度，$\mathrm{m^2/s}$；

d_{eq}——当量直径，m；

S——质量源项，$\mathrm{kg/m^3\cdot s}$；

G——湍流动能的产生项。

(2) 能量方程

空气自由流动区域的能量方程如下：

$$\rho_{\mathrm{g}}\frac{\partial(C_{\mathrm{p,g}}T)}{\partial t}+\rho_{\mathrm{g}}\nabla\cdot(uC_{\mathrm{p,g}}T)=\nabla\cdot(\lambda_{\mathrm{g}}\nabla T) \tag{2-93}$$

农产品物料堆积区域为多孔介质区域，因该区域范围较大，本书采用非热平衡模型描述该区域的传热过程，此时热空气和堆积物料的能量方程分别为：

$$\rho_g \frac{\partial(\phi C_{p,g} T_g)}{\partial t} + \rho_g \nabla \cdot (u C_{p,g} T_g) = \nabla \cdot (\phi \lambda_g \nabla T_g) + h A_{lg}(T_l - T_g) \tag{2-94}$$

$$\frac{\partial((1-\phi)\rho_l C_{p,l} T_l)}{\partial t} = \nabla \cdot [(1-\phi)\lambda_l \nabla T_l] + h A_{lg}(T_g - T_l) - SL \tag{2-95}$$

式中　$C_{p,g}$——比热容，J/（kg・K）；

T_l——物料温度，K；

h——传热系数，W/（m^2・K）；

A——面积，m^2；

A_{lg}——物料表面积，m^2；

L——蒸发潜热，J/kg；

λ_l——物料导热系数，W/（m・K）；

λ_g——气相的导热系数，W/（m・K）。

（3）传质方程

堆积农产品物料干燥过程中的传质主要为水蒸气传输过程。空气自由流动区域的传质主要为空气对流和水蒸气浓度扩散两种形式。而在农产品物料堆积区域，除上述两种形式外，物料内部水还将蒸发成水蒸气。因此，自由流动区域和农产品物料堆积区域的传质方程分别由下式表示：

$$\frac{\partial \psi}{\partial t} + \nabla \cdot (u\psi) = \nabla \cdot (D_{va} \nabla \psi) \tag{2-96}$$

$$\frac{\partial(\phi\psi)}{\partial t} + \nabla \cdot (u\psi) = \nabla \cdot (\phi D_{va} \nabla \psi) + S \tag{2-97}$$

式中　D_{va}——水蒸气二元扩散率，%；

ψ——空气中蒸汽的质量分数，%。

（4）农产品物料堆积区域水蒸发量方程

单位质量的堆积农产品物料的水蒸发量可采用下式表示：

$$\dot{m} = -\frac{dm_w}{dt} = -(1-\phi_0)\rho_{l,0} M_{wb,0} \frac{dMR}{dt} \tag{2-98}$$

将常见的 Newton、Page 模型等半理论干燥动力学模型，写成如下统一形式：

$$MR = A \cdot \exp(B \cdot t^C) + D \tag{2-99}$$

将式（2-99）代入式（2-98），可得

$$\dot{m} = (1-\phi_0)\phi_0 \cdot \rho_P(0)\left\{(MR-D) \cdot B \cdot C \cdot \left[\frac{1}{B} \cdot \ln\left(\frac{MR-D}{A}\right)\right]^{\frac{C-1}{C}}\right\} \tag{2-100}$$

采用本节所构建的农产品物料尺度干燥数学模型，可研究得到不同风速、温度、湿度干燥条件下物料干燥动力学模型式（2-100）。将式中系数 A、B、C 对风速、温度、湿度进行拟合，此时，干燥动力学模型系数与干燥参数的关系式如下所示：

$$A=f_A(U,T,\psi) \tag{2-101}$$

$$B=f_B(U,T,\psi) \tag{2-102}$$

$$C=f_C(U,T,\psi) \tag{2-103}$$

式中 M_{wb}——湿基含水量，%；

MR——含水率，%；

m_w——物料中所含的水分的质量，kg。

（5）农产品物料堆积区域孔隙率

农产品物料在干燥过程中会发生收缩，此时农产品物料堆积区域孔隙率为：

$$\phi=1-\frac{V_1}{V_1+V_g}=1-\frac{(1-SR)V_{1,0}}{V_1+V_g}=\phi_0+SR(1-\phi_0) \tag{2-104}$$

式中 SR——物料收缩率，%；

ϕ——物料堆积区域孔隙率；

$V_{1,0}$——物料初始体积，m^3；

V_1——物料在某一时刻的体积，m^3；

V_g——气相体积，m^3。

（6）边界条件

“部件-物料”一体化干燥器尺度数学模型的边界条件主要分为干燥箱入口、干燥箱壁面和干燥箱出口。以图 2-39 所示的香菇干燥模型为例，各边界编号如图所示。各边界分别说明如下：1 代表干燥箱入口边界，入口空气的速度、温度和相对湿度为固定值，湍动能和湍流耗散率分别由相应的公式确定。2～7 代表干燥箱的壁面边界，具有很好的保温性能。速度、温度和水蒸气体积分数分别为无滑移、绝热和零法向梯度条件。壁面湍流采用壁面函数，湍动能的法向梯度为零，湍流耗散率由公式确定。8 代表干燥箱出口，为出口边界。各边界条件的具体公式见表 2-6。

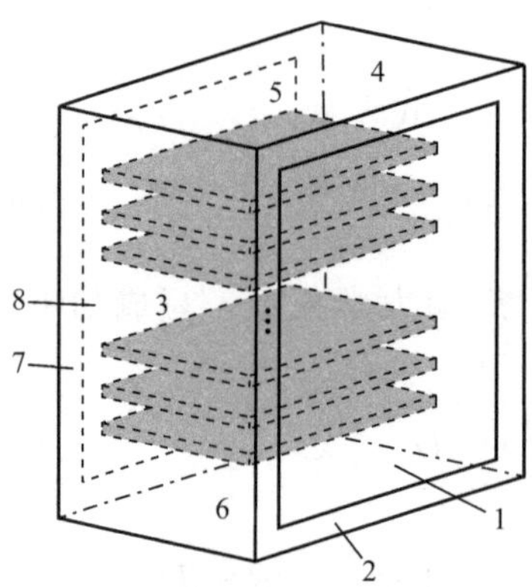

图 2-39　香菇中试干燥实验干燥边界示意图

表 2-6　香菇中试干燥实验干燥边界条件

项目	1	2～7	8
速度	u_{in}	0	$(\nabla u)\cdot n=0$
湍动能	$\frac{3}{2}(I_{in}u_{in})^2$	$(\nabla k)\cdot n=0$	$(\nabla k)\cdot n=0$
湍流耗散率	$\frac{k_{in}^{0.5}}{\beta^{*0.25}l_{in}}$	$\sqrt{\omega_{Vis}^2+\omega_{Log}^2}$	$(\nabla \omega)\cdot n=0$
温度	T_{in}	$(\nabla T)\cdot n=0$	$(\nabla T)\cdot n=0$
水蒸气浓度	ψ_{in}	$(\nabla \psi)\cdot n=0$	$(\nabla \psi)\cdot n=0$

(7) 初始条件

堆积农产品物料和空气自由流动域的速度场初始值设置为零，相对压力场设置为零，温度场初始值设置为初始室内温度，水蒸气质量分数为室内空气中水蒸气质量分数。上述方程具体如下：

$$U(0)=0 \tag{2-105}$$

$$p(0)=0 \tag{2-106}$$

$$T(0)=T_0 \tag{2-107}$$

$$\psi(0)=\psi_0 \tag{2-108}$$

2.4.3 模型验证

通过对比某列香菇整体含水比的实验结果和模拟结果，来验证所提模型的准确性。香菇热风干燥实验的进口风速、温度和空气相对湿度分别为 0.6m/s、55℃和 6%。图 2-40 是不同位置的香菇整体含水比的实验结果和模拟结果对比图。从图中可以看出模拟值和实验值吻合得很好。这表示所提出的数学模型能够准确地预测堆积物料的干燥过程。

2.4.4 干燥器尺度热泵干燥数值模拟

(1) 堆积种子热泵干燥

如图 2-41 和图 2-42 所示。在干燥前中期，干燥箱内的温度场具有一定的分层分布特点，同时靠近四周壁面处南瓜种子温度接近热风温度，隔板中间南瓜种子温度低于热风温度。但整体的温度差异较小，温差为±1℃。整列物料的平均温度几乎相同。

南瓜种子多层堆积时在所设计分程变温干燥工艺条件下的干燥器尺度的南瓜

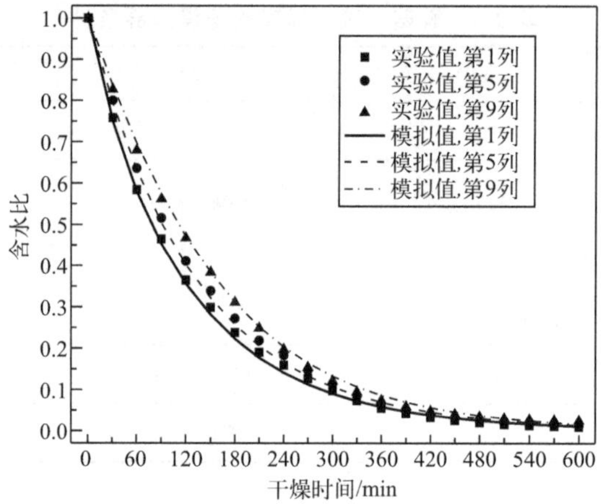

图 2-40 不同位置的香菇整体含水比的实验结果和模拟结果对比图

种子含水率分布规律如图 2-43 和图 2-44 所示。针对实验室用的干燥箱，同一时刻堆积南瓜种子含水率在空间分布仅有略微的不均匀，同层隔板上不同位置处的南瓜种子湿基含水率相差小于 1%，说明整批次南瓜种子均匀干燥。

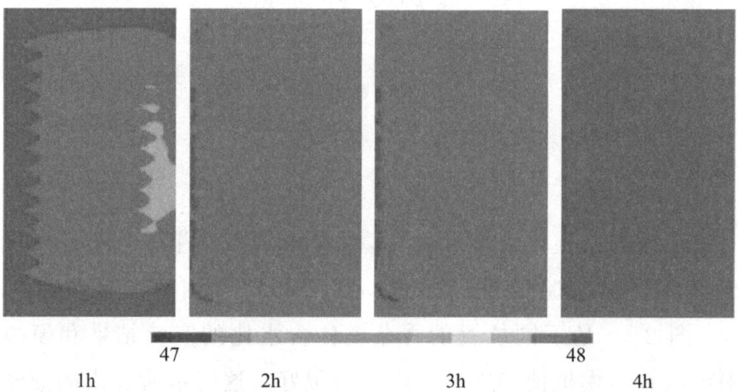

图 2-41 不同时刻干燥箱内沿流动方向的中间截面的温度分布

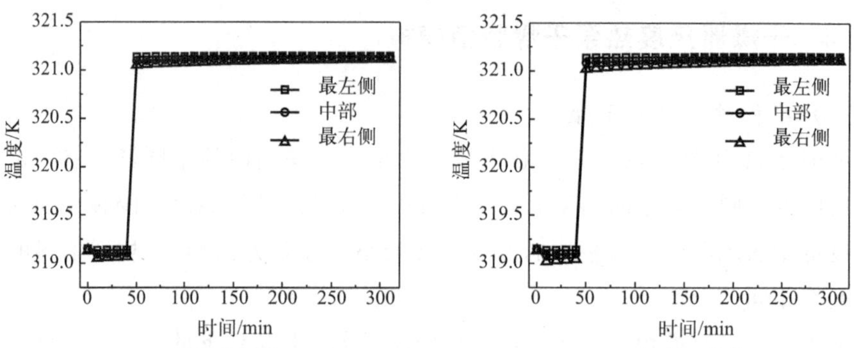

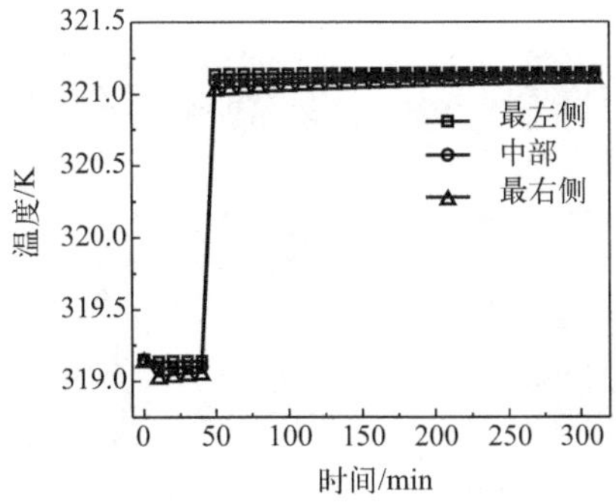

(c) 第6层隔板

图 2-42　不同位置处的南瓜种子温度随时间变化规律

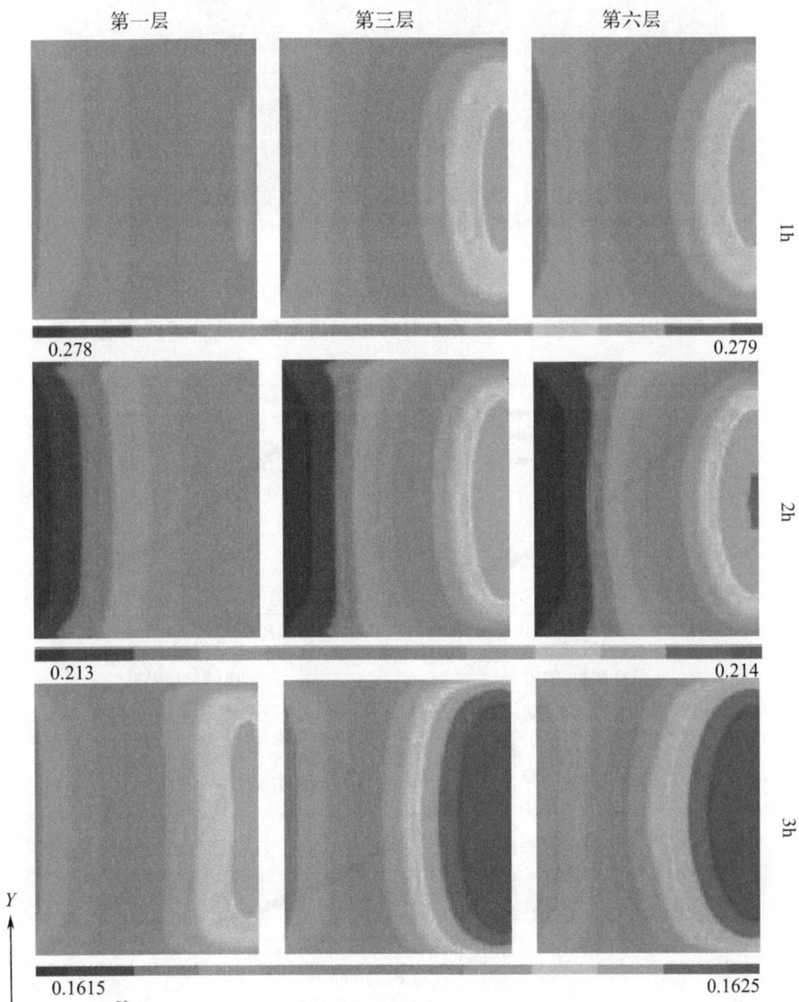

(a)

图 2-43

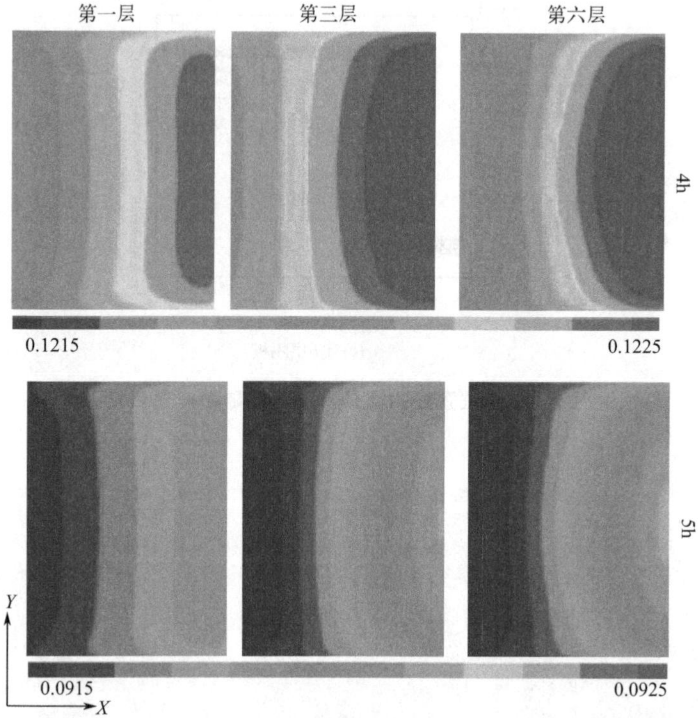

(b)

图 2-43 不同时刻干燥箱内沿流动方向的中间截面的南瓜种子湿基含水率分布

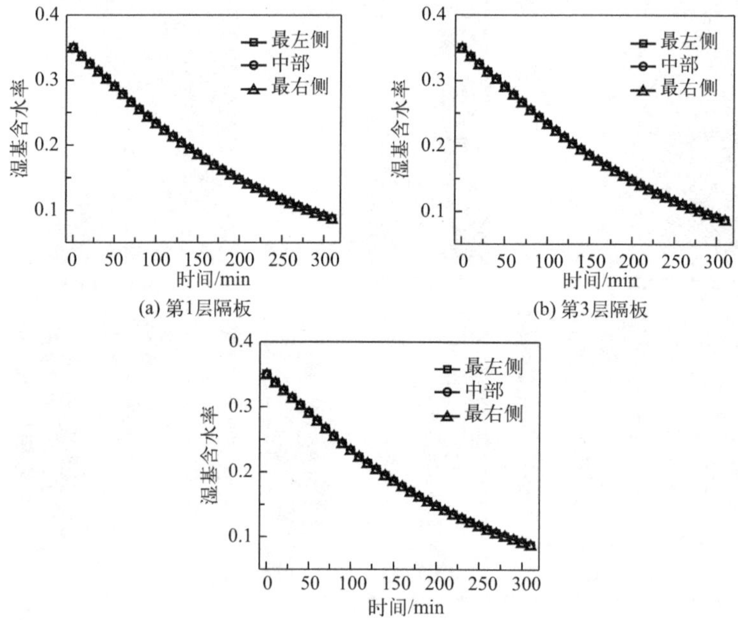

(a) 第1层隔板 (b) 第3层隔板 (c) 第6层隔板

图 2-44 不同位置处的南瓜种子湿基含水率随时间变化规律

（2）堆积香菇热泵干燥

同样针对实验室干燥箱，研究了香菇一层堆积时在所设计分程变温干燥工艺条件下的干燥器尺度的温度场分布规律，结果如图 2-45 和图 2-46 所示。在干燥前中期，干燥箱内的温度场具有明显的分层分布特点，靠近进口位置处香菇温度与热空气温度接近，靠近出口的香菇温度低于热空气温度约 5℃。随着干燥的进行，干燥箱内的温度场和不同位置处香菇温度的差异越来越小。

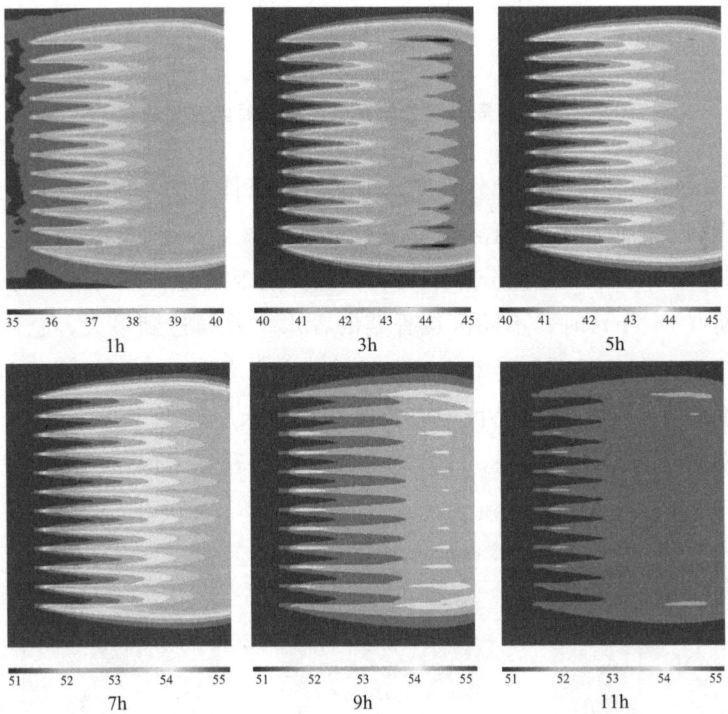

图 2-45　不同时刻干燥箱内沿流动方向的中间截面的温度分布

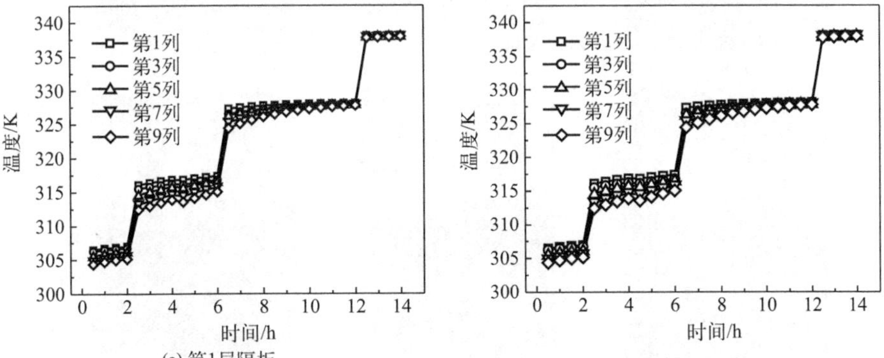

图 2-46

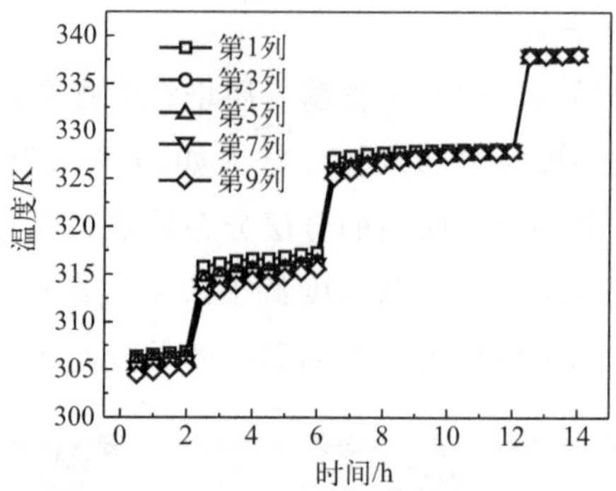

(c) 第6层隔板

图 2-46　不同位置处的香菇温度随时间变化规律

香菇一层堆积时在所设计分程变温干燥工艺条件下的干燥器尺度的香菇含水率分布规律和不同位置处的粗多糖含量变化如图 2-47～图 2-49 所示。干燥前期（1h）堆积香菇含水率在空间分布不均匀，整体呈现沿流动方向增大的分布规律。在干燥中期（5～7h）时，不同区域香菇的含水率差异达到最大，总体表现为靠近进风口香菇含水率低，靠近干燥箱壁面香菇含水率高，上层隔板香菇含水率较高，中层香菇含水率较低，隔板中心位置香菇含水率较低。干燥后期（11h）香菇的含水率比较均匀。这表明，干燥前中期堆积香菇在干燥箱的干燥过程具有明

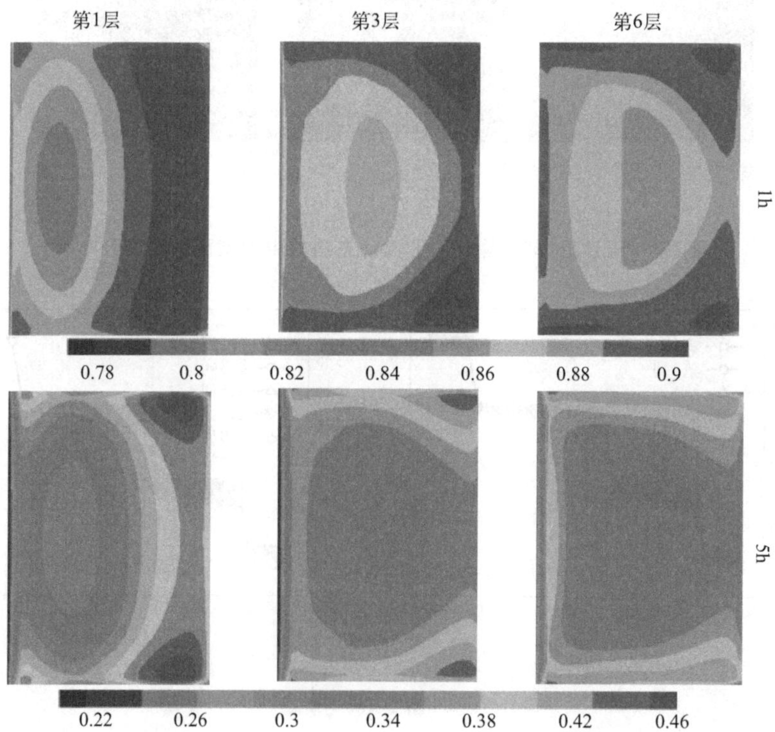

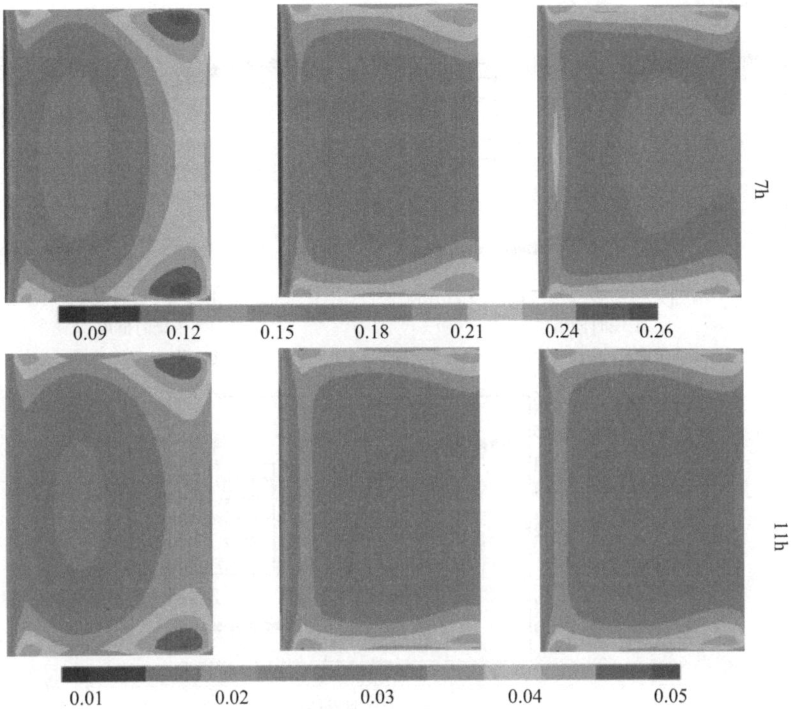

图 2-47　不同时刻干燥箱内沿流动方向的中间截面的香菇含水率分布

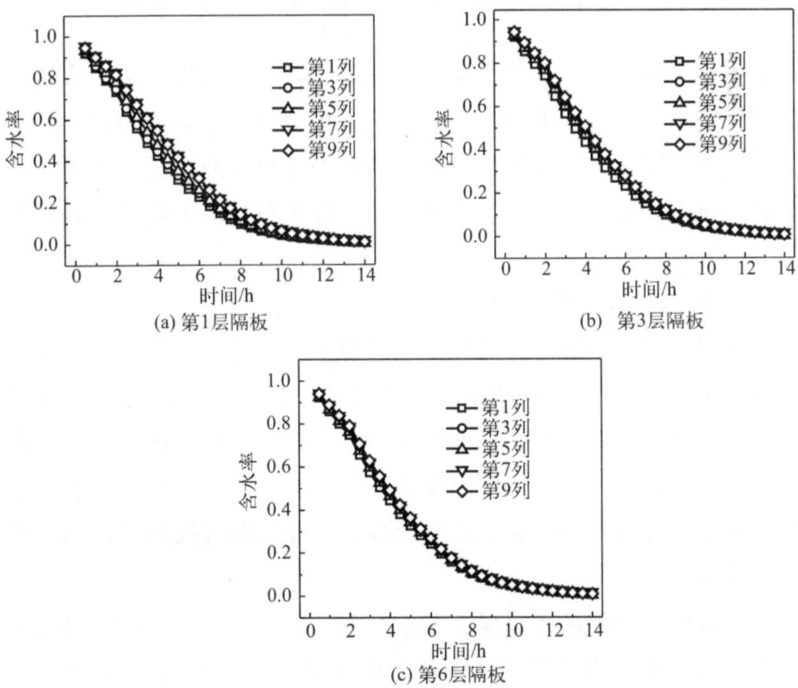

图 2-48　不同位置处的香菇含水率随时间变化规律

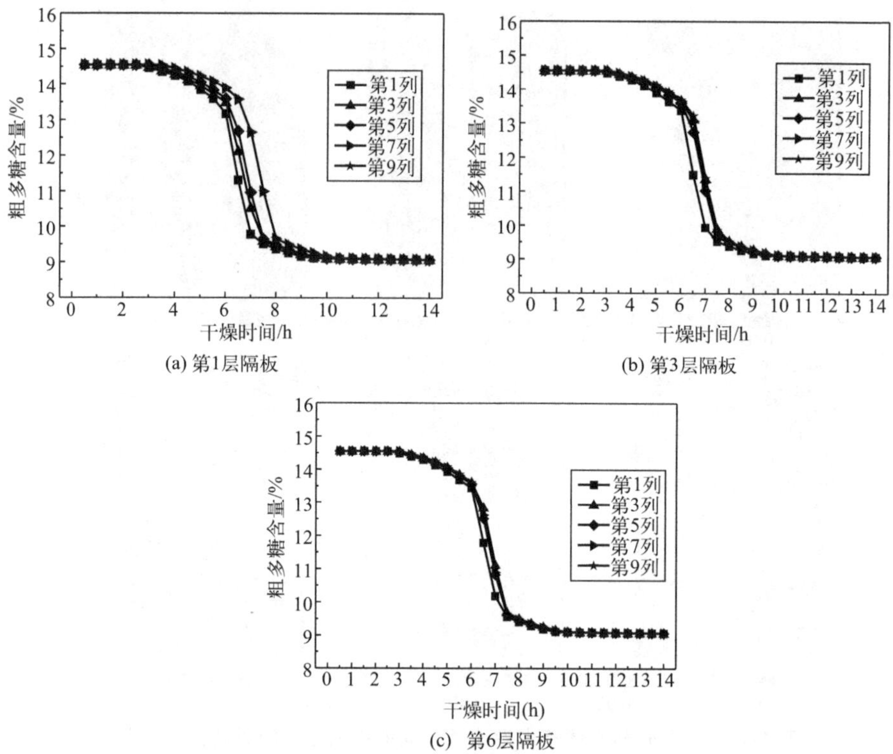

图 2-49　不同位置处的香菇粗多糖含量随时间变化规律

显空间分布不均匀性。实际香菇干燥生产过程中，在干燥进行至中后期可将香菇空间位置进行前后、左右和上下方向调换，以保证整批次香菇均匀干燥。在所设计的干燥工艺条件下，除靠近进风口位置处的香菇粗多糖含量变化明显，其他位置处粗多糖含量差异较小，说明该干燥工艺条件下整批次干燥对香菇营养成分变化较为均匀。

（3）堆积枸杞热泵干燥

研究了枸杞一层堆积时在所设计分程变温干燥工艺条件下的干燥器尺度的温度场分布规律，结果如图 2-50 所示。在干燥前中期，干燥箱内的温度场具有一定的分层分布特点，靠近进口位置处枸杞温度与热空气温度接近，靠近出口的枸杞温度低于热空气温度。但整体的温度差异较小，温差在 1℃内。整列平均温度几乎相同。这是因为枸杞干燥失水速率较慢，水分蒸发时吸热量较小，对干燥箱内温度场影响较小。

枸杞一层堆积时在所设计分程变温干燥工艺条件下干燥器尺度的枸杞含水率分布规律和不同位置处的总酚、总酮含量变化如图 2-51～图 2-54 所示。针对实验室用的干燥箱，干燥前中期（1～7h）堆积枸杞含水率整体呈现沿流动方向增

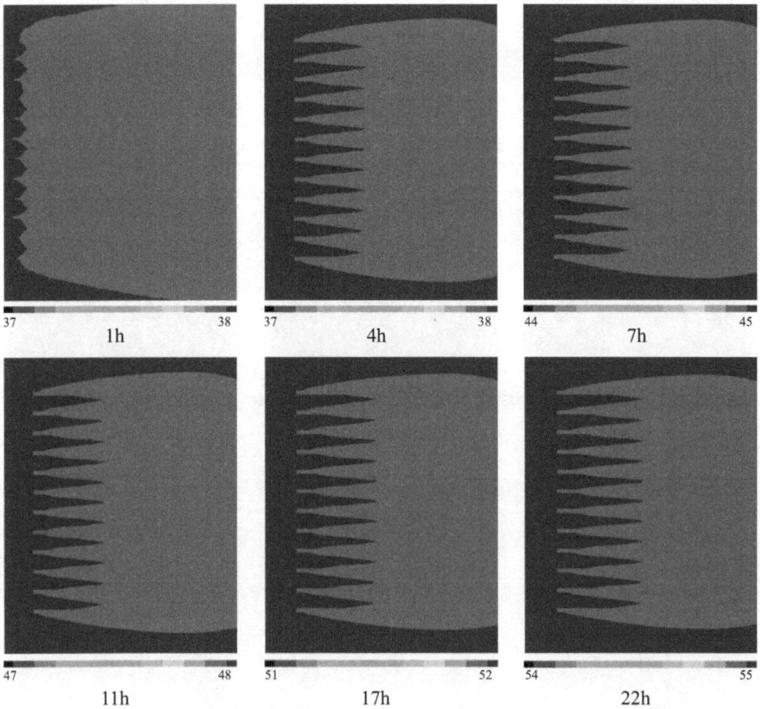

图 2-50　不同时刻干燥箱内沿流动方向的中间截面的温度分布

大的空间分布规律，上层的枸杞含水率高于中间层，但不同位置处枸杞的含水率差异较小。到干燥中后期（5～7h）时，不同区域枸杞的含水率几乎相同，枸杞总酚、总酮含量变化也说明这一现象，这表明枸杞一层堆积干燥过程中含水率变化较为均匀。

图 2-51

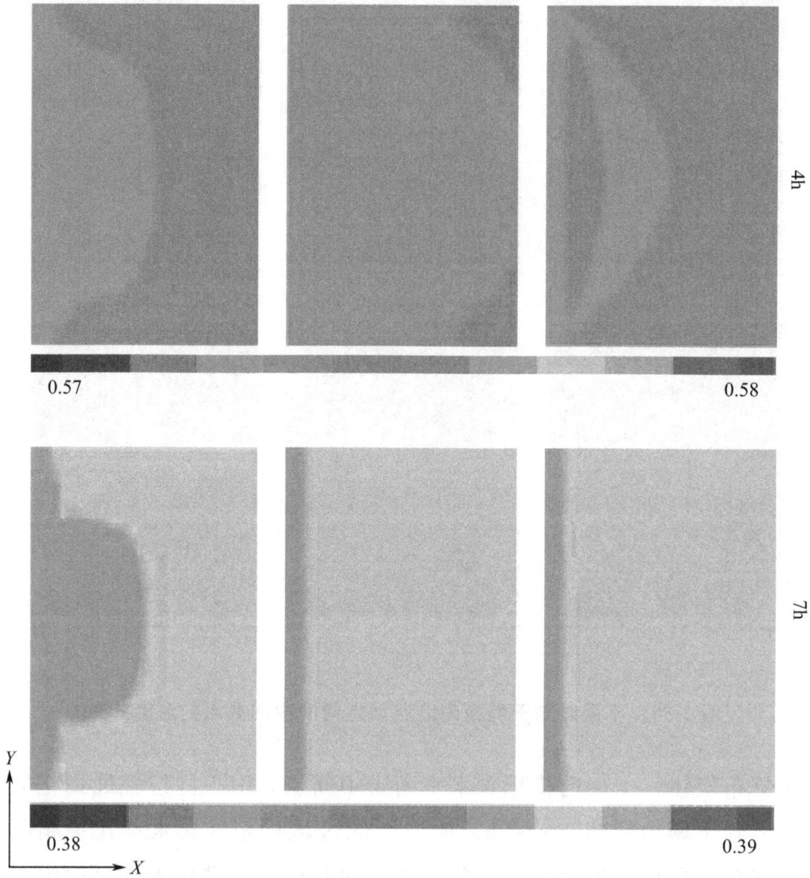

(a) 第1层、第3层和第6层枸杞在1h、4h和7h时的含水率云图

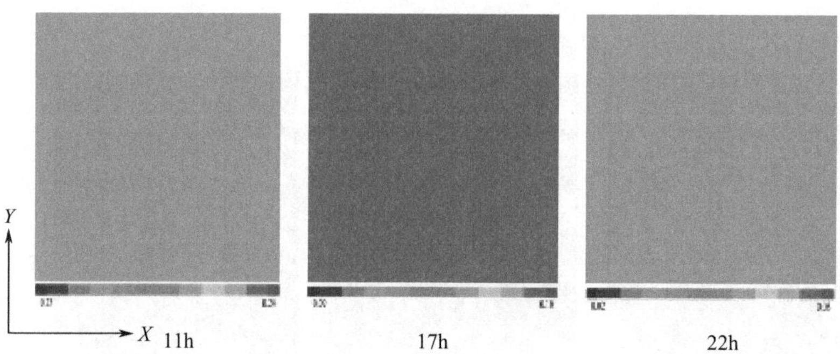

(b) 第1层枸杞在11h、17h和22h时的含水率云图(第3层和第6层枸杞含水率云图与第1层相同)

图 2-51　不同时刻干燥箱内沿流动方向的中间截面的枸杞含水率分布

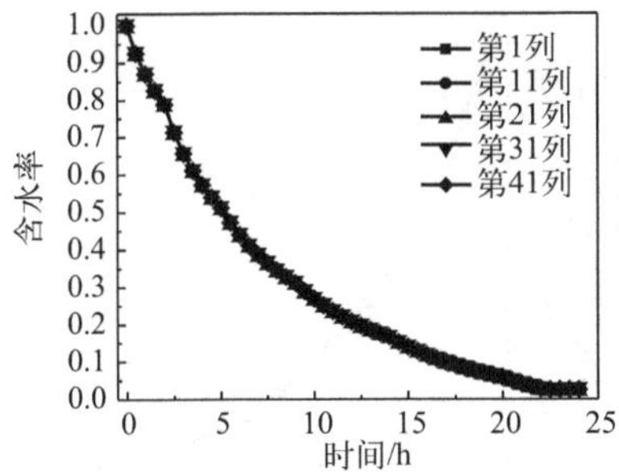

(a) 第1层隔板

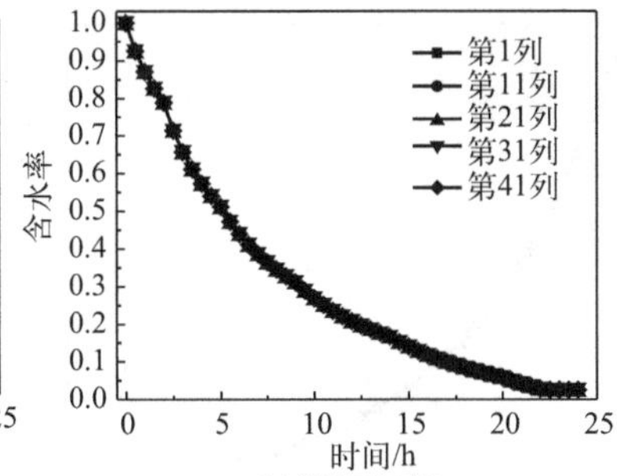

(b) 第3层隔板

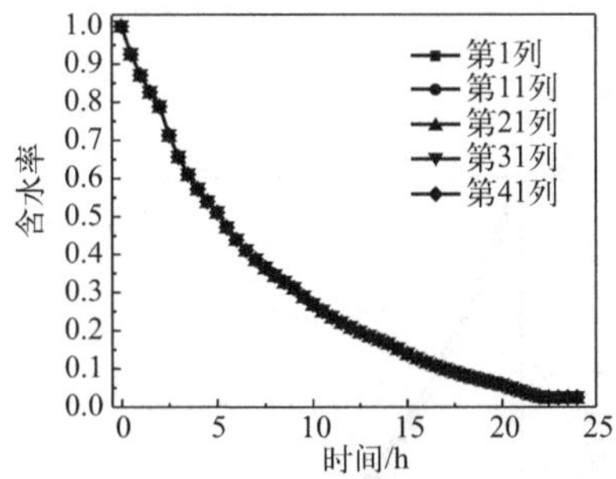

(c) 第6层隔板

图 2-52　不同位置处的枸杞水分比随时间变化

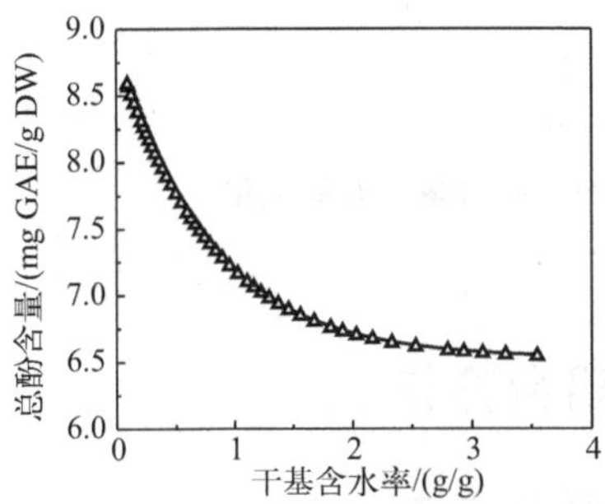

(a) 第1层隔板

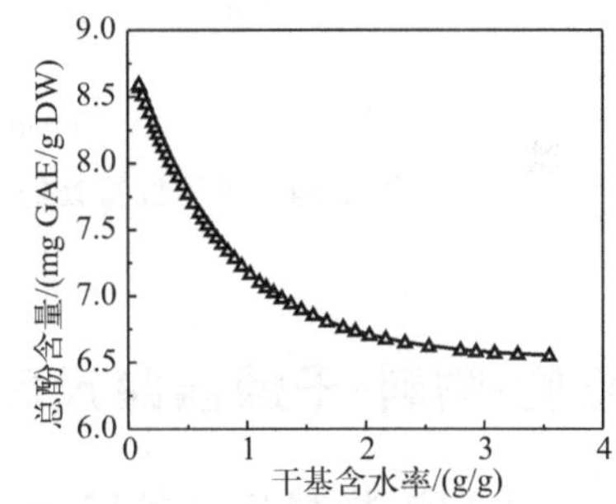

(b) 第3层隔板

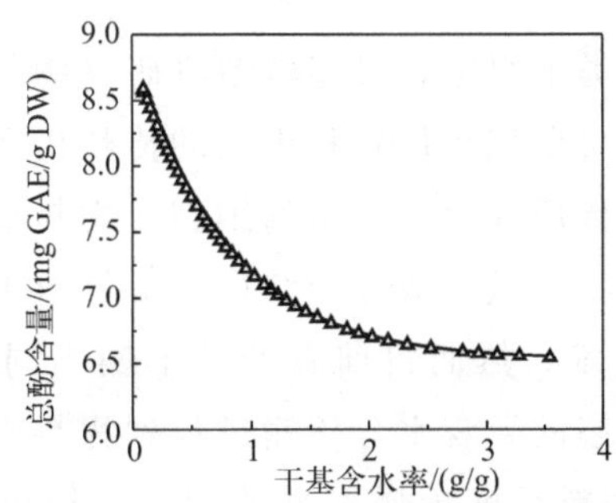

(c) 第6层隔板

图 2-53　不同位置处的枸杞总酚含量随时间变化

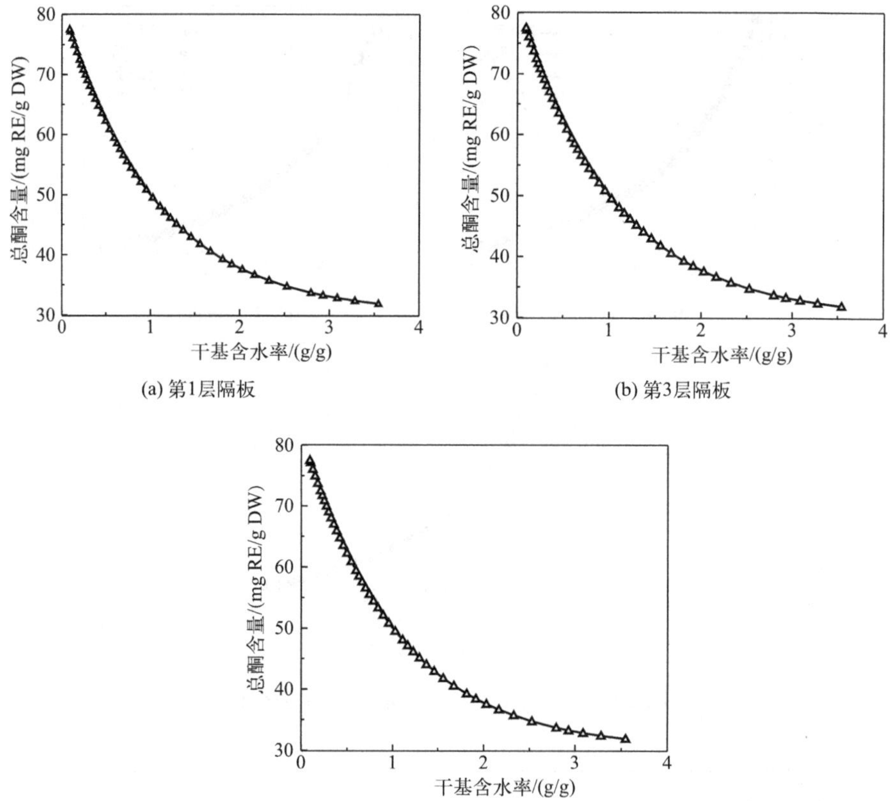

(a) 第1层隔板

(b) 第3层隔板

(c) 第6层隔板

图 2-54　不同位置处的枸杞总酮含量随时间变化

2.5　细胞-物料-干燥器跨尺度耦合方法

2.5.1　植物细胞-物料尺度的跨尺度耦合方法

植物细胞尺度和菌类组织微观尺度模型可研究物料组织干燥过程的传热传质规律，物料尺度模型可研究个体物料干燥的传热传质规律，干燥器尺度模型可研究干燥器内的传热传质规律。将植物细胞、物料尺度和干燥器尺度的干燥模型进行耦合，是研究物料微观成分和结构等对物料干燥特性及干燥品质的影响规律等方面的重要技术，然而目前农产品干燥不同尺度之间耦合的研究较少。因此，本节提出瞬态的微观水分传输过程到物料当量水分扩散系数的跨接方法，实现植物细胞-物料尺度干燥模型的耦合；提出以物料含水率、失水速率和堆积区域孔隙率作为物料和干燥器尺度相互耦合的桥梁，实现物料-干燥器尺度的耦合。

本节将具有不同结构的植物细胞组织或具有离散特性的菌类微观组织视为连续性均匀物料区域。在干燥过程中，水分在该连续性区域的传输仅为水势差或水分浓度差导致的扩散传输，采用 Fick 扩散定律描述。干燥过程中植物细胞或菌类微观组织的水分传输方程如下所示：

$$\left(\rho_d + X\frac{\partial \rho_d}{\partial X}\right)c_w\frac{\partial \Psi}{\partial t} = \nabla \times \left[\left(\rho_d + X\frac{\partial \rho_d}{\partial X}\right)D_{eff}c_w\nabla\Psi\right] \tag{2-109}$$

$$\frac{\partial(\rho_d X)}{\partial t} = \nabla \times (\rho_d D_{eff}\nabla X) \tag{2-110}$$

当量扩散系数表达式如下所示：

$$D_{eff} = D(X, T) = a_0 e^{(a_1 X)} e^{\left(-\frac{a_2}{T}\right)} \tag{2-111}$$

式中　ρ_d——干基密度，kg/m^3；

X——干基含水率，%；

Ψ——水势，J/m^3；

D_{eff}——当量扩散系数，m^2/s；

a_0, a_1, a_2——模型常数。

在相同的初始条件和干燥条件下，采用式（2-109）和基于细胞结构的植物细胞干燥微观模型，模拟植物物料细胞中水分传输过程；采用式（2-110）和基于孔道网络与 Fick 扩散耦合的菌类物料组织结构微观干燥模型，模拟菌类微观组织中水分传输过程。对比两种方法所得的含水率随时间变化曲线。通过两种方法所得曲线拟合程度的确定系数 R^2，对所确定当量扩散系数（即模型常数 a_0、a_1、a_2）进行评价。采用响应曲面法可确定较优的模型常数 a_0、a_1、a_2 取值范围，进而确定较优的当量扩散系数表达式。植物细胞（菌类微观组织）-物料尺度模型的当量水分扩散系数确定流程如图 2-55 所示。

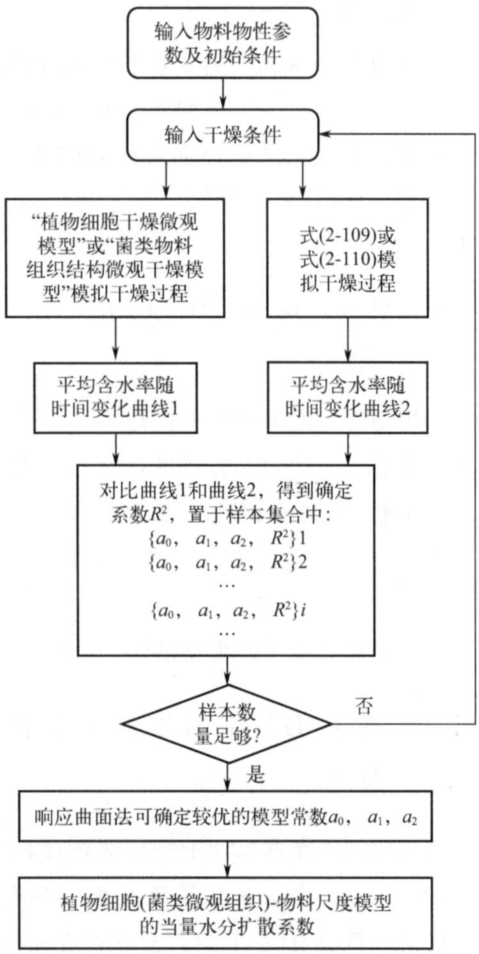

图 2-55　当量水分扩散系数确定流程

2.5.2 物料-干燥器尺度跨尺度耦合方法

失水速率为单位体积单位时间失去水的质量。对于干燥器尺度的表征单元体积，其失水速率方程为：

$$\dot{m}=(1-\phi_0)M_{\mathrm{wb},0}\cdot\rho_{\mathrm{P}}(0)\ \frac{\mathrm{d}MR(t)}{\mathrm{d}t} \tag{2-112}$$

从由式（2-97）可知，干燥器尺度上失水速率与物料尺度上的含水率变化率呈线性关系。因此，简单快速地求解物料尺度的含水率变化率是实现物料尺度和干燥器尺度干燥模型耦合的关键。本节提出基于干燥动力学模型的干燥器尺度失水速率的求解方法。该方法首先采用物料尺度干燥模型的含水率计算结果，拟合得到合适的干燥动力学方程，然后基于所拟合的干燥动力学方程求解干燥器尺度上的失水速率。

将常用的 Lewis、Page 等干燥动力学方程写为以下统一形式：

$$MR=A\times\exp(B\times t^{C})+D \tag{2-113}$$

其中，A、B 和 C 分别为相应的系数，由干燥动力学模型中 a、k 和 n 决定。将式（2-113）对时间 t 求导后代入式（2-112）中，则干燥器尺度失水速率为：

$$\dot{m}=(1-\phi_0)\phi_0\cdot\rho_{\mathrm{P}}(0)\left\{(MR-D)\cdot B\cdot C\cdot\left[\frac{1}{B}\cdot\ln\left(\frac{MR-D}{A}\right)\right]^{\frac{C-1}{C}}\right\} \tag{2-114}$$

采用物料尺度干燥模型进行不同干燥条件的模拟得到物料含水率变化曲线。选择合适的干燥动力学方程进行拟合，确定不同干燥条件下的系数 A、B、C 和 D。以风速、温度和相对湿度为自变量，拟合得到 A、B、C 和 D 的通用表达式，即 $A=f_{\mathrm{A}}$（U，T，RH），$B=f_{\mathrm{B}}$（U，T，RH），$C=f_{\mathrm{C}}$（U，T，RH）和 $D=f_{\mathrm{D}}$（U，T，RH）。

基于物料尺度干燥模型的干燥器尺度失水速率的求解流程如图 2-56 所示。

2.5.3 基于 IDEAL 算法的干燥器尺度干燥传热传质模型高效求解方法

所构建的干燥器尺度干燥传热传质模型非线性强，采用传统流动传热算法，如 SIMPLE 算法等，收敛速度较慢，甚至发散。因此，本节将纯隐式的高效压力速度耦合算法 IDEAL 推广至多孔介质问题中，结合国际上广泛使用的 CFD 开源软件——OpenFOAM，开发了干燥器尺度部件-物料一体化干燥传热传质模型

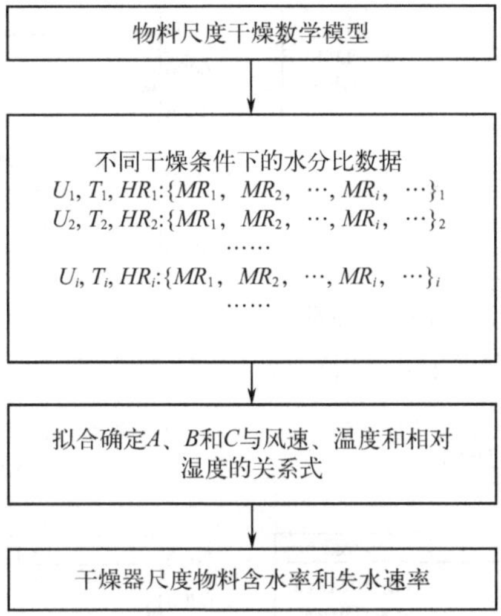

图 2-56　基于物料尺度干燥模型的干燥器尺度失水速率的求解流程

高效求解方法，求解流程如图 2-57 所示。与传统 SIMPLE 算法相比，IDEAL 算法的健壮性更强，收敛性更快。当亚松弛因子取值较大时，SIMPLE 算法计算耗时迅速增加甚至发散，而 IDEAL 算法仍可以在较少的计算耗时代价下得到收敛的数值解，如图 2-58 所示。IDEAL 算法的收敛所需的最少计算耗时较 SIMPLE 算法的最少计算耗时可减少约 30%，具体如表 2-7 所示。

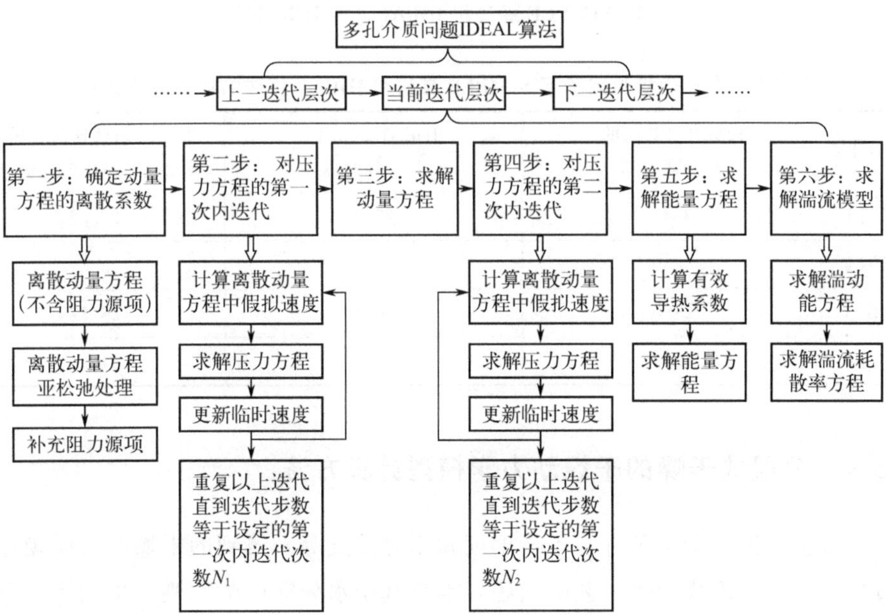

图 2-57　IDEAL 算法的求解流程

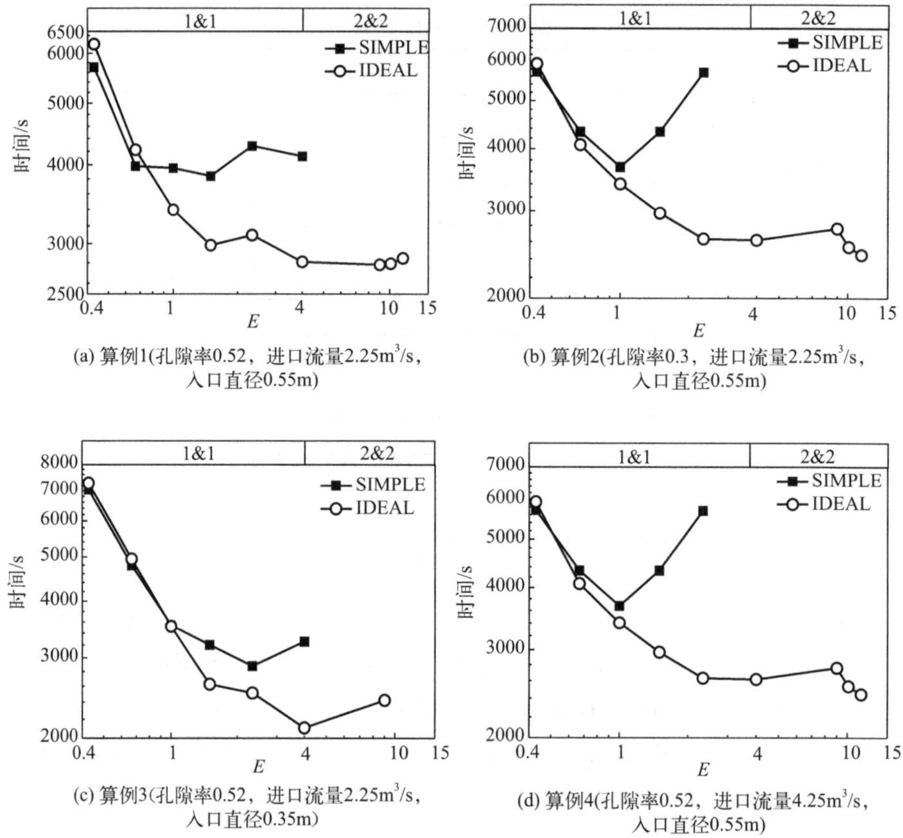

(a) 算例1(孔隙率0.52，进口流量2.25m³/s，入口直径0.55m)

(b) 算例2(孔隙率0.3，进口流量2.25m³/s，入口直径0.55m)

(c) 算例3(孔隙率0.52，进口流量2.25m³/s，入口直径0.35m)

(d) 算例4(孔隙率0.52，进口流量4.25m³/s，入口直径0.55m)

图 2-58　SIMPLE 算法和 IDEAL 算法计算性能对比

表 2-7　在最优松弛因子下 SIMPLE 算法和 IDEAL 算法的计算时间比较

算例	SIMPLE 算法的最少耗时/s	IDEAL 算法的最少耗时/s	IDEAL 算法比 SIMPLE 算法耗时减少的比例/%
算例 1	3841	2780	27.62
算例 2	3680	2443	33.61
算例 3	2880	2034	29.37
算例 4	3939	2564	34.91

2.5.4　分段式干燥的干燥动力学模型计算方法

针对基于恒定干燥条件（干燥温度和相对湿度等）得到的干燥动力学模型较难直接应用于分段式干燥工艺的问题，本节基于水分守恒的原则，提出了一种适用于分段式干燥的干燥动力学模型计算方法，可用于准确分析分段式干燥过程中含水率变化规律。在所提模型中，将分段式干燥过程中含水率相同的两点视为连续的两点，此时不同阶段模型中物料同一水分对应的干燥时间不同。常用干燥动力学模型不同阶段的时间换算如表 2-8 所示。采用四阶段的分程变湿干燥实验结果对所提方法进行验证，计算结果与试验结果偏差误差较小，对比结果如表 2-9 所示，说明所提的分段式干燥动力学模型计算方法可用于预测分段式干燥物料含水率变化。

表 2-8 分段式干燥常用模型时间换算关系

项目	模型名称			
	Lewis	Page	Modified Page	Henderson and Pabis
时间关系	$t_2=\frac{k_1}{k_2}t_1$	$t_2=\sqrt[n_2]{\frac{k_1}{k_2}t_1^{n_1}}$	$t_2=\frac{(k_1t_1)^{\frac{n_1}{n_2}}}{k_2}$	$t_2=\frac{\ln\left(\frac{a_1}{a_2}\right)+k_1t_1}{k_2}$

表 2-9 计算结果与试验结果对比

阶段	实际干燥时间 t/h	实验含水率 MR/%	计算含水率 MR/%	含水率相对误差/%
1	0	1	1	0
	12	0.91157	0.91316	0.17
	24	0.78552	0.79692	1.45
2	36	0.62915	0.63738	1.31
	48	0.47732	0.47105	1.31
3	60	0.33073	0.32598	1.44
	72	0.22294	0.21422	3.91
4	84	0.13500	0.14505	7.44
	96	0.07977	0.07908	0.86
	108	0.04617	0.04882	5.74
	120	0.02624	0.02623	0.04
	132	0.01468	0.01485	1.16
	144	0.00809	0.00810	0.12
	156	0	0	0

参考文献

[1] Wang P, Liu G H, Ao S M, et al. Numerical investigation of airflow and heat transfer characteris-

tics and optimal design of the American ginseng drying room [J]. Applied Thermal Engineering, 2021, 183: 115885.

[2] Zhu Y Q, Wang P, Sun D L, et al. Multiphase porous media model with thermo-hydro and mechanical bidirectional coupling for food convective drying [J]. International Journal of Heat and Mass Transfer, 2021, 175: 121356.

[3] 刘格含，王鹏，吴小华，等．农产品热风干燥传热传质数值模拟研究进展 [J]．食品工业科技，2020, 41(22): 342-350+357.

[4] 丁俊雄，吴小华，王鹏，等．干燥技术在果蔬中的应用综述 [J]．制冷与空调，2019, 19(08): 23-27, 58.

[5] Rahman M M, Joardder M, Karim A. Non-destructive investigation of cellular level moisture distribution and morphological changes during drying of a plant-based food material [J]. Biosystems Engineering, 2018, 159: 126-138.

[6] Zhang X X, Zhang D, Sun W, et al. The adaptive mechanism of plants to iron deficiency via iron uptake, transport, and homeostasis [J]. International Journal of Molecular Sciences, 2019, 20: 2424.

[7] 俞昌铭．多孔材料传热传质及其数值分析 [M]．北京：清华大学出版社，2011.

[8] Welsh Z G, Imran H K, Karim M A. Multiscale modeling for food drying: A homogenized diffusion approach [J]. Journal of Food Engineering, 2021, 292: 110252.

[9] He J H, Oura T A. New promises and future challenges of fractal calculus: from two-scale thermodynamics to fractal variational principle [J]. Thermal Science, 2020, 24(2): 659-681.

[10] 李长友．干燥物系解析理论研究进展 [J]．农业工程学报，2024, 40(06): 1-13.

[11] 王永周，侯和平，陈绪兰，等．考虑流固耦合的烘箱热风流场模拟与结构优化 [J]．数字印刷，2022(03): 121-128.

[12] Esfe M H, Bahiraei M, Hajbarati H, et al. A comprehensive review on convective heat transfer of nanofluids in porous media: Energy-related and thermohydraulic characteristics [J]. Applied Thermal Engineering, 2020, 178: 115487.

[13] Chen L, He A, Zhao J, et al. Pore-scale modeling of complex transport phenomena in porous media [J]. Progress in Energy and Combustion Science, 2022, 88: 100968.

[14] 吴帅强，任广跃，张永立，等．玉米粮堆通风干燥过程中热湿传递模拟及试验 [J]．农业工程学报，2024, 40(12): 264-275.

[15] 范芃佐，王鹏，李政赢，等．热风干燥细胞尺度水分传输及收缩数值模拟 [J]．工程热物理学报，2024, 45(02): 543-550.

[16] 毕新伟．玉米种子热风干燥特性及干燥机内部流场模拟 [D]．天津：天津商业大学，2023.

[17] Das M, Alıc E, Akpinar E K. Numerical and experimental analysis of heat and mass transfer in the drying process of the solar drying system [J]. Engineering Science and Technology, an International Journal, 2021, 24(1): 236-246.

[18] Srivastava A, Anand A, Shukla A, et al. A comprehensive overview on solar grapes drying: Modeling, energy, environmental and economic analysis [J]. Sustainable Energy Technologies and Assessments, 2021, 47: 101513.

[19] Ploteau J P, Noel H, Fuentes A, et al. Sludge convection drying process: Numerical modeling of a heat pump assisted continuous dryer [J] . Drying Technology, 2020, 38 (10) : 1261-1273.

[20] Tunckal C, Doymaz I . Performance analysis and mathematical modelling of banana slices in a heat pump drying system [J] . Renewable Energy, 2020, 150: 918-923.

[21] Ismaeel H H, Yumrutas R. Investigation of a solar assisted heat pump wheat drying system with underground thermal energy storage tank [J] . Solar Energy, 2020, 199: 538-551.

[22] 董霖，王爽，欧阳锐凌，等．网带式花椒干燥机流场模拟与结构优化［J］．农业机械学报，2023，54 (S1) : 373-380.

[23] 胡如响．面向干燥箱尺度的香菇热风干燥数值模拟技术开发及应用研究［D］．北京：北京石油化工学院，2023.

[24] 李鑫，杨开敏，王远成，等．基于多尺度的稻谷干燥热湿耦合传递的数值研究［J］．中国粮油学报，2023，38 (12) : 60-68.

[25] Bassey E J, Cheng J H, Sun D W. Novel nonthermal and thermal pretreatments for enhancing drying performance and improving quality of fruits and vegetables [J] . Trends in Food Science & Technology, 2021, 112: 137-148.

[26] Homayoonfal M, Malekjani N, Baeghbali V, et al. Optimization of spray drying process parameters for the food bioactive ingredients [J] . Critical Reviews in Food Science and Nutrition, 2024, 64 (17) : 5631-5671.

[27] Srinivasan G, Muthukumar P. A review on solar greenhouse dryer: Design, thermal modelling, energy, economic and environmental aspects [J] . Solar Energy, 2021, 229: 3-21.

[28] Chang C, Zhang W P, Chandraseker V, et al. Walnut structure and its influence on the hydration and drying characteristics [J] . Drying Technology, 2020, 38 (8) : 975-986.

[29] 韩琭丛，金听祥，张振亚．火龙果热泵干燥数值模拟及试验［J］．食品与机械，2023，39 (04) : 117-122.

[30] 王晓辉，王学成，唐培渝，等．数值模拟仿真研究现状及其在中药干燥领域应用展望［J］．中国中药杂志，2023，48 (13) : 3440-3447.

[31] 马凯坤．多孔介质干燥水热溶质传递过程模拟及试验研究［D］．西安：陕西科技大学，2023.

[32] 满余，童军杰．基于红薯片多孔介质的间歇微波干燥数值分析［J］．食品与发酵工业，2024，50 (04) : 157-164.

[33] Simo-Tagne M, Ndukwu M C, Zoulalian A, et al. Numerical analysis and validation of a natural convection mix-mode solar dryer for drying red chilli under variable conditions [J] . Renewable Energy, 2020, 151: 659-673.

第3章
热泵干燥技术与装备

3.1 热泵干燥技术

3.1.1 热泵干燥原理

热泵干燥优异的节能、降碳效果已被国内外大量研究证明。热泵干燥原理是基于逆卡诺循环，利用制冷剂的相变特性，在冷凝器中释放热量来加热干燥物料，在蒸发器中吸收空气中的热量进行除湿，实现物料的高效节能干燥。如图 3-1 所示，高压液态工质经过膨胀阀后在蒸发器内蒸发为气态，并大量回收干燥介质中的排湿余热，实现干燥介质降温除湿；气态工质被压缩机压缩成高温、高压的气体，然后进入冷凝器放热，提供干燥热源。如此循环实现除湿加热，逐渐降低干燥物料的含水率。

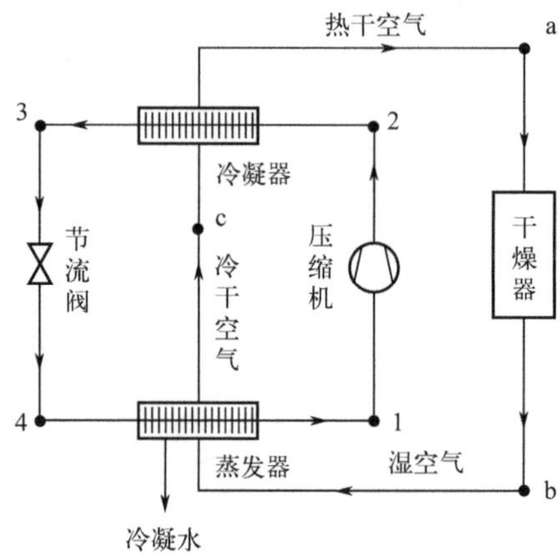

图 3-1　热泵干燥系统的工作原理

随着技术的进步和市场对高质量农产品需求的增加，热泵干燥技术在农产品加工领域的应用将会进一步扩大。下面针对热泵干燥系统进行理论分析。热泵干燥系统包括热泵子系统和干燥子系统。

（1）热泵子系统

热泵子系统主要由以电能或热能为驱动，将大量的低品位热能提升至高品位热能的蒸汽压缩式热泵装置构成。热泵装置是由压缩机、冷凝器、蒸发器和节流阀等部件组成的闭式回路，制冷工质在回路中循环流动。图 3-2 表示具有过冷过热制冷循环的 P-h 图，1—2—3—4 为热泵制冷工质循环：1—2 为等熵压缩过程，2—3 为等压冷凝放热过程，3—4 为等焓节流过程，4—1 为等压蒸发吸热过程。其具体循环过程为：低温低压的饱和气（点 1）或过热气（点 1′）进入压缩

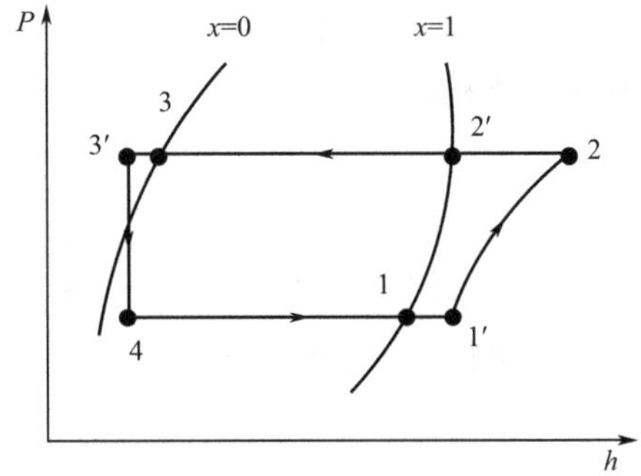

图 3-2　具有过冷过热的制冷循环 P-h 图

机，在压缩机中被压缩成高温高压的过热气（点 2）进入冷凝器，在冷凝器中工质放热给干空气而自身变为高压中饱和液体（点 3）或过冷液（点 3′）进入节流阀，经过节流阀后变为低温低压的饱和气、液两相混合物（点 4），并进入蒸发器，在蒸发器中工质吸收温湿空气的热量而自身变为低压低温的饱和气（点 1）或过热气（点 1′），再进入压缩机开始下一轮循环。热泵制冷工质循环过程的具体热力计算如下：

制冷剂单位质量制冷能力：

$$q_0 = h_{1'} - h_4 \tag{3-1}$$

式中　q_0——单位质量制冷量，kJ/kg；

$h_{1'}$——1′点制冷剂的比焓，kJ/kg；

h_4——4 点制冷剂的比焓，kJ/kg。

制冷剂单位容积制冷能力：

$$q_v = \frac{q_0}{v_1} \tag{3-2}$$

式中　q_v——单位容积制冷量，kJ/m³；

v_1——1 点制冷剂的比体积，m³/kg。

制冷剂质量流量：

$$M_r = \frac{Q_0}{q_0} \tag{3-3}$$

式中　M_r——质量流量，kg/s；

Q_0——热泵的制冷量，kW。

压缩机的指示比功：

$$w_i = h_2 - h_{1'} \tag{3-4}$$

式中　w_i——压缩机的指示比功，kJ/kg；

h_2——2 点的比焓，kJ/kg。

压缩机的指示功率：

$$P_i = M_r w_i = \frac{Q_0(h_2 - h_{1'})}{h_{1'} - h_4} \tag{3-5}$$

式中　P_i——压缩机运行的指示功率，kW。

制冷剂体积流量：

$$V_r = M_r v_1 = \frac{Q_0 v_1}{h_{1'} - h_4} \tag{3-6}$$

式中　V_r——制冷剂体积流量，m^3/s。

制冷剂单位质量制热能力：

$$q_k = h_2 - h_{3'} = h_2 - h_4 \tag{3-7}$$

式中　$h_{3'}$——$3'$点的比焓，kJ/kg；

q_k——冷凝器单位热负荷，kJ/kg。

冷凝器制热能力：

$$Q_k = q_k M_r = \frac{Q_0 (h_2 - h_4)}{h_{1'} - h_4} \tag{3-8}$$

式中　Q_k——冷凝器的热负荷，kW。

（2）干燥子系统

干燥子系统主要由干燥器和干燥介质组成，其类型多样，可根据不同的标准进行分类。按干燥器的类型可分为箱式、隧道式、带式、流化床式、喷雾式、盘式等。目前，最常用的是箱式干燥器。箱式干燥器是一种外壁绝热（绝热材料多采用聚氨酯）的箱型干燥器，其结构简单，初投资少，可以适用所有类型的干燥物料。箱式干燥器一般为间歇式干燥，装卸物料需人工操作，随着干燥设备的不断优化，箱式干燥器可配备自动装料、自动翻料、自动卸料等装置，实现快速连续干燥。

根据箱式干燥器进、回风方式的不同，干燥介质与物料间对流换热的形式也有所区别，主要分为平行流和穿流两种。平行流式的热风风速在 0.5～3m/s 之间，通常取 1m/s 左右，物料层厚度为 10～50mm，传热系数一般为 230～350W/(m^3·℃)，适用于干燥后期易产生粉尘的泥状或粉状物料等；穿流式通过物料层的热风风速一般为 0.6～1.2m/s，物料层厚度可取 10～65mm，热风流过物料层的压力损失通常为 190～490Pa，传热系数为 3490～6970W/(m^3·℃)，适用于干燥通气性好的物料。

另外，按干燥介质在干燥系统中的循环方式可分为封闭式、开式、半开式。开式热泵干燥系统的干燥介质从大气环境中吸入，经热泵的换热器除湿、升温后进入干燥器干燥物料，再将湿度高的干燥介质排到大气环境。根据干燥介质要求和环境的不同，开式热泵系统还可以进一步划分为不同的结构，如图 3-3 所示。开式热泵系统干燥空气均从室外引进，所以运行时受环境状况影响较大，从干燥器排出的干燥废气均排到大气环境中，没有余热回收装置会导致能源利用率低，也会污染环境。

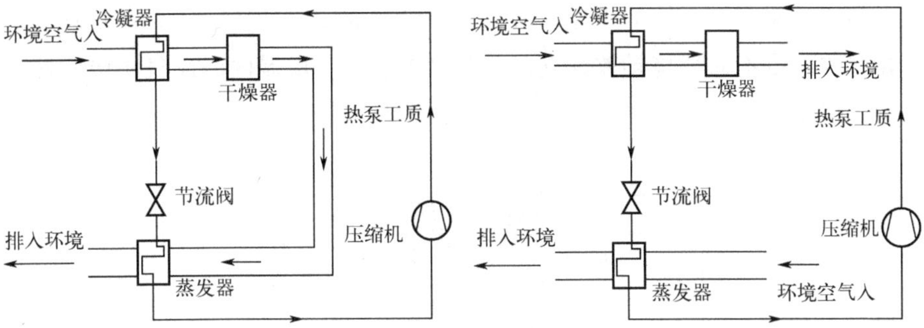

(a) 循环方式一　　(b) 循环方式二

图 3-3　不同结构的开式干燥介质循环方式

半开式热泵干燥系统的干燥介质一部分为大气环境空气，另一部分为从干燥器排出的废气。典型的半开式结构如图 3-4 所示。半开式系统能有效调控干燥系统内的温湿度，防止系统长时间运行导致的干燥介质温湿度过大，引入大气环境空气可有效地降低压缩机的排气温度，延长热泵机组的使用寿命。

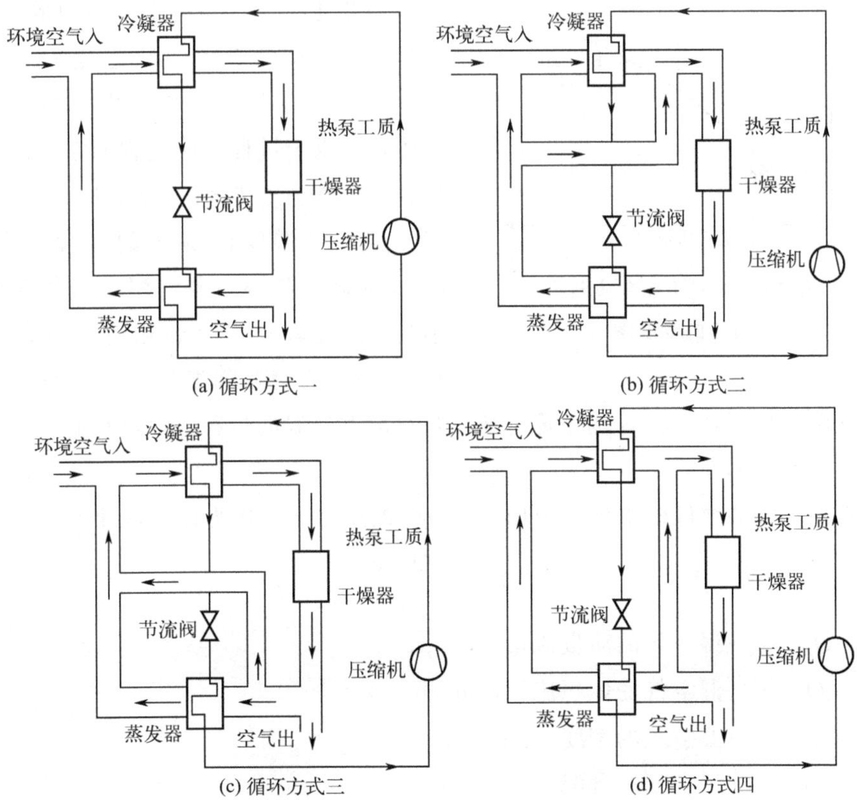

(a) 循环方式一　　(b) 循环方式二

(c) 循环方式三　　(d) 循环方式四

图 3-4　不同结构的半开式干燥介质循环方式

封闭式热泵干燥系统的干燥介质在系统内构成闭式循环回路，不从环境中引入干燥介质，也不向环境排放废气。热泵机组可从干燥器内的废气中吸收热量加以利用，提高了能源利用率。基本的闭式系统结构如图 3-5 所示。

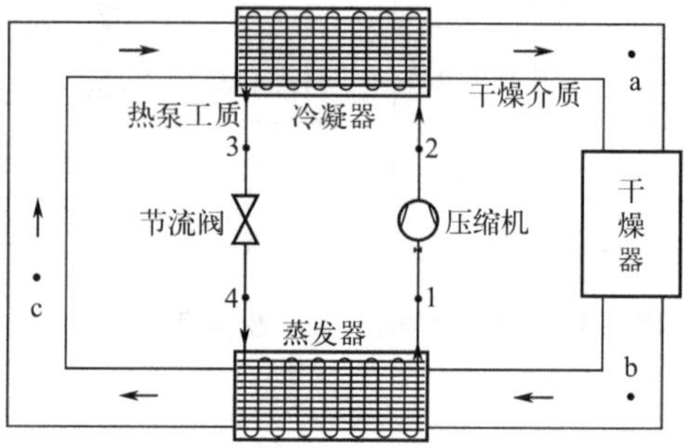

图 3-5　闭式干燥介质循环方式

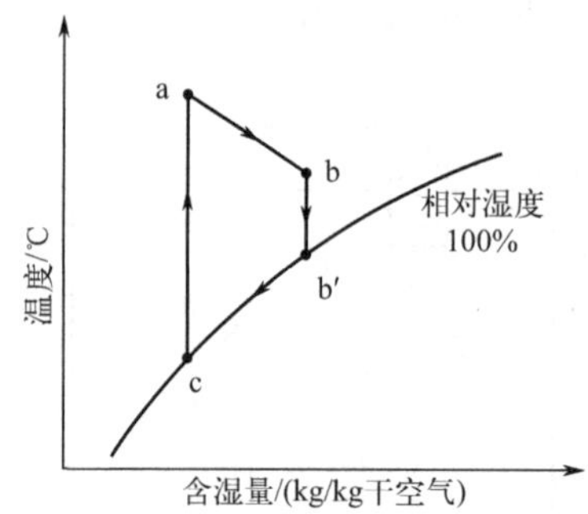

图 3-6　闭式干燥介质循环过程的焓湿图

湿空气是热泵干燥系统中应用最广泛的干燥介质。在闭式干燥系统中循环时，其状态变化如图 3-6 所示（图中的 a、b、c 状态点与图 3-5 中的状态点相对应）。a—b 为高温空气与干燥箱内物料发生对流传热的烘干过程，该过程的空气温度降低、湿度增加、焓值不变；b—c 为湿空气经过蒸发器降温除湿的过程，其中，b—b′为显热降温过程，湿空气的含水量不变，温度降低，直到相对湿度达到饱和，b′—c 为潜热降温过程，湿空气的温度和含湿量均下降；c—a 为干燥介质经过冷凝器升温的过程，该过程的空气温度升高且含湿量不变。

在湿空气的数值模拟计算中均以干空气的质量流量作为计算基准：

$$Q_{m,1}=\frac{Q_{v,1}\rho_1}{1+\omega_1} \tag{3-9}$$

式中　$Q_{m,1}$——湿空气的质量流量，kg/h；

$Q_{v,1}$——湿空气的体积流量，m^3/h；

ρ_1——湿空气的密度，kg/m^3；

ω_1——湿空气的含湿量，kg/kg。

计算模型中根据质量守恒，系统中干空气质量流量不变：

$$Q_{m,i}=Q_{m,i+1} \tag{3-10}$$

式中　$Q_{m,i}$——第 i 个换热器前的质量流量，kg/h；

$Q_{m,i+1}$——经过第 i 个换热器后的质量流量，kg/h。

热泵机组制热量和制冷量通过换热器传给干燥介质的热通量根据对数平均温差法进行计算：

$$Q_{e,i}=K_{e,i}A_{e,i}\Delta T_e \tag{3-11}$$

$$Q_{c,i}=K_{c,i}A_{c,i}\Delta T_c \tag{3-12}$$

式中　$Q_{e,i}$——第 i 个热泵机组的制冷量，kW；

$Q_{c,i}$——第 i 个热泵机组的制热量，kW；

$K_{e,i}$——蒸发器的表面传热系数，W/（m^2·℃）；

$K_{c,i}$——冷凝器的表面传热系数，W/（m^2·℃）；

$A_{e,i}$——蒸发器的面积，m^2；

$A_{c,i}$——冷凝器的面积，m^2；

ΔT_e——干燥介质与蒸发器的对数平均温差，℃；

ΔT_c——干燥介质与冷凝器的对数平均温差，℃。

对于第 i 个机组，湿空气经过蒸发器 e_i，由能量守恒方程和质量守恒方程得：

$$Q_{m,i}h_{e,i}=Q_{m,i+1}h_{e,i+1}+Q_{e,i} \tag{3-13}$$

$$Q_{m,i}h_{e,i}=Q_{m,i+1}h_{e,i+1}+(\omega_{e,i}-\omega_{e,i+1})Q_{m,i}h_{water,T}+Q_{e,i} \tag{3-14}$$

$$m_{water,i}=Q_{m,i+1}\omega_{e,i+1}-Q_{m,i}\omega_{e,i} \tag{3-15}$$

式中　$\omega_{e,i}$——蒸发器前干燥介质的含湿量，kg/kg；

$\omega_{e,i+1}$——蒸发器后干燥介质的含湿量，kg/kg；

$h_{e,i}$——蒸发器前干燥介质的比焓，kJ/kg；

$h_{e,i+1}$——蒸发器后干燥介质的比焓，kJ/kg；

$h_{water,T}$——析出水的比焓，kJ/kg；

$m_{water,i}$——蒸发器的除水速率，kg/h。

湿空气经过蒸发器只降低显热时为公式（3-13），降低潜热时为公式（3-14）。对于第 i 个机组，湿空气经过冷凝器 C_i，由于只有显热交换，所以换热器前后含水量不变，根据能量守恒方程得：

$$Q_{m,c,i+1}h_{c,i+1}=Q_{m,c,i}h_{c,i}+Q_{c,i+1} \tag{3-16}$$

$$\omega_{c,i}=\omega_{m,c,i+1} \tag{3-17}$$

式中　$Q_{m,c,i}$——冷凝器进口干空气质量流量，kg/h；

$Q_{m,c,i+1}$——冷凝器出口干空气质量流量，kg/h；

$\omega_{c,i}$——冷凝器进口湿空气的含湿量，kg/kg；

$\omega_{m,c,i+1}$——冷凝器出口湿空气的含湿量，kg/kg；

$h_{c,i}$——冷凝器进口空气的比焓，kJ/kg；

$h_{c,i+1}$——冷凝器出口空气的比焓，kJ/kg。

当空气旁通或有新风混合过程时，根据质量守恒和能量守恒：

$$Q_A h_A + Q_B h_B = (Q_A + Q_B) h_C = Q_C h_C \tag{3-18}$$

$$Q_A \omega_A + Q_B \omega_B = (Q_A + Q_B) \omega_C = Q_C \omega_C \tag{3-19}$$

式中 Q_A——补风空气的质量流量，kg/s；

Q_B——系统内循环空气的质量流量，kg/s；

Q_C——补风与循环空气混合后空气的质量流量，kg/s；

h_A——补风空气的比焓，kJ/kg；

h_B——系统内循环空气的比焓，kJ/kg；

h_C——补风与循环空气混合后空气的比焓，kJ/kg；

ω_A——补风空气的含湿量，kg/kg；

ω_B——系统内循环空气的含湿量，kg/kg；

ω_C——补风与循环空气混合后空气的含湿量，kg/kg。

当空气混合后有水析出时，空气中的蒸汽凝结带走了水的液体热，使得空气的比焓略有降低，通过试算的方法确定D点的空气状态，即比焓为：

$$h_D = h_C - 4.19 t_D \Delta\omega \tag{3-20}$$

式中 h_D——混合后空气相对湿度达到饱和时的比焓，kJ/kg；

t_D——空气混合后的湿球温度,℃；

$\Delta\omega$——C点和D点空气间的含湿量差值，kg/kg。

热泵干燥系统性能评价指标主要包括以下四个：热泵干燥装置的热效率（η_t），热泵干燥装置的能源效率（η_e），热泵干燥装置的制热系数（coefficient of the performance，COP），热泵干燥装置的除湿能耗比（specific moisture extraction rate，SMER）。

热泵干燥装置热效率（η_t）是干燥过程中物料内水分汽化所需的热量 Q_{de} 与提供给物料的总热量 Q_t 之比：

$$\eta_t = \frac{Q_{de}}{Q_t} \tag{3-21}$$

式中 Q_{de}——物料中水分汽化所需的热量，kW；

Q_t——热源提供的热量，kW。

热泵干燥装置的能源效率（η_e）是为脱去水分所需的能量与供给干燥装置的总能量之比：

$$\eta_e = \frac{Q_{de}}{E_t} \tag{3-22}$$

式中　Q_{de}——物料中水分汽化所需的热量，kW；

E_t——提供给干燥装置的总能量，kW。

热泵干燥装置的制热系数（COP）是热泵产生的热量与其耗费的能量之比：

$$COP = \frac{Q_c}{W_{tot}} = \frac{Q_e}{W_{tot}} + 1 \tag{3-23}$$

式中　COP——热泵制热系数；

Q_c——热泵的制热量，kW；

Q_e——热泵的制冷量，kW；

W_{tot}——热泵消耗的能量，kW。

热泵干燥装置的除湿能耗比（SMER）是消耗单位能量所除去物料中的水分量，即物料中的水分去除量与热泵干燥装置消耗的能量之比：

$$SMER = \frac{M_{ed}}{W_{tot}\tau} \tag{3-24}$$

式中　SMER——除湿能耗比，kg/（kW・h）；

M_{de}——从物料中除去的水分的质量，kg；

τ——干燥时间，h；

W_{tot}——总耗能功率，kW。

热泵干燥的主要优点之一是高能效。传统的干燥方法通常需要消耗大量的能源来实现水分脱除。相比之下，热泵干燥可以减少 30%～50%的能源消耗，因为热泵可以有效回收干燥余热，最大限度地减少能源损失并提高整体效率。并且，热泵干燥还具有显著的环保优势。通过减少能源消耗，降低温室气体的排放。从经济角度来看，热泵干燥可以带来可观的成本节约：一方面，减少的能源消耗转化为更低的运营成本，另一方面，热泵干燥系统可实现智能化调控，大大减少人工成本，对企业转型有较强的吸引力。虽然热泵干燥系统的初始投资可能高于传统干燥系统，但在长期内节省的能源成本和产品质量的潜在提升通常足以抵消这项投资。此外，热泵干燥可以精确控制干燥介质条件，包括温度和相对湿度。这种精确控制对于干燥敏感材料至关重要，因为它有助于保持产品质量，防止过热或过度干燥而导致的营养或化学特性退化。

3.1.2　干燥装备设计

模式可切换的余热回收型热泵干燥装备流程示意图如图 3-7 所示，该装备包括热泵系统、空气处理系统和控制系统。热泵系统包括喷气增焓涡旋式变频压缩机、单向阀、冷凝器、节流装置、蒸发器、经济器、辅助换热器、流量调节阀等。空气处理系统包括干燥室、两个回热器、辅助电加热器、两个变频风机、六个电动风阀等。控制系统包括温湿度传感器、风速传感器、PLC（含 PID 模块）、计算机。在常规的热泵干燥系统中加入了两个回热器，可以实现干燥余热的多级回收；同时还设置了六个电动风阀，可以实现多个运行模式的切换，保证装置在全工况范围内的节能性。热干空气在干燥室中等焓吸水，温湿空气在流经蒸发器时水分凝结除湿，冷干空气在流经冷凝器时是等湿加热过程，回热器中空气的含湿量不变。

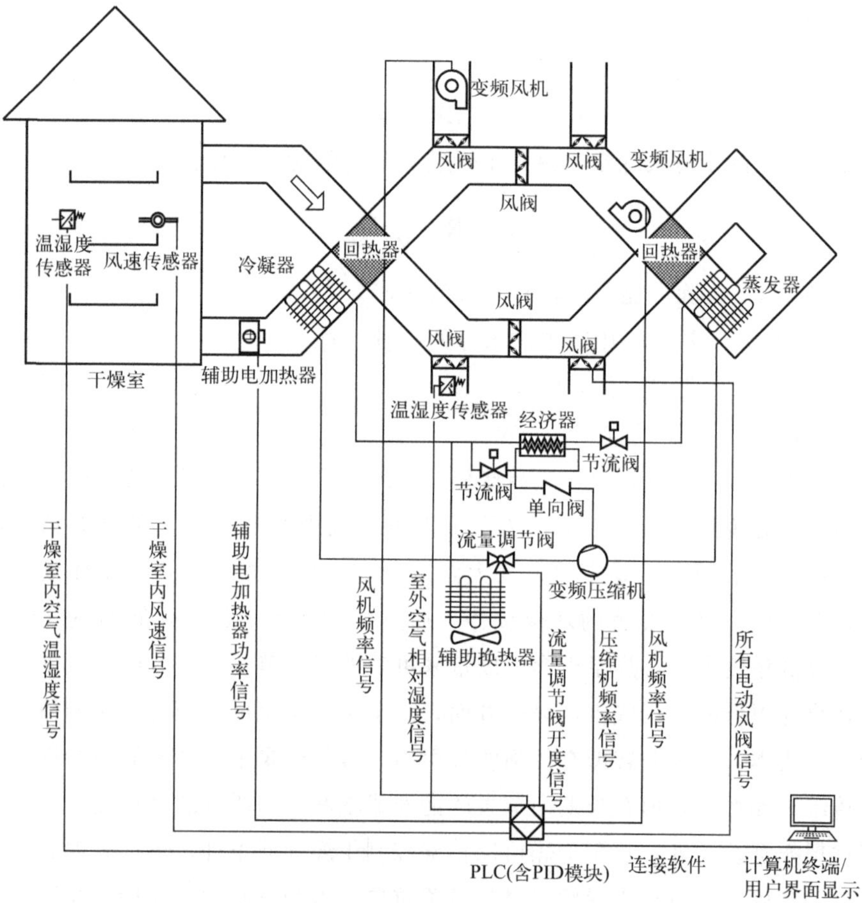

图 3-7 模式可切换的余热回收型热泵干燥装备流程示意图

该干燥装备具有的优势在于以下几点：

① 该装备可以通过电动风阀的开关和变频风机的启停，改变热泵干燥装置的运行模式：当室外空气相对湿度较高时，干燥室内的排气比室外空气更加适合被循

环利用，此时切换为闭式运行模式；当室外空气相对湿度较低时，可对外界空气加热后直接送入干燥室，此时切换为开式不除湿运行模式；当室外空气相对湿度适中时，需对外界空气进行除湿、加热后再送入干燥室，此时切换为开式除湿运行模式。运行模式的切换保证了热泵干燥装置在全工况范围内都具有较高的节能性。

② 该装置集成了双重回热器，可实现排湿废气的余热回收，并利用蒸发器出口的低温空气对进入蒸发器的空气进行预冷，以达到减小系统降温除湿能耗的目的。

③ 该装置添加了经济器部件，并采用补气增焓压缩机，可以提高在大温差工况下的运行效率。

④ 该装置中的变频压缩机可以较好地解决在干燥的启动过程中温度上升较为缓慢的问题。

实验装置的空气温度、相对湿度和风速通过传感器测得，由 PLC 进行 PID 控制，实现数据采集和存储。

通过调节辅助换热器的流量调节阀旁通阀门开度、补气增焓用节流阀开度和辅助电加热器功率控制温度。辅助电加热器用于弥补前两类执行器无法改变温度过低的不足。通过调节变频压缩机的频率控制相对湿度。通过调节变频风机的频率控制风速。

用户可通过软件自定义干燥室内空气温度、相对湿度和风速的设定值随时间分阶段变化的情况，即可自行设计香菇分程干燥工艺流程。

系统有三种运行模式（闭式运行模式、开式不除湿运行模式和开式除湿运行模式），其电动风阀的开关情况（开度为 0 或 1）和风机的启停情况如图 3-8 所示，软件设置了运行模式的手动切换按键，用户可直接一键切换运行模式。

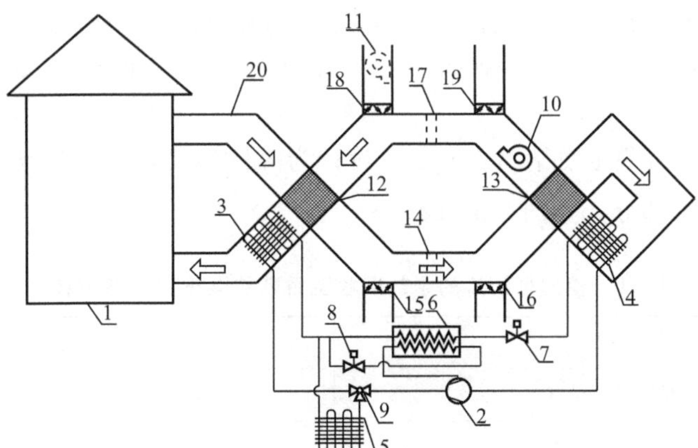

(a) 闭式运行模式

图 3-8

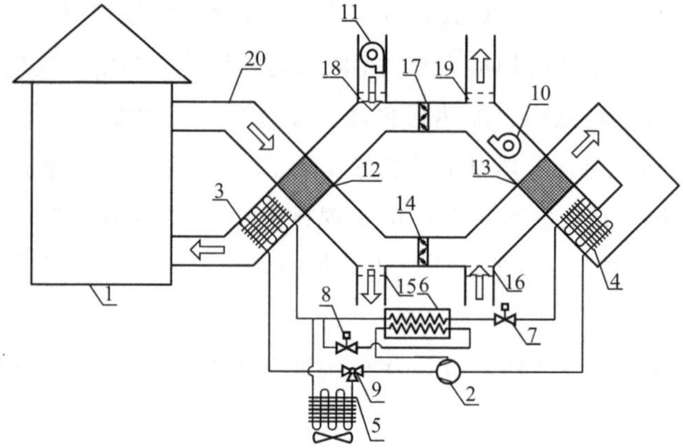

(b) 开式不除湿运行模式

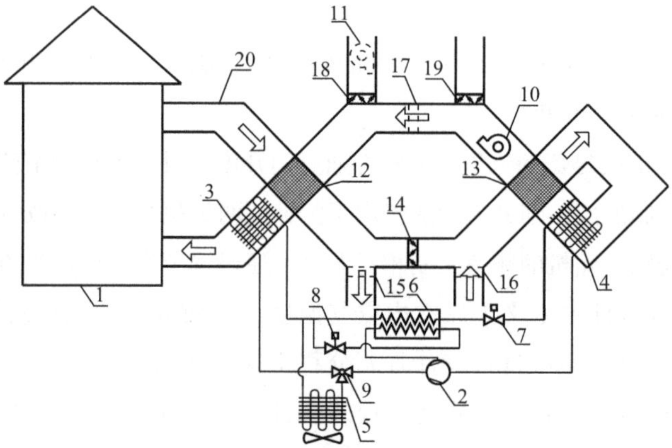

(c) 开式除湿运行模式

图 3-8 热泵干燥装备不同运行模式

1—干燥室；2—压缩机；3—冷凝器；4—蒸发器；5—辅助换热器；6—经济器；7,8—节流阀；9—流量调节阀；10,11—变频风机；12,13—回热器；14～19—电动风阀；20—风管

该装备设计计算表如表 3-1 所示，设计为分体形式，包含热泵机组、干燥箱和连接风管三个部分，如图 3-9 所示。

表 3-1 模式可切换的余热回收型香菇热泵干燥装备设计表

参数	数值
湿物料容量/kg	25
干燥时间/h	17
进入干燥室温度/℃	35
干燥室最高温度/℃	70

续表

参数	数值
初始含水率	85.45%
安全储藏含水率	13%
总蒸发水分/kg	20.82
除湿量/kg/h	1.22
干品质量/kg	4.18
干燥过程平均温度/℃	45
蒸发水分所需汽化潜热/kJ	49845.81
干燥过程平均温度下水的汽化潜热/(kJ/kg)	2394.25
托盘比热容/[kJ/(kg·℃)]	2.30
托盘密度/(kg/m^3)	910
托盘个数/个	8
托盘总质量/kg	8.5
托盘升温所需显热/kJ	684.55
物料升温所需显热/kJ	2922.5
物料比热容/[kJ/(kg·℃)]	3.34
传热温差/℃	35
热损失/kJ	10948.17
干燥需总热量/kJ	65689.03
热泵冷凝器制热量/kW	1.07
循环风量/(m^3/h)	2268
风管内空气密度/kg/m^3	1.29
空气定压比热容/[kJ/(kg·℃)]	1.01
空气进出冷凝器温差/℃	15
风管截面积/m^2	0.08
风管内风速/(m/s)	8
干燥箱风速/(m/s)	1
物料均摊密度/(kg/m^3)	0.1
托盘总面积/m^2	2.5
冷凝器出口空气温度/℃	65

续表

参数	数值
冷凝器入口空气温度/℃	50
蒸发器出口空气温度/℃	30
冷凝器对数平均温差/℃	16.37
辅助电加热器功率/kW	4.56
电加热器效率	0.9

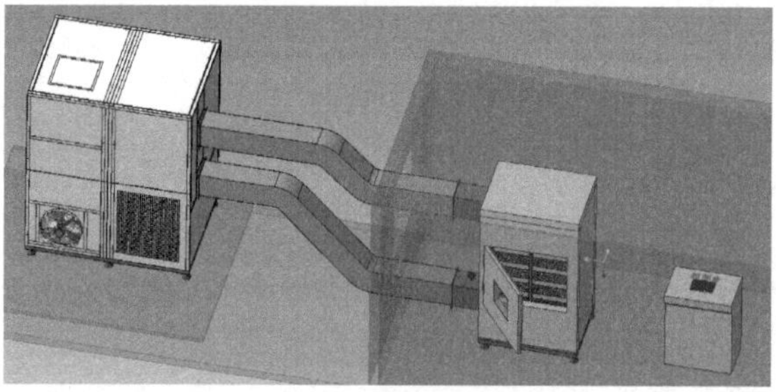

图 3-9　热泵干燥装置示意图

厢式干燥器的箱体为镀锌板，总重约 80kg。物料盘可在托条轨道上移动，方便装卸物料。房门为半埋门形式，门框四周装有密封胶条以减少漏热。送风口水平位置在所有物料盘水平之下，排风口水平位置在所有物料盘水平之上，设置孔板使送排风的气流均匀。干燥箱如图 3-10 所示。

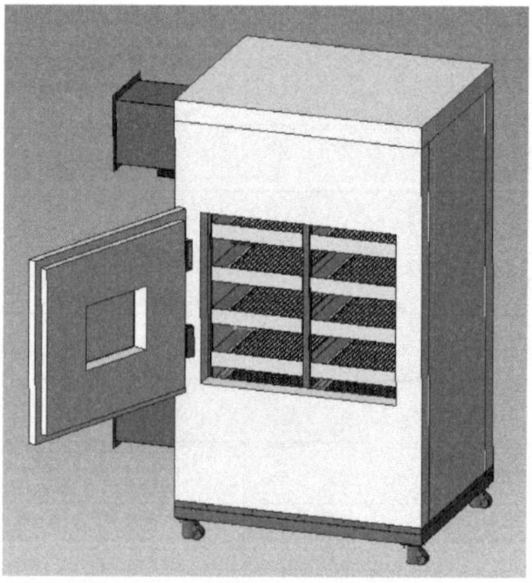

图 3-10　干燥箱模型

热泵机组由热泵系统、热回收系统和电控柜三部分组成。根据热泵系统制热功率计算结果，考虑实际系统存在漏热现象以及干燥过程具有水分蒸发不均匀，在大量出水阶段所需的热量更多的特点，压缩机制热量需大于 8kW 且具有能力调节功能，故选用谷轮 VPW038DE-4X9-571 型变频补气增焓涡旋压缩机，其排气量为 38.3mL/Rev.，可调频率范围为 12～120Hz，制冷剂为 R134a，压缩机在设计工况（冷凝温度 75℃，蒸发温度 20℃）下，60Hz 时制热量为 8.4kW，可满足干燥需求。

节流装置选择电子膨胀阀。根据压缩机主回路制冷量为 5.927kW（在设计工况运行时），考虑压缩机频率可调节特点，选用三花 DPF 2.4 型电子膨胀阀，该阀名义容量为 13.5kW，可满足主制冷回路流量调节；补气回路选用三花 DPF 1.3 型电子膨胀阀。压缩机补气回路的单向阀选用三花 YCVS8-33GSHC-1 型活塞式单向阀，防止压缩机在停机的瞬间发生反转，靠近压缩机补气口安装以减少在不补气状态下补气管路余隙容积。流量调节阀安装在压缩机排气口处，此处制冷剂气体温度可达 120℃以上，压力可达 2.5MPa 以上，故选用电动三通分流调节阀 ZDLX-40C，公称通径 DN25，公称压力 4.0MPa，耐温 250℃，可满足调节制冷剂气体流量的要求。

经济器选用舒瑞普 BX8THx20 型钎焊板式热交换器。PTC 半导体空气电加热器具有升温迅速、安全可靠、热转换效率高的特点，已广泛应用于空调领域。辅助电加热器最小功率计算得 4.56kW。故实验台选用 6 根 1kW 的 PTC 作为辅助电加热，保证一定的余量。采用 300mm×300mm 风管连接干燥箱和热泵机组，实物图如图 3-11 所示。

图 3-11　热泵机组与干燥箱实物照片

设备操作在触控屏上完成，其中主画面显示设备基本原理图和设备当前的运行状态信息，可以方便快捷地了解设备所处的状态。设备状态监测画面可以显示各传感器实时的测量数值以及电表读数。干燥过程参数的设置画面可设置各段工艺参数，如干燥温度（70℃以内）、相对湿度、风速（3～6m/s）、运行模式、运行时间，并显示本工艺段剩余时间。其中温度和湿度以干燥箱内传感器为基准；风速以进风口传感器为基准。设定时间单位为分钟。触控屏上的部分操作画面如图 3-12 所示。

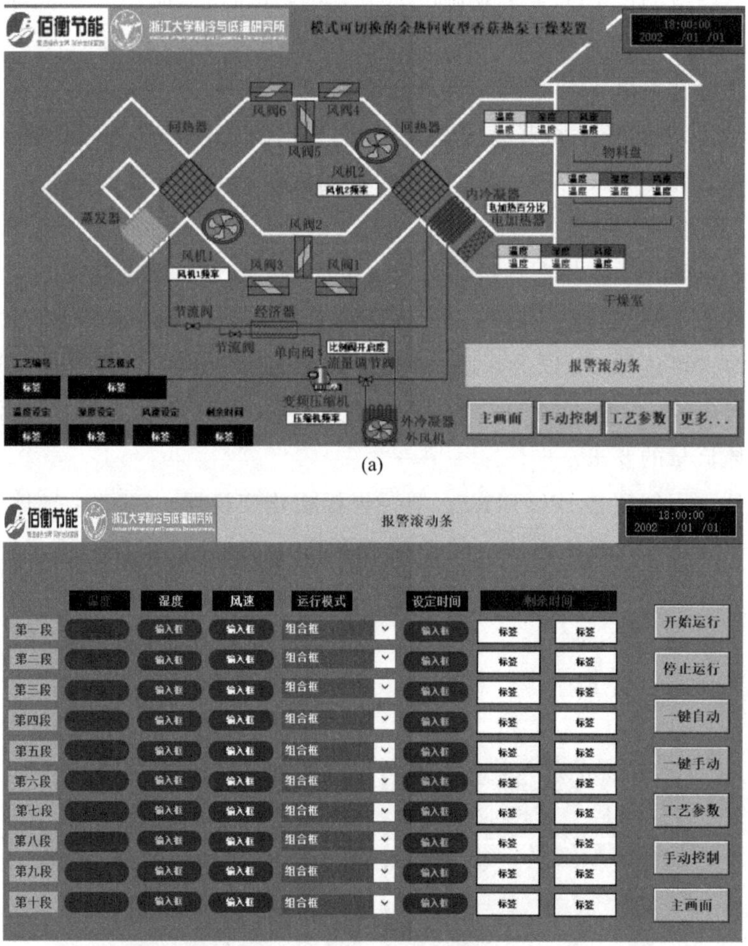

(a)

(b)

图 3-12　控制屏部分操作画面

3.1.3　香菇干燥实验研究

新鲜香菇样品选择标准为外表无损伤、色泽明亮、菌菇内褶皱细密整齐，菌盖直径约 40～50mm，并将菌柄修剪至 10mm，擦干净表面，拍照记录。

每组实验将 1kg 的香菇均匀铺在干燥托盘里，选取 4 朵香菇作为实验样品测量干燥前的重量，并取平均值，放入干燥箱内进行热风干燥，按照响应面实验工艺烘干完成之后，取出烘干后的香菇，测量 4 朵香菇干燥后的重量，并取平均值，进行复水比实验，获得复水后的香菇，拍照记录并称重，记录实验数据。

(1) 实验设计

设变量 y 与 x_1，x_2，…，x_p 存在函数关系，设为 $E_y=f(x_1, x_2, \cdots, x_p)$，如果已知 E_y 的结果，那么可以得到 y 与 x_1，x_2，…，x_p 的一对一映射关联，如果 E_y 是未知的，就需要试验或抽样，由有限次试验所得实验数据来估计 E_y，在数学分析上已有麦克劳林或泰勒展开式，一般都能满足收敛，如果拟合不收敛，可考虑更高次拟合。

试验得试验点 $(x_{11}, \cdots, x_{p1}, y_1), \cdots, (x_{1n}, \cdots, x_{pn}, y_n)$ 估计出 $E_y=f(x_1, x_2, \cdots, x_p)\approx a+bx_1+\cdots+cx_p+\cdots+dx_1^2+\cdots+ex_p^2+fx_1x_2+\cdots gx_{p-1}x_p$ 的系数 a、b、…，如果检验显著可用，则 x_1，x_2，…，x_p，y 的关系就全面掌握了，如利用回归方程估计极值点、定值点等，找出最优化搭配。

响应面分析法是利用合理的实验设计方法得到一定的数据，采用多元二次回归方程来拟合因素与响应值之间的函数关系，通过对回归方程的分析来寻求最优工艺参数，适宜于解决非线性数据处理的相关问题。响应面法的优点是考虑实验的随机误差，且预测模型是连续的，但不足是，使用的前提是设计的实验点应包含最佳实验条件，所以使用前应确立合理的实验因素与水平。

响应面试验设计方法有多种，较为常用的有 Box-Behnken Design (BBD) 和 Central Composite Design (CCD)。实验设计中实验点分为中心点、立方点和轴向点，示意图见图 3-13。BBD 是响应面优化法常用的实验设计方法，适用于 2～5 个因素的优化实验。

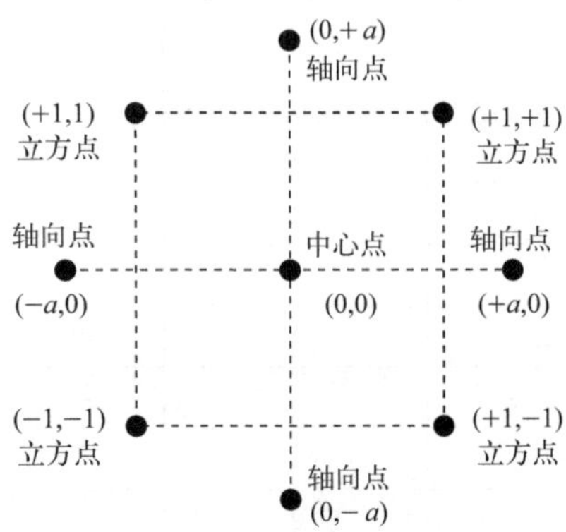

图 3-13 实验设计点

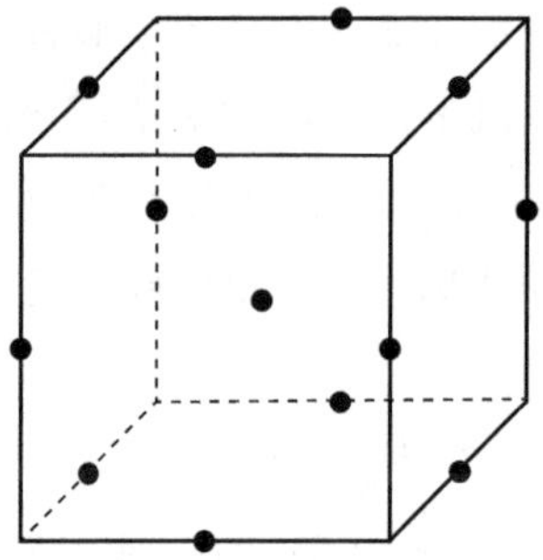

图 3-14　BD 实验点分布

BBD 法每个因素取 3 个水平，以（－1，0，1）编码。其设计安排以 0 为中心点，＋1、－1 分别是立方点相对应的高值和低值。BBD 的实验点分布情况见图 3-14（以三因素为例）。在因素相同时，由于不存在轴向点，试验次数少而更经济，优化求解出的最优参数水平值不会超出最高值范围，对某些有特殊需要或安全要求的实验尤为适用。

在本实验中，首先确定输入因素与水平值，按照香菇干燥经验，选用因素为 4、水平为 3 的 Box-Behnken 实验设计的次数为 27，考虑分程变温干燥工艺，干燥参数为 35℃干燥时长、45℃干燥时长、55℃干燥时长、65℃干燥时长四个变量，为了满足在实际工程中的合理取值，四个变量的三个水平如表 3-2 所示。

表 3-2　干燥参数水平

35℃干燥时长/h	45℃干燥时长/h	55℃干燥时长/h	65℃干燥时长/h
2	2	2	1
4	4	4	2
6	6	6	3

最终形成总共 27 组实验组，形成的实验组组合如表 3-3 所示。

表 3-3　DOE 实验点组合

标准编号	35℃干燥时长/h	45℃干燥时长/h	55℃干燥时长/h	65℃干燥时长/h
1	6	4	6	2
2	4	2	4	3
3	4	4	4	2
4	6	4	4	3
5	4	4	4	2
6	4	4	2	1
7	2	4	4	1
8	4	4	4	2
9	4	4	2	3
10	6	2	4	2
11	6	4	4	1

续表

标准编号	35℃干燥时长/h	45℃干燥时长/h	55℃干燥时长/h	65℃干燥时长/h
12	4	2	2	2
13	4	6	4	3
14	4	2	4	1
15	2	4	6	2
16	6	4	2	2
17	4	4	6	1
18	2	6	4	2
19	6	6	4	2
20	2	4	4	3
21	4	2	6	2
22	4	6	2	2
23	2	4	2	2
24	4	6	6	2
25	4	4	6	3
26	2	2	4	2
27	4	6	4	1

实验步骤具体如下：

① 选择 $X_1=35$℃干燥时长、$X_2=45$℃干燥时长、$X_3=55$℃干燥时长、$X_4=65$℃干燥时长四个因素作为实验因素，已通过论文调研和单因素实验获得响应面优化实验的 0 水平、+1 水平和−1 水平，$X_1=35$℃干燥时长、$X_2=45$℃干燥时长、$X_3=55$℃干燥时长的−1 水平为 2h，0 水平为 4h，1 水平为 6h，$X_4=65$℃干燥时长−1 水平为 1h，0 水平为 2h，1 水平为 3h；

② 确定响应值为香菇复水比 Y_1、干燥时间 Y_2、综合评分 Y，对各指标进行归一化，赋予不同的权重进行多指标综合评分，权重系数暂定为：香菇复水比 0.5，干燥时间 0.5h，得到多指标综合评分响应值 $Y=0.5$（Y_1－香菇复水比最小值）/（香菇复水比最大值－香菇复水比最小值）+0.5（Y_2－干燥时间最大值）/（干燥时间最小值－干燥时间最大值）；

③ 利用 Design-Expert 软件辅助设计实验，并进行 27 组实验，获得实验响应值；

④ 利用 Design-Expert 软件对结果进行多元回归拟合，得出各干燥温度的干燥时长与香菇复水比、干燥时间和综合评分之间的二次多项回归方程；

⑤ 对回归方程进行显著性分析；

⑥ 对综合评分获得的最优实验条件进行验证实验。

(2) 评价指标及检测方法

干燥特性通常包括含水率随时间的变化曲线和干燥速率随含水率的变化曲线。含水率是干燥操作的重要物理参数，也是干燥工艺参数优化和干燥系统设计的重要依据之一。

通常采用含水率来表示水在物料中的相对质量含量，含水率又分为绝对含水率（干基含水率）与相对含水率（湿基含水率），具体计算公式如下：

$$W^{*}=\frac{m_1}{m_s} \tag{3-25}$$

$$W^{**}=\frac{m_1}{m_s+m_1} \tag{3-26}$$

式中 W^{*}——干基含水率；

W^{**}——湿基含水率；

m_1——液相质量，kg；

m_s——绝干固相质量，kg。

无量纲含水率由下式计算：

$$MR=\frac{M_t-M_e}{M_0-M_e} \tag{3-27}$$

式中 M_t——物料在干燥时间 t 时含水量，kg/kg；

M_0——物料初始含水量，kg/kg；

M_e——平衡含水量，kg/kg，通常取值为 0。

干燥速率由下式计算：

$$DR=\frac{M_{t1}-M_{t2}}{t_2-t_1} \tag{3-28}$$

式中 M_{t1}——物料在干燥时间 t_1 时的含水量，kg/kg；

t_1——干燥时间，h。

参照国标 GB 5009.3—2016《食品安全国家标准　食品中水分的测定》直接干燥法。利用食品中水分的物理性质，在 101.3kPa（一个大气压）、温度 101～105℃下采用挥发方法测定样品中干燥减失的重量，包括吸湿水、部分结晶水和该条件下能挥发的物质，再通过干燥前后的称量数值计算出水分的含量。

取洁净铝制或玻璃制扁形称量瓶，置于 101～105℃干燥箱中，瓶盖斜支于瓶边，加热 1h，取出盖好，置内附有效干燥剂干燥器内冷却 0.5h，称量，并重复干燥至前后两次质量差不超过 2mg，即为恒重。

称取 5g 香菇，放于此称量瓶中，称重后，放入 101～105℃干燥箱干燥。取出后放入内附有效干燥剂干燥器内冷却 0.5h 后再称量。重复以上操作至前后两次质量差不超过 2mg，即为恒重。

复水比反映干制品的复水能力，复水比越大说明产品复水能力越好，说明产品恢复到新鲜状态的程度越高，干制品的质量越好。

香菇复水比实验方法如下：将盛有蒸馏水的烧杯放入 50℃的恒温水浴锅中，待烧杯内蒸馏水的温度达到 50℃，打开真空包装好的样品，称取后放入烧杯中。水浴 30min，然后取出香菇样品沥干并用吸水纸吸拭样品表面的水分后称重。相同试验组做 3 次重复试验，结果取平均值。

$$R=\frac{M_f}{M_g} \tag{3-29}$$

式中　R——复水比；

M_f——复水沥干后的质量，g；

M_g——复水前的质量，g。

（3）结果分析

对 27 组分程变温干燥后的香菇、65℃恒温干燥后的香菇在 50℃条件下复水 4h 以上，每隔 30min 擦干称重，计算复水比，实验结果如图 3-15 所示（由于实验结果较多，仅展示了 27 组复水比曲线中的边界对应的 2 组干燥条件的结果）。分程变温干燥工艺为 2h-4h-6h-2h 条件下的香菇复水性最优。

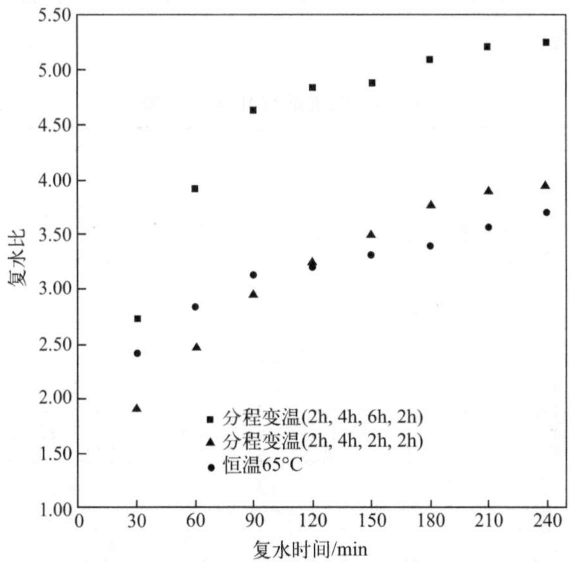

图 3-15　不同干燥工艺干燥后香菇复水比变化

利用 Box-Behnken 中心组合设计原理，分别选用 35℃、45℃、55℃、65℃四个因素进行香菇热泵干燥响应面实验，测定香菇复水比和干燥总时长，将复水比和干燥总时长的最大与最小值作为参照值，进行数值归一化，并给予相应的权重系数得到综合评分，权重系数如下：复水比指标权重系数 0.5，干燥时间指标权重系数 0.5，计算综合评分，得到的实验结果如表 3-4。

利用 Design-Expert 软件对结果进行多元回归拟合，可以得到关于 35℃干燥时长、45℃干燥时长、55℃干燥时长、65℃干燥时长和复水比、时间综合评分的多元回归方程如下：

$$R=4.95-0.1050A+0.1850C+0.1700D+0.1450AB-0.2300AC+0.1400CD-0.2525A^2-0.3700B^2-0.2600C^2-0.1175D^2 \tag{3-30}$$

$$S=0.6403-0.1639A-0.1274B-0.0564C+0.0537AB-0.0850AC+0.0315AD+0.0520CD-0.0936A^2-0.1371B^2-0.0963C^2-0.0436D^2 \tag{3-31}$$

复水比模型的 F 值为 4.89，P 值小于 0.01，说明该模型极显著，可见该模型可靠，可信度较高。复水比时间综合评分模型的 F 值为 10.67，P 值小于 0.0001，说明该模型极显著，可见该模型可靠，可信度较高。影响复水比因素的主次关系是 55℃干燥时长＞65℃干燥时长＞35℃干燥时长＞45℃干燥时长，其中 55℃干燥时长对于复水比影响极显著（$P<0.01$），可见 55℃干燥时长是影响香菇复水比最重要的因素。影响复水比和时间综合评分因素的主次关系是 35℃干燥时长＞45℃干燥时长＞55℃干燥时长＞65℃干燥时长，其中 35℃干燥时长对于综合评分影响极显著（$P<0.0001$）。

表 3-4 响应面优化实验结果

序号	X_1	X_2	X_3	X_4	Y_1	Y_2	Y
	35℃干燥时长/h	45℃干燥时长/h	55℃干燥时长/h	65℃干燥时长/h	复水比	总时长/h	综合评分
1	2	2	4	2	4.59	10	0.756
2	6	2	4	2	4.17	14	0.350
3	2	6	4	2	4.18	14	0.354
4	6	6	4	2	4.34	18	0.163
5	4	4	2	1	4.43	11	0.634
6	4	4	6	1	4.33	15	0.347
7	4	4	2	3	4.52	13	0.542

续表

序号	X_1	X_2	X_3	X_4	Y_1	Y_2	Y
	35℃干燥时长/h	45℃干燥时长/h	55℃干燥时长/h	65℃干燥时长/h	复水比	总时长/h	综合评分
8	4	4	6	3	4.98	17	0.463
9	2	4	4	1	4.53	11	0.671
10	6	4	4	1	3.96	15	0.210
11	2	4	4	3	4.89	13	0.679
12	6	4	4	3	4.66	17	0.344
13	4	2	2	2	4.24	10	0.626
14	4	6	2	2	4.22	14	0.369
15	4	2	6	2	4.23	14	0.372
16	4	6	6	2	4.31	18	0.152
17	2	4	2	2	3.9	10	0.500
18	6	4	2	2	4.26	14	0.383
19	2	4	6	2	5.25	14	0.750
20	6	4	6	2	4.69	18	0.293
21	4	2	4	1	4.44	11	0.638
22	4	6	4	1	4.54	15	0.425
23	4	2	4	3	4.61	13	0.575
24	4	6	4	3	4.61	17	0.325
25	4	4	4	2	5.01	14	0.661
26	4	4	4	2	4.96	14	0.643
27	4	4	4	2	4.89	14	0.617

分别将四因素中的两个因素固定在零水平，可以得到其他两个因素的双因素模型，如图 3-16 所示。在复水比模型中，AC 的 P 值小于 0.05，说明在干燥温度为 35℃条件下的干燥时长与 55℃条件下的干燥时长对于复水比的影响更显著，复水比随着 35℃与 55℃条件下的干燥时长增加呈现先增加后减小的趋势。综合评分模型中，同样是 35℃干燥时长与 55℃干燥时长交互作用影响最显著，较短的 35℃干燥时长有利于综合评分的提升。

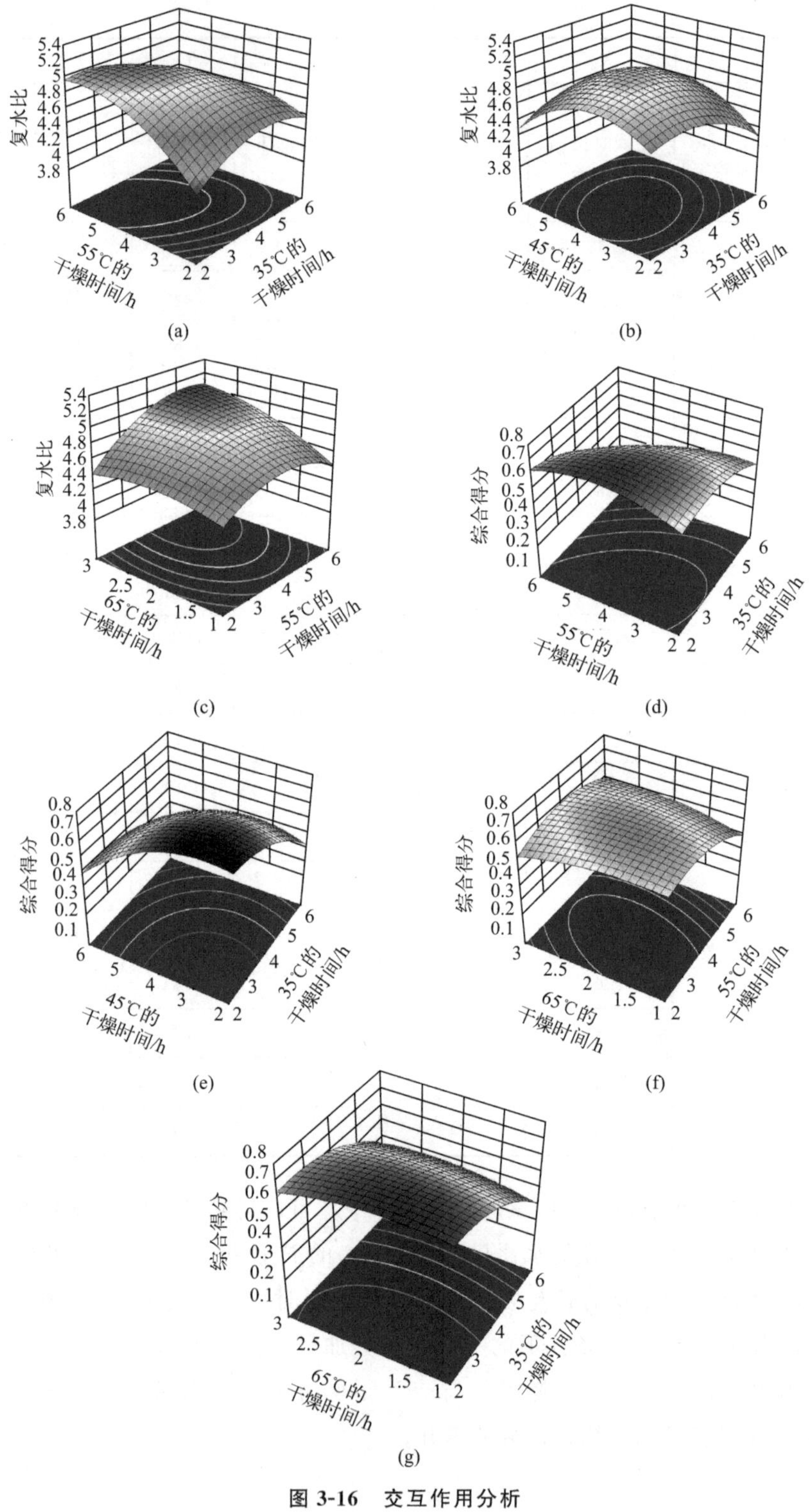
复水比
55℃的干燥时间/h
35℃的干燥时间/h
(a)
复水比
45℃的干燥时间/h
35℃的干燥时间/h
(b)
复水比
65℃的干燥时间/h
55℃的干燥时间/h
(c)
综合得分
55℃的干燥时间/h
35℃的干燥时间/h
(d)
综合得分
45℃的干燥时间/h
35℃的干燥时间/h
(e)
综合得分
65℃的干燥时间/h
55℃的干燥时间/h
(f)
综合得分
65℃的干燥时间/h
35℃的干燥时间/h
(g)

图 3-16　交互作用分析

利用 Design-Expert 软件，在响应面结果中对复水比和综合评分取最大值，可以得到上述条件下的最优工艺，如表 3-5 所示。35℃干燥时长 2.3h、45℃干燥时长 3.3h、55℃干燥时长 5.2h、65℃干燥时长 2.6h，总干燥时间为 13.4h，复水比为 5.11，按照此最优工艺，进行验证实验，测得复水比为 4.93，综合评分为 0.669。

表 3-5 综合评分验证实验

最优工艺	35℃干燥时长/h	45℃干燥时长/h	55℃干燥时长/h	65℃干燥时长/h	复水比	干燥时间/h	综合评分
预测工艺	2.3	3.3	5.2	2.6	5.11	13.4	0.716
实际工艺	2.3	3.3	5.2	2.6	4.93	13.4	0.669

3.2 热泵-太阳能耦合干燥

3.2.1 太阳能干燥原理

太阳能干燥是指以太阳能为能源，被干燥的湿物料或者在温室内直接吸收太阳能，并将它转化为热能；或者通过太阳集热器所加热的空气进行对流换热而获得热能。物料表面获得热量后，将热量传入物料内部，使物料中所含的水分从物料内部以液态或气态逐渐到达物料表面，然后通过物料表面的气态界面层（边界层）而扩散到空气中去，干燥过程中湿物料所含的水分逐步减少，最终达到预定的终态含水率，成为干物料。

太阳能干燥过程具体如下：太阳能直接或间接加热物料表面，热量由物料表面传至内部；物料表面的水分首先蒸发，并由流经表面的空气带走，此过程的速率主要取决于空气温度、相对湿度和空气流速及物料与空气接触的表面积等外部条件，称为外部条件控制过程；物料内部的水分获得足够的能量后，在含水率梯度（浓度梯度）或蒸汽压力梯度的作用下，由内部迁移至物料表面，此过程的速率主要取决于物料性质、温度和含水率等内部条件，称为内部条件控制过程。

物料干燥速率的大小取决于上述两种控制过程当中的主要矛盾，即由两个过程中较慢的一个速率控制。一般来说非吸湿性的疏松性物料，两种速率大致相等。而吸湿性的多孔物料，如农产品等，干燥的前期取决于表面水分汽化速率，后期物料内部水分扩散传递速率滞后于表面水分汽化速率，导致干燥速率的下降。

在太阳能干燥的过程中，除了热量的直接传递和水分的迁移外，环境条件和干燥设备的设计同样重要。例如，有效的通风系统不仅能维持干燥室内的空气流动，还能迅速排出蒸发的湿气，降低空气相对湿度，促进水分的持续蒸发；干燥过程中可以利用反射材料和透明罩等设计，增加阳光的吸收和集热效率；太阳能干燥还可以结合热蓄能系统，通过储存白天的热量，在夜间或阴天时继续进行干燥，从而实现更高的能效和连续作业；物料的厚度和堆放方式也会影响干燥速率，合理安排物料的布局可增加其与热空气的接触面积，优化干燥效果。综合考虑上述这些因素，才可以显著提高太阳能干燥的效率和效果。

3.2.2 干燥装备设计

热泵-太阳能耦合干燥是在绿色节能的前提下，解决单纯使用太阳能技术不稳定、负荷不合理等问题，从而保持干燥速率、缩短干燥周期、保证物料干燥品质。根据实际的太阳能辐射情况，调节热泵的输送能量，从而达到稳定操作的目的，同时回收利用干燥尾气废热，进一步降耗运行，保证低品位能源的资源化利用，提高环保装备技术水平。

本节设计一种新型热泵-太阳能耦合干燥系统，该结构组成包括空气太阳能集热器、太阳能气-水集热器、空气源热泵、烘干房、水箱、风速/温度/湿度检测装置、太阳能集热装置（含集热循环泵）、太阳能供热装置（含供热循环泵）、换热器、风机、控制系统等。在热泵-太阳能耦合干燥烘干房分别布置相应传感器，传感器布置如图 3-17 所示。1 号烘干房，单热泵、太阳能＋热泵的两种实验模式共用；2 号烘干房，单电加热、太阳能＋电的两种实验模式共用；3 号烘干房，单热泵实验模式。

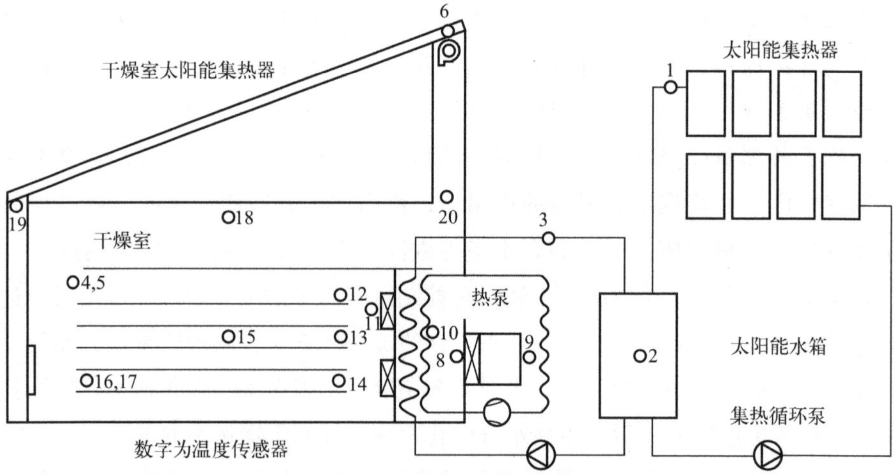

图 3-17 太阳能热泵组合干燥烘干房传感器布置图

选定青海省都兰县的宁杞 1#、7# 作为示范中药材干燥目标。其种子呈扁肾脏形，花果期 7～11 月，含糖量较其他产地枸杞多，含水率部分品种高达 83%，实验选取第三茬秋果，含水率 72%±2%。青海省属于高原大陆性气候，日照时间长、辐射强，平均年辐射总量可达 5860～7400MJ/m^2，日照时数在 2336～3341h 之间。冬季漫长、夏季凉爽，气温日较差大，年较差小，各地区年平均气温在－5.1～9.0℃之间。无霜期东部农业区为 3～5 个月，其他地区仅 1～2 个月，三江源部分地区无绝对无霜期。因此，因地制宜，力求技术先进可靠、经济合理、运行稳定、管理简单、高效节能、操作方便、成本低、占地少。在保障烘干温度达到使用要求的同时尽量降低运行费用。系统采用自动化控制，易于日常运行管理与维护，同时考虑具备手动操作功能，便于检修维护。

原始新鲜枸杞进料量 240kg/h，每批次 6000kg。枸杞干燥前湿基含水率为 72%±2%，干燥后的目标含水率为 15%，但以国标含水率 13%进行计算，物料平衡如表 3-6 所示。

表 3-6　物料平衡表

序号	项目	数量/(kg/h)	备注
1	进料量	240	含水率 75%
2	蒸发水量	154	排放
3	出料量	46	含水率 13%

枸杞干燥分多段温度进行，从 35℃逐渐升至 55℃，相对湿度从 50%逐渐降低至 10%。进风平均温度 20℃、相对湿度 40%，其加热后的干燥平均温度为 50℃，干燥后排出废湿气平均温度 45℃、相对湿度 40%。根据水蒸气分压表，20℃和 45℃的饱和蒸气压分别为 2365Pa 和 9709Pa。查物性表得 45℃水汽化热为 2392kJ/kg，干枸杞比热容 2.4kJ/(kg·K)。

根据理论计算可知：每千克鲜枸杞烘干所蒸发的水量为 0.7175kg 水/kg 湿料，每批次水蒸发量为 4305kg，干枸杞质量为 1692kg。20℃、40%湿空气中含水量为 0.00586kg/kg，45℃、40%湿空气中含水量为 0.02479kg/kg，所需要总干空气量为 227416kg，废湿气比热容为 1.0566kJ/(kg·K)，总热负荷为 17764MJ。

青海地区太阳能辐射量每天每平方米 19.8MJ，太阳总热量占比为 10%，太阳能提供热能为 1776.4MJ。太阳能系统效率 60%，太阳能集热面积为 149.5m^2，太阳能集热器理论计算面积为 149.5m^2，由于安装面积有限，实际安装面积为 160m^2。剩余热量由热泵提供，热泵热量为 15987.6MJ。假设热泵 COP 为 3，平均每批次运行 15h，热泵消耗功率为 98.68kW，理论配置 6 台 25 匹热泵可以满足热量需求，实际安装 6 台 25 匹热泵。具体配置如表 3-7 所示。

表 3-7　热泵-太阳能耦合干燥装备配置表

名称	规格参数	数量
太阳能空气集热器	双层钢化玻璃，板厚 100mm	$99m^2$
气-水两用型太阳能集热器	双层钢化玻璃，水气两用型，板厚 100mm	$61m^2$
太阳能热风循环系统	包含轴流风机、电动百叶、风筒、室内风道	1 套
蓄热保温水箱	10t 圆柱形保温水箱，保温层厚度 100mm	1 台
太阳能热水风机盘管	FP-68 型风机盘管，总功率 30kW	6 台
循环系统	管道循环泵 2 台，一台用于太阳能系统集热，一台用于散热末端循环	1 套
太阳能热水控制系统	自动控制太阳能集热、补水、温差循环	1 套
电加热	满足 2t/批烘干要求，配备 2kW 电加热器 48 支	1 套
热泵	$5HGR-41m^3$	6 台
烘干房	2t	3 个

3.2.3　枸杞干燥实验研究

如图 3-18 所示，采用电加热、热泵、热泵-太阳能耦合等不同方式进行枸杞干燥实验，每种干燥方式烘干新鲜枸杞原料 2000kg，分批次用清水清洗后，用传统工艺质量分数为 3%的碳酸钠溶液进行前处理破坏蜡质层。将原位在线实时测重装置应用于太阳能-热泵耦合干燥系统，准确反映批量干燥中的枸杞干燥特性，并对不同干燥方式的系统整体能耗进行评价和分析。

图 3-18　原位在线实时测重装置

将预处理后的枸杞平均分散平铺在 2m×1m 的网状料框，铺料最高厚度不超过两粒枸杞的高度，沥干水分后推进烘干室。网状料框层叠于料车上，每个料车 23 层，每层高 10cm，共计 8 车，布置为 4 行 2 列，干燥 15～18h 后把两列料车的前后位置互换，用 8 个循环风机向干燥室内平送风、顶部回风，料车长度方向平行于风流方向。

对热失重进行实时测定，小量样品热失重，则将枸杞平均分散平铺在自制网状料框上，并称取初始总重；批量样品热失重，则直接将料车布为测量重点，更真实反映烘干实际进程。小样品热失重为避免因风流扰动造成重量测量误差，带料料框放于干燥室风口末端近门口处，批量样品热失重按照常规料车布置，干燥过程中每隔一定时间记录重量，通过计算得到枸杞含水率。

(1) 不同干燥方式的分程升温干燥工艺参数

干燥温度是影响枸杞干燥时间和产品品质的主要因素，而采用分程升温干燥可缩短时间、提升品质、节省能耗。按生产经验优化后的工艺参数，结合干燥动力学特性、实时能耗等进行试验分析。分程升温干燥工艺参数如表 3-8 所示。

表 3-8　分程升温干燥工艺参数表

段数 方式	电加热干燥	热泵干燥	热泵-太阳能耦合干燥
1	干球温度 38℃，湿球温度 29℃，120min	干球温度 38℃，湿球温度 30℃，180min	干球温度 38℃，湿球温度 29℃，120min
2	干球温度 41℃，湿球温度 30℃，120min	干球温度 43℃，湿球温度 29℃，180min	干球温度 42℃，湿球温度 28℃，300min
3	干球温度 43℃，湿球温度 30℃，180min	干球温度 46℃，湿球温度 29℃，360min	干球温度 45℃，湿球温度 28℃，360min
4	干球温度 46℃，湿球温度 29℃，240min	干球温度 50℃，湿球温度 28℃，420min	干球温度 48℃，湿球温度 27℃，420min
5	干球温度 50℃，湿球温度 29℃，300min	干球温度 55℃，湿球温度 28℃，480min	干球温度 52℃，湿球温度 27℃，420min
6	干球温度 55℃，湿球温度 28℃，660min	—	—
总时长	1620min	1620min	1620min

(2) 干燥室实际温度与设定温度的对比

如图 3-19 所示，虽然热源不同，但是干燥室的实际温度与系统设定的分段温度的吻合性好，上下波动范围为±2℃，说明控制系统的控制性能良好、精度较高。其中 15～18h 之间有较大的温度下降，这是烘房开门，进行两列料车的前后换位所致。

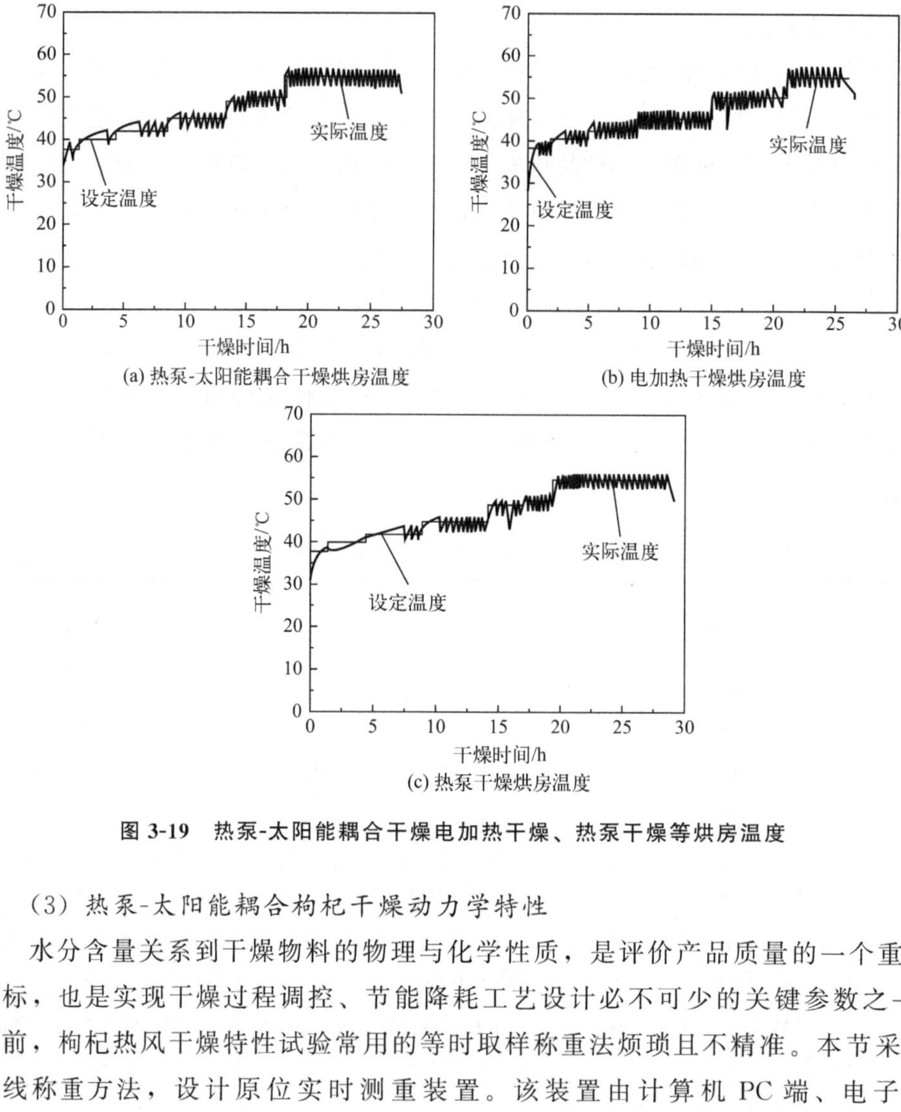

(a) 热泵-太阳能耦合干燥烘房温度　(b) 电加热干燥烘房温度　(c) 热泵干燥烘房温度

图 3-19　热泵-太阳能耦合干燥电加热干燥、热泵干燥等烘房温度

（3）热泵-太阳能耦合枸杞干燥动力学特性

水分含量关系到干燥物料的物理与化学性质，是评价产品质量的一个重要指标，也是实现干燥过程调控、节能降耗工艺设计必不可少的关键参数之一。目前，枸杞热风干燥特性试验常用的等时取样称重法烦琐且不精准。本节采用在线称重方法，设计原位实时测重装置。该装置由计算机 PC 端、电子秤（带数据采集传输模块）和网状料盘组成，对放置于烘房内的枸杞重量进行实时测量，并将数据传输显示在烘房外的 PC 端，实现无干扰式的重量在线检测，再通过含水率、干燥速率计算获得枸杞干燥动力学特性曲线如图 3-20 所示。

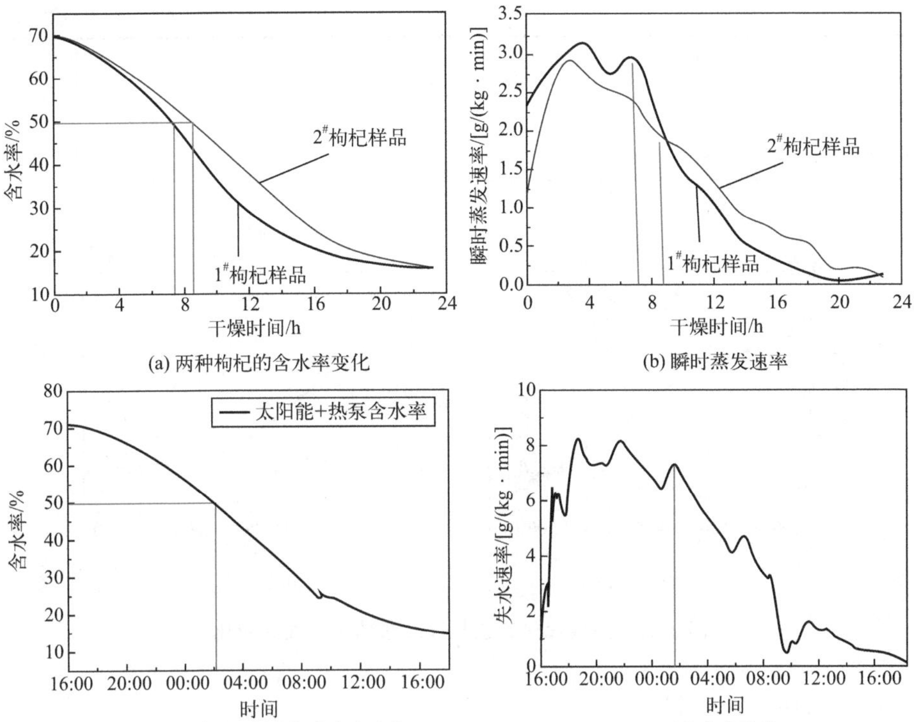

(a) 两种枸杞的含水率变化　(b) 瞬时蒸发速率　(c) 太阳能加热泵干燥枸杞含水率变化　(d) 失水速率

图 3-20　枸杞含水率的实时曲线和瞬时蒸发速率曲线

干燥过程明显分为快速升温干燥、恒速干燥和降速干燥三个阶段。快速升温阶段约 1h，温度快速上升并伴随着瞬时蒸发速率剧增；恒速阶段约 6h，此时干燥设定温度为 42～45℃，干燥速率趋于平稳；降速阶段约 16h，该阶段是干燥的主要过程，约为整个干燥周期的 2/3。与此同时，当干燥时长达到 7h 时，水分含量降低至 50%，此时瞬时蒸发速率出现第三高点后的急剧下降，进入降速干燥阶段，而现有工艺温度设定为烘干时长 8.5h 时从 42℃升至 45℃，说明其干燥工艺较为合理，但还可根据不同品种、不同季节的枸杞，以初始含水率为重要指标进一步优化。

为此将太阳能-热泵耦合干燥工艺进行提效优化，具体如表 3-9 所示，以水分含量降低至 50%节点调整干燥工艺温度和升温时间。优化后，从原工艺 27h 含水率 16%，降到 19.5h 含水率 16%（24h 含水率 12%），干燥效率提高约 27%，具体干燥曲线如图 3-21 所示。

表 3-9　提效干燥工艺参数表

工艺阶段	1	2	3	4	5	6
干球温度/℃	38	42	45	48	52	55

续表

工艺阶段	1	2	3	4	5	6
湿球温度/℃	29	28	28	27	27	26
干燥时长/min	120	180	240	300	360	240

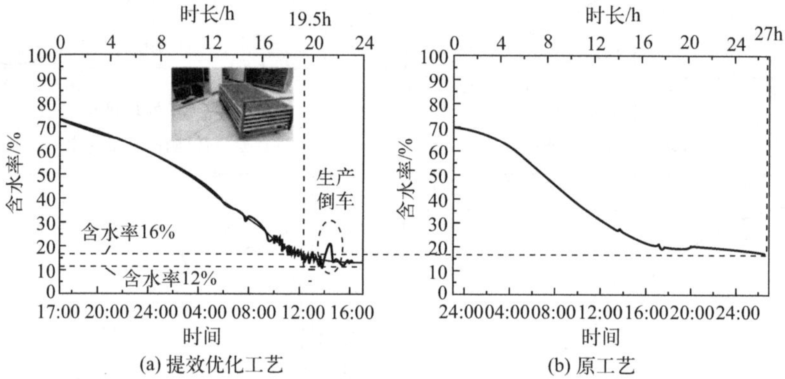

图 3-21　提效优化工艺与原工艺的干燥曲线对比

(4) 太阳能集热器情况

太阳能集热器采用了中科院广州能源所研发的耐候性太阳能选择性吸热复合薄膜，当天干燥时长与太阳能集热器温度如图 3-22 所示。

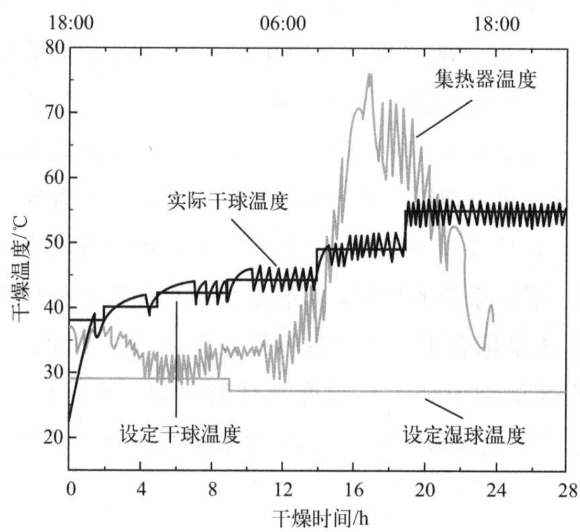

图 3-22　集热器温度与太阳能-热泵耦合烘房干、湿球温度

分析发现，在白天集热器出风口温度有 7h 是高于设定烘房温度的，但工作

于较高工艺温度 50～55℃的时段，最高峰值温度达到 75℃，温度波动性大，会影响枸杞的干燥品质。但在温度控制良好的条件下，则有大量的太阳能被滞留浪费，说明进行一定的启动时段优化和峰值蓄热非常必要。

（5）不同系统干燥能耗的对比

以干燥系统实际所消耗的电能进行计算，即每个烘干室电表前后读数的差值，如图 3-23 所示。三种不同的干燥方式中，太阳能-热泵耦合干燥的能耗是最低的，但相对于热泵干燥来说节能并不明显。除受天气影响外，太阳能集热器积灰严重也影响其节能表现，导致系统能耗反而升高。对热泵参数进行优化后其干燥能耗也有进一步的降低。另外进行 7：10、8：50、12：00、15：10、18：00 不同启动时段的实验，对比系统实时能耗，最佳启动时间为早上 7：00。

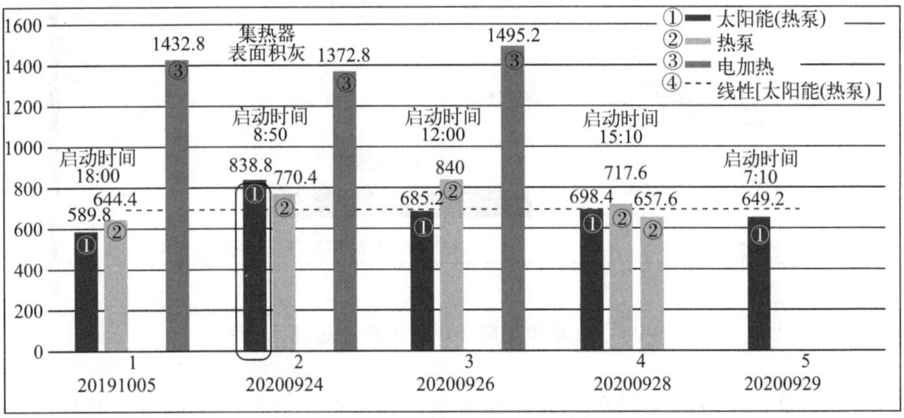

图 3-23　不同干燥模式下的干燥能耗

3.3　热泵-电场耦合干燥

3.3.1　高压电场干燥原理

电流体动力学干燥又称高压电场干燥，是一种利用高强度电场来加速物料内部水分蒸发的新型干燥技术，可以在不使用额外热量的情况下对物料进行干燥。电流体动力气流是通过在发射极（如细线或细针）和接地集电极（如板）之间产生高电压差而产生的，如图 3-24 所示。由于高电压和发射极的大曲率，其周围的空气被局部电离并产生电晕放电。离子被库仑力加速并向接地的集电极移动。离子向收集器漂移及其随后与中性空气分子的碰撞产生电晕离子风，这种气流通过增加对流传质率来增强从湿产品中去除水分的能力。另外，高强度电场使物料内部的水分子发生极化现象，导致水分子排列趋于一致，降低结合能使水分更易蒸发。同时，电场产生的焦耳热效应使水分子高速振动，摩擦生热，迅速提高物料温度，从而加速水分蒸发。电场还使水分子定向迁移，加速水分传递，破坏物料内部毛细管力，促进水分逸出。

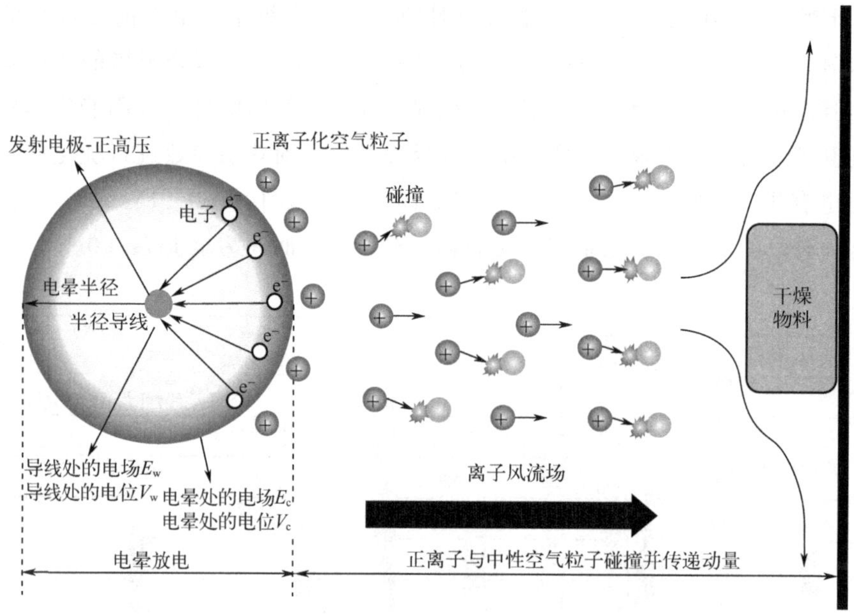

图 3-24　电晕放电离子风气流产生过程示意图

然而，单一的电场干燥在处理一些复杂物料时可能会产生局部过热现象，导致物料品质下降。因此，基于热泵干燥和高压电场干燥技术各自的优点，考虑将两种技术结合，形成热泵-电场耦合干燥技术。联合干燥不仅能显著缩短干燥时间，提高能效，还能确保物料质量的稳定性和一致性，减少能耗和环境影响，是一种高效、保质、节能、环保的干燥技术，适用于处理各种复杂和高附加值的物料。

3.3.2　干燥装备设计

本节设计搭建的热泵-高压电场联合干燥试验系统主要由三部分构成，分别为热泵系统、干燥系统以及控制系统。图 3-25 为热泵-高压电场耦合干燥系统原理流程图，该试验装置为带有补气增焓功能的双蒸发器开闭式结合热泵干燥系统，可实现闭式热泵干燥和空气源热泵加热排湿干燥。在热泵干燥中，由风机将热泵系统的冷凝器产生的热量送入到干燥室当中，同时将高压电场装置引入干燥室内，对干燥室内的物料进行电场干燥，实现热泵与高压电场的联合干燥。闭式热泵干燥循环为本实验气流组织的主要循环方式。干燥过程包括快速加热阶段以及除湿阶段：在快速加热阶段时外置蒸发器工作，冷凝器快速加热空气，空气被加热后进入干燥室干燥物料，实现快速升温，为外循环快速加热阶段；当干燥室当中的温度达到所设定的温度后，外置蒸发器切换为内置蒸发器进行工作，进入内循环，完成除湿循环阶段。

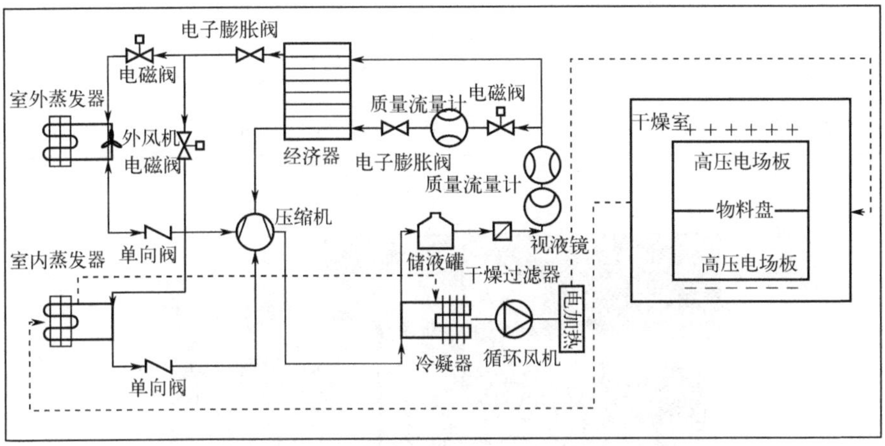

图 3-25　热泵-高压电场耦合干燥系统原理图

系统主要设备包括压缩机、冷凝器、膨胀阀、蒸发器、储液罐、板式换热器、质量流量计、风机、电子天平、温湿度传感器、物料支架、风速控制器、止回阀、电磁阀等，系统主要设备以及相关参数见表 3-10，图 3-26 为系统实物图。

表 3-10　热泵-高压电场耦合干燥设备参数

设备名称	型号	参数
压缩机	变频补气增焓压缩机	压缩机额定制热量为 3.558kW，压缩机功率为 970W，排气量为 10.2cm^3/REV
冷凝器	平铝翅片铜管式换热器	总换热面积为 9.64m^2，冷凝器阻力为 47.76Pa
膨胀阀	ETS6-10	进出口尺寸均为 7.94mm，额定制冷量为 2kW
	ETS6-14	进出口尺寸均为 7.94mm，额定制冷量为 3kW
除湿蒸发器	平铝翅片铜管式换热器	总换热面积为 4.2m^2，除湿蒸发器阻力为 27.19Pa
外置蒸发器	平铝翅片铜管式换热器	总换热面积为 8.62m^2，外置蒸发器阻力为 69.19Pa
储液罐	JHC-1HP	1L

续表

设备名称	型号	参数
经济器	0.5 P 板式换热器	额定换热量 1.25kW
风机	FA-40 型风机	风量为 $1400m^3/h$，扇叶直径 400mm，转速 1400r/min
	轴流循环风机	风量为 $1800m^3/h$，扇叶直径 333.3mm，转速 1400r/min
高压电场发生器	ZA-120K	精度：1kV；工作范围：0～120kV
三相电测量仪	PM9833A	精度：0.05%；工作范围：0.0001～12kW

图 3-26　热泵-高压电场耦合干燥系统实物图

热泵-高压电场耦合干燥设备电场模块主要由高压电场发生器（图 3-27）、电参数计量仪、针电极、接线板、地线组成。高压电场的放置形式为针-板式，针电极的摆放数目分别为 1、3、5 根，针尖与物料的间距为 10cm。针电极的固定平面为边长为 500mm 的正方形，每条边被均分为 5 份。

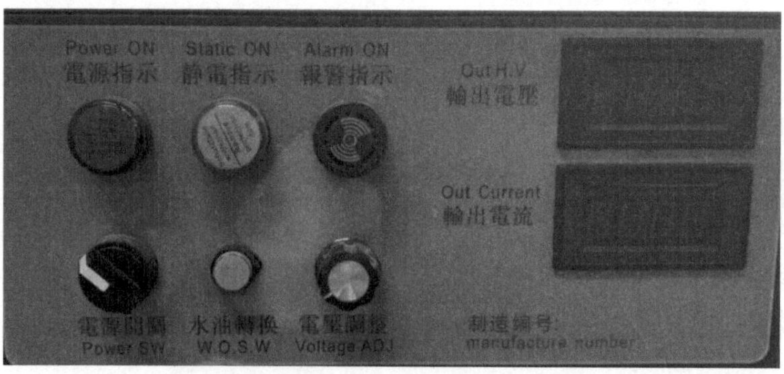

图 3-27　高压电场发生器

为保证高压电场能够均匀地遍布干燥物料，必须使针电极均匀分布。针电极为 1 根时，放置于固定平面中心，即对角线交点。针电极为 3 根时，其与边的距离分别为 150mm 和 250mm。针电极为 5 根时，中心电极位于对角线交点，其余 4 根与边的距离为 150mm，摆放形式如图 3-28 所示。

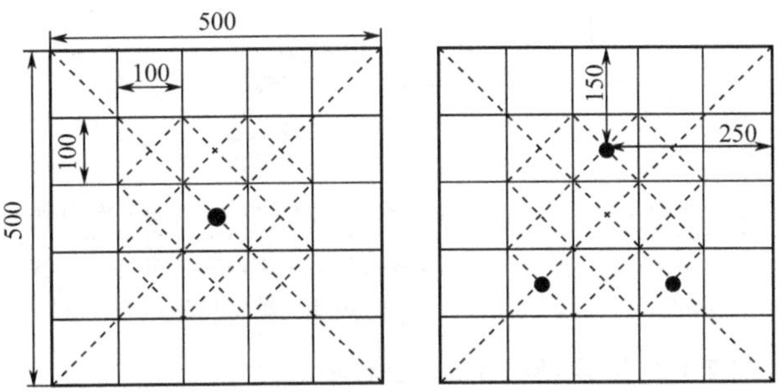

图 3-28　电极摆放形式

3.3.3　胡萝卜干燥实验研究

(1) 胡萝卜干燥特性

不同电压和温度条件下的湿基含水率随时间的变化曲线如图 3-29 所示。相同电压条件下的干燥时间会随着温度的上升呈现出下降的趋势。低温度条件下的干燥时间随电压的升高逐渐下降，而在较高温度时，这一现象并不明显。不同电压和温度下的干燥时间如表 3-11。结合图与表可知，在相同电压条件下，干燥温度为 50℃ 时干燥时间最长，较温度为 70℃ 时的干燥时间延长 23.1%～36.8%；在相同温度条件下，热泵-高压电场耦合干燥所需的干燥时间较单热泵干燥最大可缩短 16.7%～31.6%。单热泵干燥于 60℃、70℃ 时的干燥时间分别与耦合干燥于 50℃-50kV、60℃-75kV 和 100kV 条件下的干燥时间相同。原因在于，高压电场产生的离子风可加快胡萝卜片内部水分迁移至表层的速率，增加水分迁移速度。对于较低的热泵干燥温度，电场强度越大，水分子所受到的离子风越大，水分子的运输速率随之加快，扩散速率以及蒸发速率变大。然而随着干燥温度的升高，干燥时间随电压升高而缩短的现象不再明显。当干燥温度为 70℃ 时，电压的升高对于干燥速率的促进无明显作用，因为当干燥温度较高时温度提供的能量已经足够弥补水分迁移所需的能量。

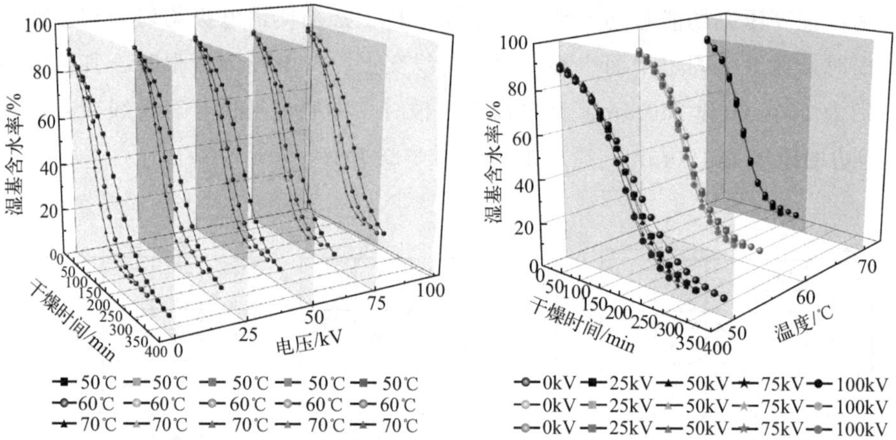

(a) 不同电压下的湿基含水率

(b) 不同温度下的湿基含水率

图 3-29 胡萝卜热泵-电场耦合的湿基含水率

表 3-11 不同条件下的干燥时间 单位：min

温度/℃	电压/kV				
	0（单热泵）	25	50	75	100
50	380	320	300	280	260
60	300	260	260	240	240
70	240	200	200	200	200

图 3-30 为不同电压和温度条件下干燥速率的变化曲线。干燥速率随着干基含水率的减小而降低。在相同电压条件下，干燥速率随着温度的上升呈现出逐渐上升的趋势；较低温度下联合干燥的干燥速率较单热泵有明显提升，并且随着电压的增大，干燥速率也增加，但增幅较小。然而，随着电压升高，同温度下的联合干燥速率和单热泵干燥速率相比具有显著区别。这说明附加电压对低热泵干燥温度下干燥速率的提升有较大作用。单热泵干燥温度为 60℃、70℃时，干燥速率趋势分别与联合干燥于 50℃-50kV、60℃-75kV 和 100kV 条件下的干燥速率趋势较为相似。这说明联合干燥可以在保证干燥速率的前提下有效降低干燥温度，这对于热敏性的物料具有潜在性的优势。

（2）干燥品质

β-胡萝卜素是一种天然的橙色颜料，存在于胡萝卜中。作为维生素 A 的前体，β-胡萝卜素在保护视力和增强人体免疫系统方面发挥着重要作用。热泵-电场耦合干燥胡萝卜的 β-胡萝卜素含量如图 3-31 所示。在相同条件下，β-胡萝卜素含量与干燥温度成反比。此外，当温度从 60℃升高到 70℃时，β-胡萝卜素含量急

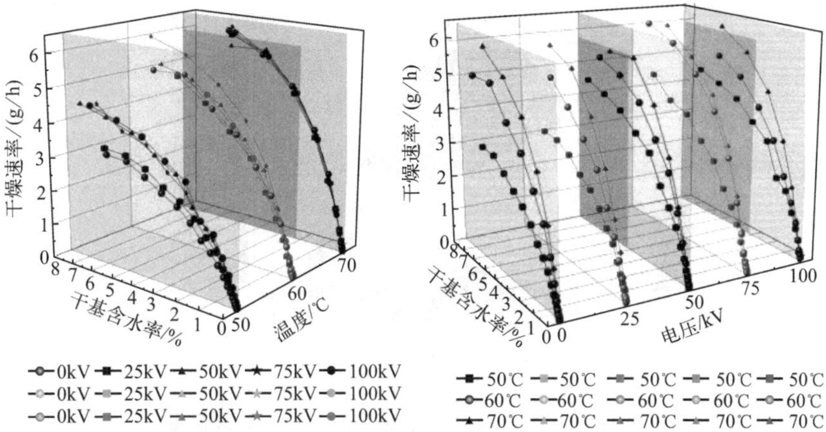

(a) 不同电压下的干燥速率　　(b) 不同温度下的干燥速率

图 3-30　胡萝卜热泵-电场耦合干燥速率

剧下降。这是由于β-胡萝卜素的不稳定性，它在高温下降解，而高温还会促进胡萝卜中各种成分的氧化。当温度达到 70℃时，成分遭受显著损害。

相同温度下，β-胡萝卜素含量与电压在一定程度上成正比，当电压达到 75kV 时β-胡萝卜素含量达到峰值。然而，当电压继续提升，β-胡萝卜素含量急剧下降。这表明在联合干燥条件下，离子风在一定程度上可以抑制β-胡萝卜素的降解。由于电场干燥的特性，高压电场的存在会直接作用于物料内部，提升物料内部的内能。当电压过高时，能量积累使胡萝卜内部温度升高，从而导致有效成分破坏。

黄酮类化合物是植物酚类中最大类别，主要包括黄酮、黄酮醇、黄烷酮、黄烷醇和花色素等。与酚酸类化合物相同，黄酮类化合物容易受干燥工艺的影响在干燥过程中发生质与量的变化。常规干燥操作（例如晒干、热风干燥）通常均会引起黄酮类化合物的保留率下降，从而导致物料品质有所降低。分析发现黄酮类化合物含量降低的原因主要包括以下四点：第一，高温降解，例如染料木素、葛根素和染料木苷等黄酮类化合物均对温度敏感，干燥过程中物料温度升高而发生降解导致含量损失；第二，氧化降解，干燥导致物料内部组织结构的改变和破坏，增加了黄酮类化合物与氧气接触的机会，所以热风干燥等以空气作为干燥介质的干燥方式容易导致黄酮类化合物被氧化降解；第三，黄酮类化合物合成酶破坏，高温同样会破坏黄酮类化合物合成酶的结构和活性，导致部分化合物无法合成，从而降低其含量；第四，光降解，对光敏感的黄酮类化合物会在自然晒干时发生光降解导致含量损失严重，例如芦丁和木犀草苷等。

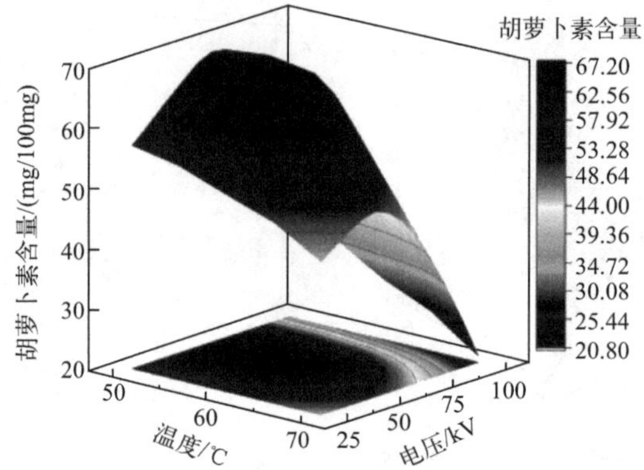

图 3-31 热泵-电场耦合干燥下的β-胡萝卜素含量

3.4 热泵-微波耦合干燥

3.4.1 微波干燥原理

任何物体的温度高于热力学零度，就会发射电磁波。根据电磁波的波长或频率，可以将电磁波分为γ射线、X射线（伦琴射线）、紫外线、可见光、红外线（近红外与远红外）、中波与短波、微波等，具体如图3-32所示。

微波是指波长范围为0.001～1m、频率介于0.0003～300GHz的电磁波，具有易于集聚成束、高度定向性以及直线传播的特性。微波频率比一般的无线电波频率高，通常也称为超高频电磁波。微波作为一种电磁波具有波粒二象性，基本性质通常呈现为穿透、反射、吸收三个特性。对于玻璃、塑料和瓷器，微波几乎是穿越而不被吸收；对于水和食物等就会吸收微波而使自身发热；而对金属类物质，则会反射微波。物质吸收微波的能力，主要由介质损耗因数来决定。介质损耗因数大的物质对微波的吸收能力强；相反，介质损耗因数小的物质吸收微波的能力弱。由于各物质的损耗因数存在差异，微波加热表现出选择性加热的特点。不同物质产生的热效果不同。水分子属极性分子，介电常数较大，其介质损耗因数也较大，对微波具有强吸收能力。而蛋白质、碳水化合物等的介电常数相对较小，其对微波的吸收能力比水小得多。因此，对于食品来说，含水量的多少对微波加热效果影响较大。

微波加热物料的方式与电加热或者蒸汽加热这些传统加热方式不同，是由材料吸收微波能量并将其转化为热量的能力引起的。具体而言，电磁波使物料内部的极性分子发生极化，分子发生剧烈运动，增大分子间摩擦，从而加热干燥物

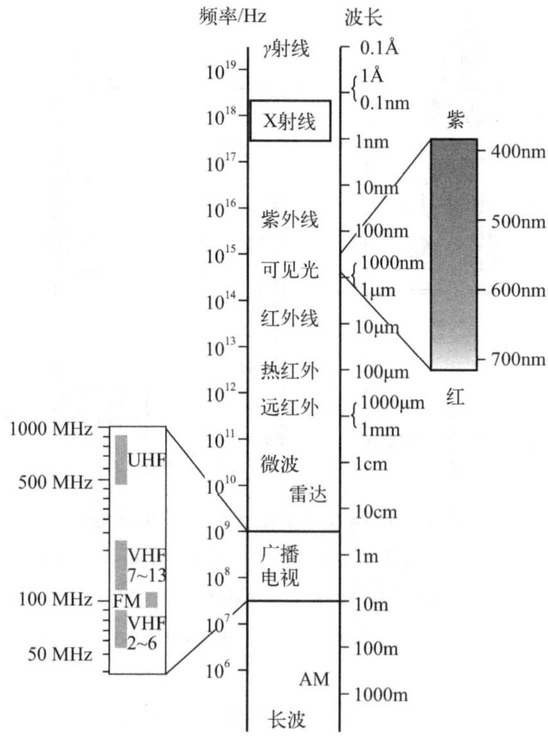

图 3-32　电磁波谱图

料。这种特别的热效应会使得微波干燥的效率较高。微波对介质材料是瞬时加热升温，升温速度快，且微波的输出功率随时可调，介质温升可无惰性地随之改变，不存在“余热”现象，有利于自动控制和连续化生产的需要。另一方面，研究表明微波干燥也存在一些非热效应，会引起物料蛋白质结构发生变化，促进某些化学反应的发生，阻断某些细胞发生繁殖，降低产品品质。

微波干燥可以有效防止食品物料产生严重的收缩形变，与其他干燥方法相结合可以实现优势互补。热泵-微波耦合干燥技术具有能耗低和产品干燥后质量好、效率高同时能杀菌的优点，目前广泛应用于蔬菜、瓜果、药用植物、粮油作物等物料。

3.4.2　干燥装备设计

开发的 ORW2.0S-3000R 热风微波滚动床干燥装备如图 3-33 所示。热风微波滚动床干燥装备主要包括微波装置、热风装置、滚动床装置、控制系统等。其中微波装置主要包括微波源、谐振腔等；热风装置主要包括鼓风机、加热器、布风管等；滚动床装置主要包括滚筒、驱动电机等；控制系统主要包括控制屏、PLC 控制器、红外温度传感器等。

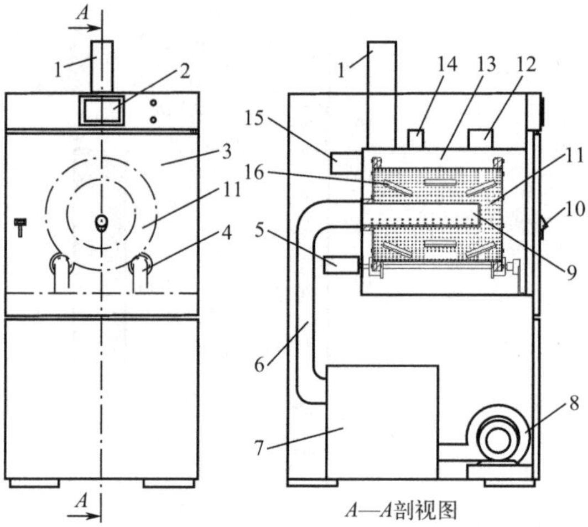

图 3-33 热风微波滚动床干燥装备示意图

1—排气管；2—控制屏；3—前门；4—支撑轮；5—驱动电机；6—热风管；7—加热器；8—鼓风机；9—布风管；10—红外温度传感器；11—滚筒；12—微波源 A；13—谐振腔；14—微波源 B；15—PLC 控制器；16—拨片

滚筒是整个干燥设备的核心部件，为了使物料实现在滚筒内混合更加均匀，对物料在滚筒内部的转运过程进行仿真并优化了滚筒内部拨片排布，优化后滚筒内部拨片排布如图 3-34 所示。拨片随滚筒转动，可将 a 处的物料集中到 b 处，b 处的物料可以被分配到 c 处，c 处的物料可以集中到 d 处，如此循环往复，使物料混合更加均匀。

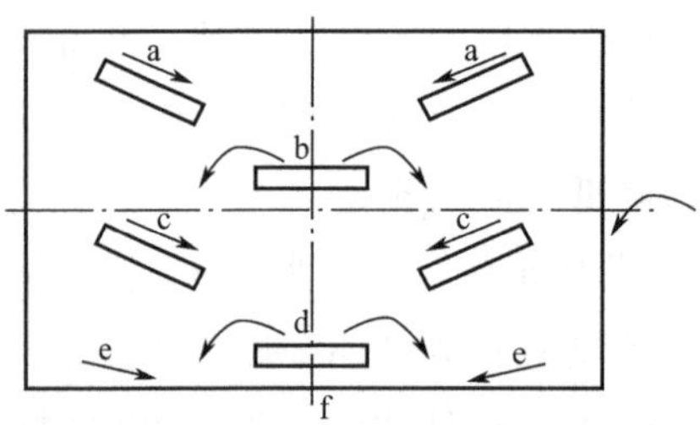

图 3-34 滚筒内部拨片排布图

3.4.3 菌类干燥实验研究

（1）干燥特性

热风-微波滚动床干燥（Hot Air-Microwave Rolling Bed Drying，HMRD）、热风-微波耦合干燥（Hot Air-Microwave Drying，HMD）和微波滚动床干燥（Microwave Rolling Bed Drying，MRD）三种干燥方法的菌类干燥特性曲线如图 3-35 所示。当干基含水率达到 0.2%时，HMRD、HMD 和 MRD 的干燥时间分别为 80min、100min 和 120min。结果表明，热风和滚动均能加快干燥进程。在 0～40min 内 HMRD 的干燥速率明显大于 HMD 和 MRD，这是因为滚动床内部的拨片使典型菌类颗粒处于翻滚、抛撒状态，物料与热风接触面积增大，物料表面的水蒸气被迅速带走，同时热风还为典型菌类的干燥提供了能量。

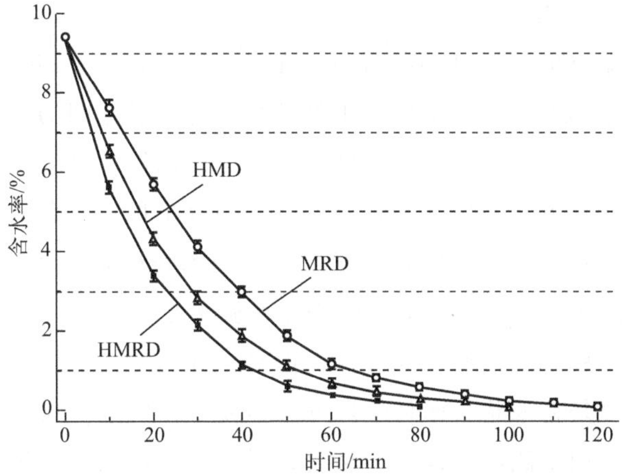

图 3-35　HMRD、HMD 和 MRD 干燥方法的菌类干燥动力学

（2）物料温度分布特性

热像图如图 3-36 所示，颜色越深表示温度越高。三种干燥方法中，物料温度均随干燥时间的增加而升高。相同的干燥时间内，热风微波的物料中有很多热点，说明局部温度过高，干燥不均匀；微波热风滚动干燥的物料温度分布最均匀。说明滚动有助于提高微波干燥的均匀性。

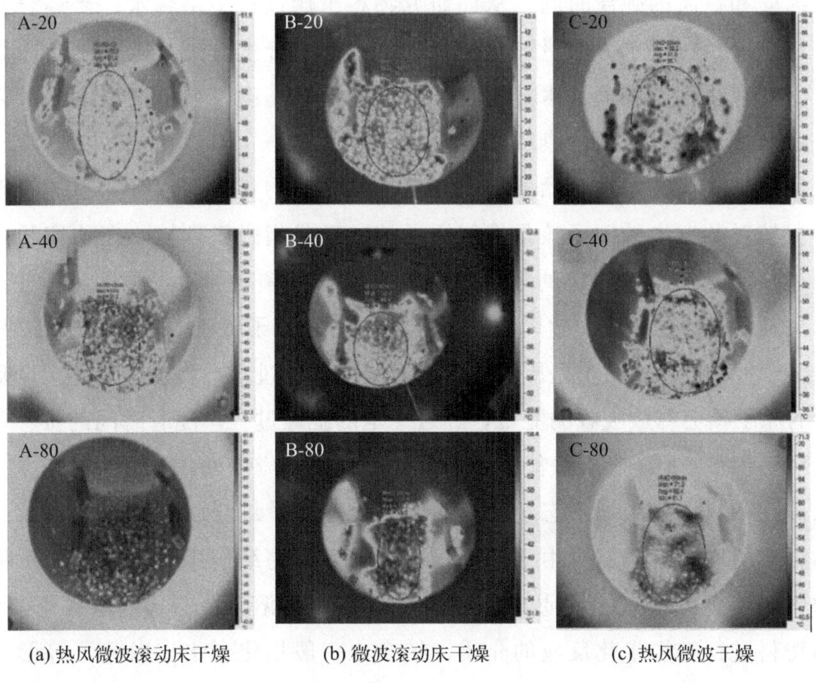

(a) 热风微波滚动床干燥　(b) 微波滚动床干燥　(c) 热风微波干燥

图 3-36　干燥过程中不同干燥方式热分布图

(3) 水分迁移特性

低场核磁共振(low field nuclear magnetic resonance，LF-NMR)是指磁场强度比较低的核磁共振仪器，主要用于测试分子与分子之间的动力学信息，通过弛豫时间得到分子运动信息、分子与分子之间的作用信息等。研究领域属于分子之间的亚微观领域，可测定玻璃态转化温度、高分子材料交联密度、造影剂弛豫率、孔径分布及孔隙度等。按磁场强度可分为高场强核磁(＞3T)、中场强核磁(1～3T)、低场强核磁(0.1～1T)和超低场强核磁(＜0.1T)。高场核磁具有高灵敏度、高分辨率、高信噪比等优点，但是对样品均匀度要求高，液体需要去离子化、固体需要是粉末状，而且仪器安装需要专用场地，仪器需要液氮或液氦冷却；低场核磁使用永磁体，设备小型化，灵活易于移动，维护简单，易与其他设备或配件整合，满足在线高通量测试要求，适合在线过程检测、工业品控和质检。低场核磁共振技术主要基于四个方面进行样品分析与检测，包括基于信号幅值的分析检测、基于图像(信号二维分布)的分析检测、基于弛豫时间的分析检测、基于扩散系数的分析检测。低场核磁共振技术广泛应用于食品工业、石油工业、医药工业、聚合物工业等，成为一种重要的分析测试工具。

低场核磁共振技术同样常用于分析干燥物料内部水分的迁移规律，其工作原理是在稳定的低场强磁场中施加脉冲电磁波，通过检测物料水分中质子的运动情况以及纵向和横向的弛豫时间，从而研究物料干燥过程中结合水、半结合水和自由水的状态以及对应水分含量的变化特性。由于结合水直接与大分子基团以氢键结合，受到束缚程度较大，水分运动性较弱，衰减速度较快；而自由水游离在结构以外，水分运动性较强，衰减速度较慢。

低场核磁共振技术在食品领域的意义在于区分物料内部水分存在的状态及迁移规律。核磁共振中的原子核是指氢原子核。磁是指磁场环境，在均衡稳定的磁场里面，氢原子核会以固定的频率发生进动，进动频率与磁场强度成正比。当外加频率与氢原子核在磁场中的固有频率相等时，氢原子核吸收能量发生核磁共振。核磁共振发生的过程，其实是原子核吸收射频能量的过程，当射频脉冲关闭后，吸收能量的原子核会释放吸收的能量，经过一定的弛豫过程，随着时间的推移，最终恢复到平衡状态。原子核释放能量所需要的时间就对应核磁共振弛豫时间。

水分在物料中的束缚形态包括自由水、物理化学结合水和化学结合水。自由水和结合水的区别在于：自由水一般指游离水，以毛细作用的形式存在于物料内部间隙中，具有普通水的性质，易于蒸发且能作为溶剂，在0℃条件下易结冰，是食品物料进行一切生化反应的介质；结合水一般指化合水，以分子等形式存在于化合物或矿物中。弛豫时间与水分状态和质子化学环境密切相关。核磁共振结果中无量纲积分面积是干燥样品中氢质子的数量总和，曲线峰值所覆盖的积分面积即为对应状态水分含量。小于 10ms 的峰值是化学结合水。另外两个峰 10～100ms 和 100～1000ms 分别是半结合水（物理结合水）和自由水。

菌类内部水分分为结合水（0.1＜T21＜1ms）、不易流动的水（1＜T22＜10ms）和自由水（T23＞10ms），具体如图 3-37 所示。随着干燥的推进，T2 峰逐渐向左移动，T23 峰逐渐减小，T22 峰先增大后减小。干燥结束时，T21 峰成为最大的峰。自由水转化成结合水和不易流动的水，不同干燥方式下，典型菌类中水分转化的效率不同。为了更清晰地解释水分迁移变化规律，分别对 A2、A21、A22 和 A23 进行了研究。

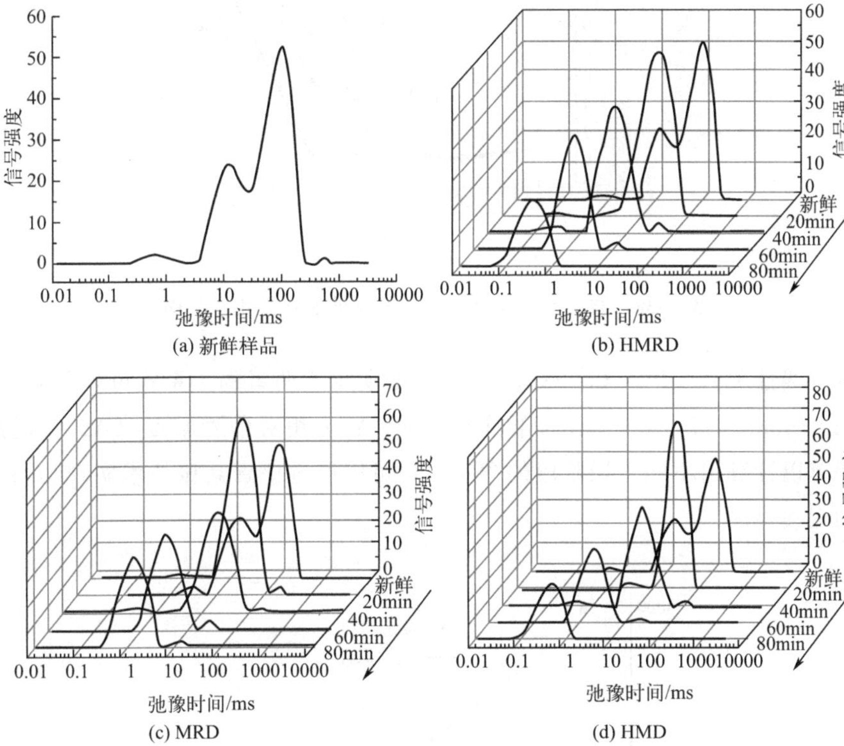

图 3-37　不同干燥过程中水分变化图

自由水、结合水和不易流动的水变化趋势如图 3-38 所示。自由水 A21 随着干燥时间推进而减少，不易流动的水 A22 随干燥的推进先增大后减小，说明部分自由水转化成了结合水；结合水 A23 随干燥推进不断增加。说明干燥结束时典型菌类内部留下的主要是结合水。

将同一时刻的信号量（A2）和干基含水率进行线性回归分析，二者之间存

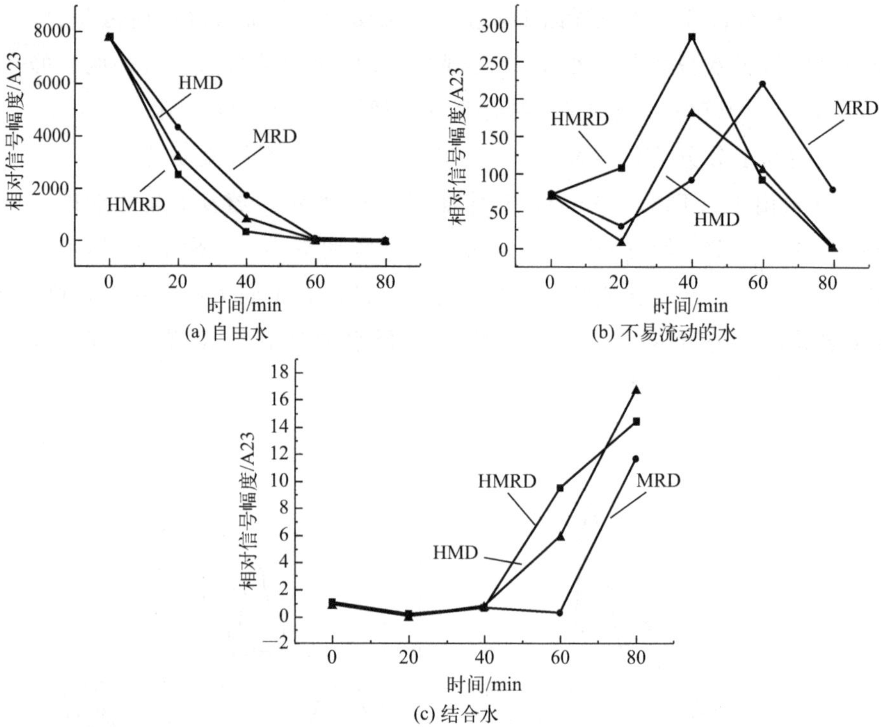

图 3-38 自由水、结合水和不易流动的水变化趋势图

在显著的线性关系（$R^2=0.993$），如图 3-39 所示。两者的关系式可表示为：$Y=860.52X-382.477$，其中 X 为干基含水率，Y 为相对信号幅度（A2）。通过回归方程可以计算出不同干燥阶段的含水率，可以通过核磁共振技术实现物料水分含量的无损检测。

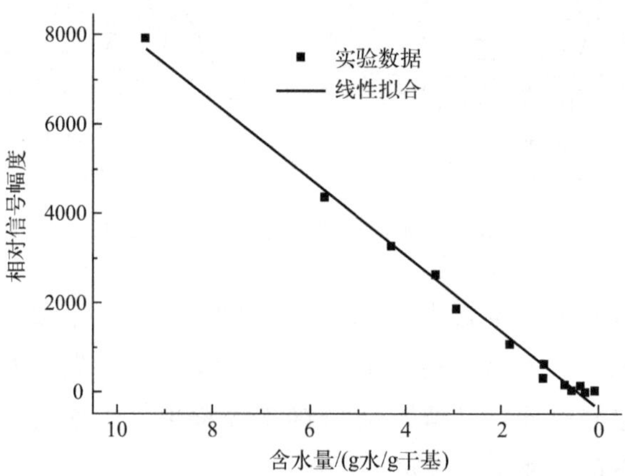

图 3-39 水分迁移变化模型

(4) 水分分布特性

磁共振成像（Magnetic Resonance Imaging，MRI）利用了核磁共振原理。依据所释放的能量在物质内部不同结构环境的衰减，通过外加梯度磁场检测所发射出的电磁波，即可得知构成这一物体原子核的位置和种类，据此可以绘制成物体内部的结构图像。图中样品越亮，氢质子的活性越强，表示水分含量越高。

从图 3-40 中可以看出，样品的亮度基本处于同一水平，新鲜典型菌类水分分布均匀。图中样品的亮度 D＞C＞B，再次证明了热风会加快干燥速度。其中一个典型菌类颗粒与另外典型菌类颗粒的颜色分布明显不同，可以推断 HMD 工艺是不均匀的。此外，图中样品中间的颜色比周围的颜色更深。这是因为在微波干燥过程中，物料在含水率较高的地方迅速加热，物料核心产生大量水蒸气，从而产生物料内外的有效气压差。这可以促进水从内部向材料边缘迁移的过程，说明微波干燥过程中，水分的减少是由内到外的过程。

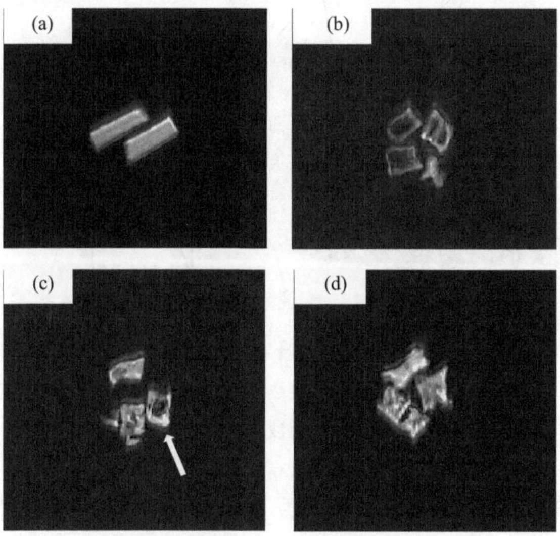

图 3-40　40min 时典型菌类干燥 MRI 图

(a) 新鲜菌类；(b) HMRD；(c) MRD；(d) HMD

3.5　多能互补干燥

3.5.1　多能互补干燥系统设计

(1) 总体结构设计

多能互补干燥方案采用热风烘干为主，中短波红外烘干为辅的烘干方式，联合太阳能、热泵来完成烘干作业，通过风机将热空气送入干燥室内不断循环实现物料干燥。太阳能可以减少常规能源的消耗，大功率空气源热泵为主要热能，中短波红外线可以加快物料后期干燥速度，PLC 控制器对不同干燥阶段的热风温湿度进行控制，排湿风机将烘干室内的水蒸气排出，同时开启进气风机进气，保持烘干室内气压的平衡。

烘干房主体框架主要由槽钢和角钢构成，中间填充岩棉夹芯板，能起到防火保温隔热的作用。烘干房顶面和前面安装真空玻璃，阳光透过真空玻璃照射到烘干室内，加热室内的空气，真空玻璃内真空区域和玻璃膜层的作用，能大幅降低传热系数，起到集热保温的作用。烘干房内部安装有中短波红外灯、大流量轴流风机、多翼离心通风机、进风排湿风机和温湿度一体传感器等部件。图 3-41 为烘干房示意图。

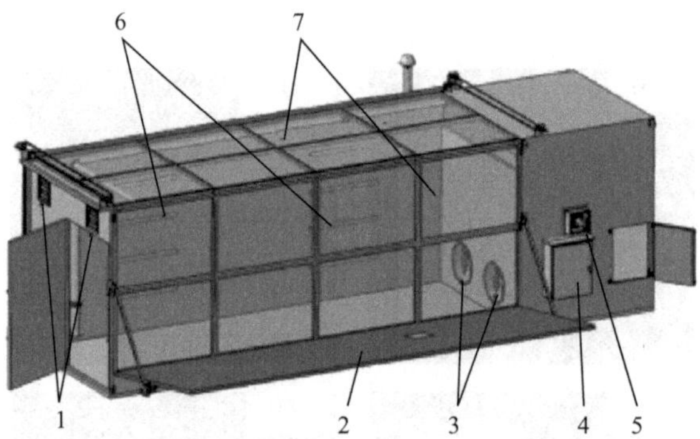

图 3-41　烘干房主体结构

1—排湿风机；2—太阳能拓展集热板；3—循环风机；4—电控箱；
5—进气风机；6—中短波红外灯；7—真空玻璃

以南京地区为例开展食用菌的多能互补干燥系统研究。物体表面所接收的太阳辐射主要由直接辐射、散射辐射（天空的漫射）、地表反射三部分组成。水平面上的太阳辐照量可以通过气象部门历史数据直接查出。平板型集热器吸热板当天吸收到的太阳辐射能 Q_A 由下式计算：

$$Q_A = A_a(\tau\alpha)H_P \tag{3-32}$$

式中 Q_A——太阳辐射能，MJ；

A_a——集热面积，m^2；

τ——钢化玻璃的太阳光透过率；

α——吸热板的太阳吸收率；

H_P——水平面日太阳总辐照量，MJ/m^2。

夏至时，南京晴天的水平面日太阳总辐照量 H_P 为 27.44MJ/m²，另外再设拓展集热板，集热面积 A_a 为 60m²，钢化玻璃的太阳光透过率 $\tau=0.95$，吸热板的太阳吸收率 $\alpha=0.95$，计算太阳辐射能为 1485.876MJ。

图 3-42 为真空平板玻璃的结构示意图，它是一种失热率低、透射率高、夹层式的组合玻璃。利用两块厚度为 5～6mm 的洁净钢化玻璃，在夹层中按一定排布方式布置，使两块玻璃始终保持 0.1～0.5mm 的间距。四周用低熔点焊料加热封接，并抽真空，形成隔音阻热的真空夹层，使其内部的热对流换热损失减到最小，并且在真空玻璃上镀上合适的膜层，进一步减少热辐射及热传导。

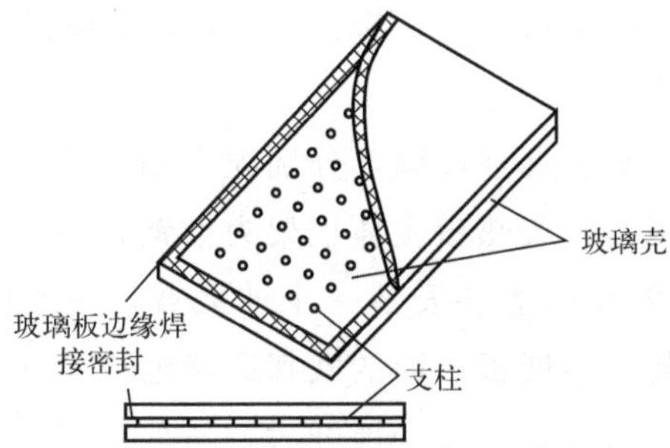

图 3-42　真空平板玻璃结构示意图

新鲜香菇含水率为 85%左右，香菇储藏安全湿基含水率为 13%。每小时理论除湿量由式（3-33）和式（3-34）计算。根据计算 2t 香菇干燥蒸发水分质量为 1655.17kg，假设干燥 10h，除水速率 W_{water} 为 0.046kg/s。

计算热泵干燥系统每小时理论除湿量：

$$M_2=M_1\frac{1-m_1}{1-m_2} \tag{3-33}$$

$$g_w=\frac{M_1-M_2}{\tau} \tag{3-34}$$

式中　g_w——热泵干燥系统单位小时除湿量，kg/h；

M_1——初始的物料质量，kg；

M_2——终了的物料质量，kg；

m_1——物料初始的含水率，%；

m_2——物料终了的含水率，%；

τ——干燥时间，h。

假设恒速干燥阶段送风温度 60℃、相对湿度 20%，回风 50℃、相对湿度 55%，查空气焓湿图，标准大气压下，送风含湿量 d_1 为 25.48g/kg，回风含湿

量 d_2 为 44.65g/kg，则干燥所需干空气质量流量由式（3-35）计算。计算干空气消耗速率为 2.398kg/s。

$$L=\frac{W_{water}}{d_1-d_2} \tag{3-35}$$

式中 L——干空气质量流量，kg/s；

W_{water}——除水速率，kg/s；

d_1——送风含水量，g/kg；

d_2——回风含水量，g/kg。

根据干空气消耗速率选择风机，本装备使用 7 个轴流风机，1 个 WFY5-47 多翼离心通风机，2 个 SFG5-4 低噪声节能大流量轴流风机，4 个 XG-3 工业用负压风机。

烘干房顶面跟正面安装真空玻璃，分别配有相应的拓展板和遮阳布。安装在烘干房正面的太阳能拓展集热板主体框架为槽钢，覆以岩棉夹芯板，安装位置如图 3-43 所示。拓展板两边各安装一个伸展臂，一端的滚子固定在一根转动轴上，转动轴与安装在拓展板一面的欧邦调速电机相连，伸展臂上的另一端滚子固定在烘干房上，当伸展臂完全展开时，拓展板最大展开角度 80°。拓展板的另一面安装有反光板，如果光照充足，可展开拓展板，将阳光反射进干燥室内，提高室内温度，若是光照不足可以收回拓展板，起到隔热保温的作用。

图 3-43 拓展板示意图

烘干房顶面和背面的两端共安装了 8 个立式轴承座，8 个 3 分 25 齿链轮焊接有长短不一的轴，分别与相应轴承座匹配，烘干房每侧的轴承座为一组，通过 3 分单侧弯板单孔链条连接，烘干房背面底部中间安装有第 9 个轴承座，通过两根轴分别连接两侧底部的轴承座，底部轴承座下方安装另一台欧邦调速电机，通过齿轮与链轮啮合。遮阳布选用 PE 防雨布，防晒隔热，三根铝合金方管分别固定在遮阳布的上中下部位，解决布料柔软易塌陷的问题。遮阳布的两端固定在两侧 3 分链条的单侧弯板上，当烘干房内的温度过高不需要额外光照时，可以通过电机转动将遮阳布盖到顶面真空玻璃的上面，如图 3-44 所示，起到防晒降温的作用；当天气不好光照不足时，也可以将其盖到顶面，起到一定的保温作用，减少热量损失。

图 3-44 遮阳布示意图

(2) 控制系统设计

烘干房控制系统由硬件和软件组成。硬件主要由控制模块、执行模块和传感器模块组成，外加空气开关等保护元件。控制模块使用西门子 PLC 为控制器，包括 CPU、模拟量扩展模块、触摸屏；执行模块主要为各路继电器；传感器模块由温湿度传感器、光照度传感器组成。

控制系统以 PLC 控制器为主机，输入信号 10 个，输出信号 9 个，其 I/O 端口定义如表 3-12 所示。输入信号由传感器信号、启停和限位开关信号组成，完成对温湿度的监测、热泵的电源开闭等。输出信号由各路继电器和接触器信号组成，所选 PLC 为继电器输出型，为抗干扰和保护 PLC 的输出端，在控制各路电机的接触器和 PLC 输出点之间加中间继电器，由 PLC 控制中间继电器的线圈，中间继电器控制接触器的线圈，接触器再去控制相应的电机。PLC 控制器接线图如图 3-45 所示。

表 3-12 PLC 的 I/O 定义

输入信号	实际含义	输出信号	实际含义
I0.0	拓展集热板上限位开关	Q 0.0	热泵继电器
I0.1	拓展集热板下限位开关	Q 0.1	中短波红外继电器
I0.2	防雨布上限位开关	Q 0.2	排湿进气风机继电器
I0.3	防雨布下限位开关	Q 0.3	循环风机继电器
I0.4	热泵开关	Q 0.4	拓展集热板电机左转继电器
I0.5	中短波红外灯开关	Q 0.5	拓展集热板电机右转继电器
I0.6	警铃复位开关	Q 0.6	防雨布电机左转继电器
A+	烘干房温度传感器	Q 0.7	防雨布电机右转继电器
B+	烘干房湿度传感器	Q 1.0	报警铃继电器
C+	光照度传感器	Q 1.1	—

根据烘干房的控制需求，本系统选择西门子 CPU224XP CN（6ES7 214-2BD23-0XB8）为控制核心，采用台湾明纬 LRS-100-24 开关电源供电，具有 14 数字量输入/10 数字量输出，2 模拟量输入/1 模拟量输出，2 个 RS485 通信端口，额定输入直流电压 24V，继电器输出，在此基础上，扩展西门子 4 模拟量输入模块 EM231（6ES7-231-OHC22-0XA8）。选用与 S7-200 配套的西门子 SMART 1000IE V3 触摸屏，10 英寸宽屏，集成 USB2.0 Host 通信接口，CPU 主频 600 MHz，内存 128MB，分辨率 1024×600，通过 RS485 接口与 S7-200 连接。

3.5.2 菌类干燥实验研究

在扬州江都区七里村试制了多能互补干燥房。以鲜香菇为干燥对象，对样机的拓展集热板和防雨布展开回收动作、中短波红外灯通断稳定性、湿度控制稳定性及温度控制精度和香菇的干燥效果进行了试验。

为确保干燥试验的顺利进行，选用实验设备和器材如下：多能互补菌类干燥房、大头针、标签纸、高精度电子天平、游标卡尺、直尺、计时器等。结合香菇干燥工艺，设置试验过程中的干燥参数如表 3-13 所示，在 2020 年 9 月份选取光照良好的一天，从早晨 7 点开始干燥试验。

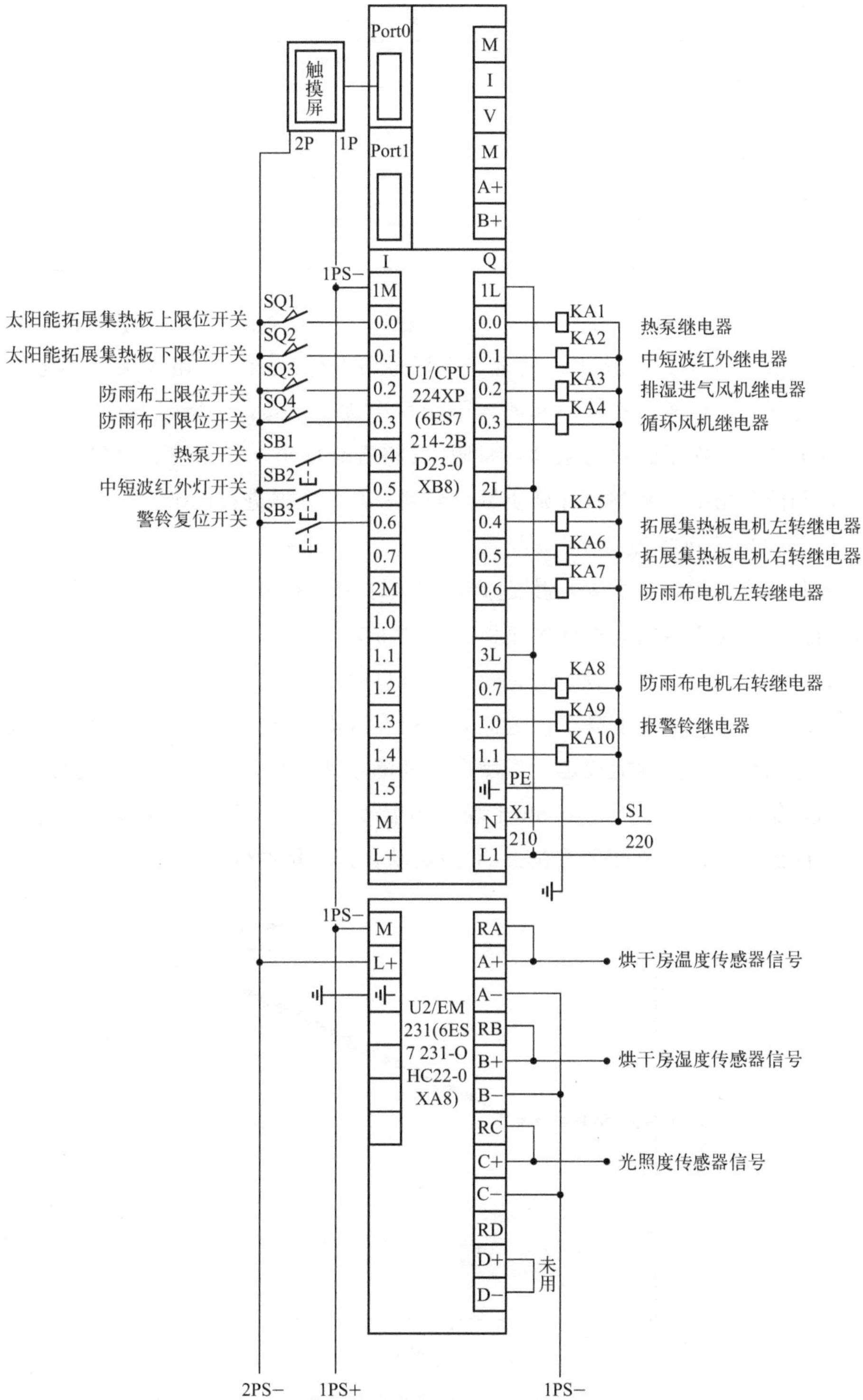

图 3-45 PLC 控制器接线图

表 3-13　实验参数设置表

阶段	温度 T/℃	湿度 RH/%	持续时间 t/h
第一阶段	40～40	20	4
第二阶段	40～50	20	4
第三阶段	50～55	45	2
第四阶段	55～60	60	2

干燥前从购得的香菇中选取三个形态较好的，分别标号为 W1、W2 和 W3，将香菇柄沿香菇伞 1cm 处切分处理，将标号写在标签纸上，用大头针固定于香菇上，与其余未标号的香菇一起放入干燥房中进行干燥，干燥过程中每 0.5h 在触摸屏上读取一次干燥房的温度，每隔 1h 将香菇取出，利用游标卡尺测量香菇直径，利用高精度天平测量香菇质量，得到一系列数据进行记录。

(1) 控制系统性能分析

实验结果显示，早晨光照度达到设定要求时，拓展集热板和防尘布自动展开，当傍晚光照不足时，拓展集热板和防尘布会自动回收，展开回收装置工作情况良好；中短波红外灯在设定的时间到达时自动开启，在设定的持续时间结束后自动关闭；干燥房内湿度高于设定值时，排湿风机会自动排湿直到湿度低于设定值并停止工作，排湿性能稳定。干燥房温度测量结果如图 3-46 所示，可以看出，干燥房初始温度为 17.2℃，0.5h 干燥房内温度达到设定值，升温较快，干燥过程中实际温度与设定温度之差在±1℃内波动，控制精度较好。

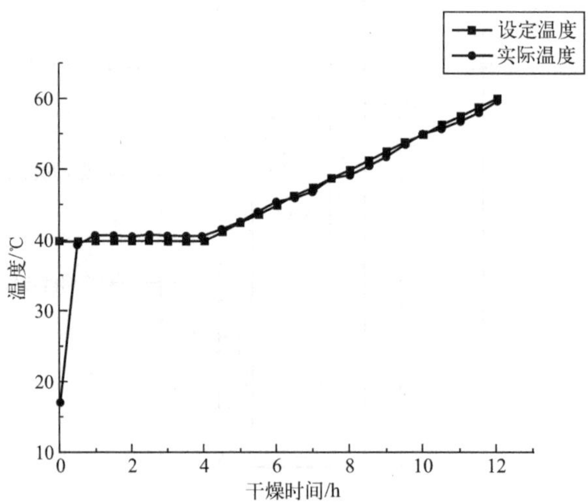

图 3-46　干燥房温度变化曲线图

（2）香菇干燥效果分析

选用购自扬州市江都区七里村农贸市场的鲜香菇进行实验，干燥过程中每隔1h 测量一次标号香菇的质量及直径，结果如图 3-47 所示。第一阶段香菇质量和尺寸减小明显，这是因为干燥初期香菇含水量高，大量水分被蒸发出来；第二阶段和第三阶段香菇质量和尺寸变化开始放缓，此时香菇表层水分大部分被蒸发出来，香菇内部水分缓慢向表层渗透，水分蒸发变缓；第四阶段香菇的质量和尺寸变化趋于平缓，此时按压菌盖与菌柄交界处有痕迹但不软，说明香菇含水量已经达到安全储藏湿基含水率 13%，干燥完成。图 3-48 为三只香菇干燥前后的图片，从感官上可以看出干燥结束后的香菇菇形完整，呈黄褐色，香气浓郁无异味。

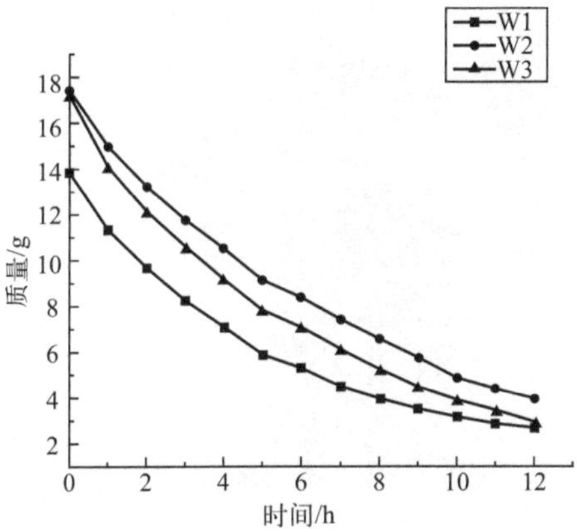

(a) 香菇质量变化

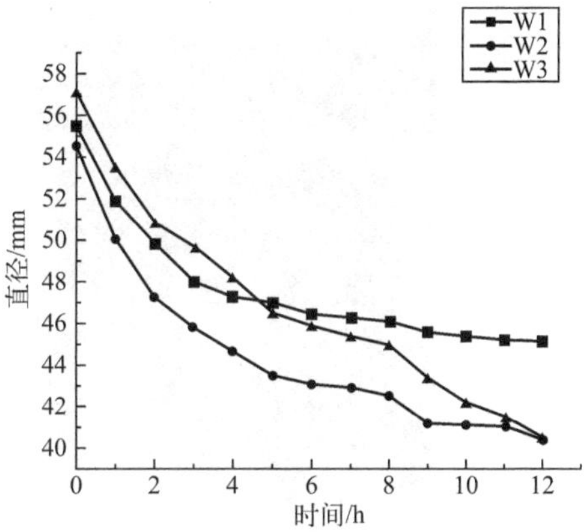

(b) 香菇直径变化

图 3-47　香菇质量与直径变化曲线图

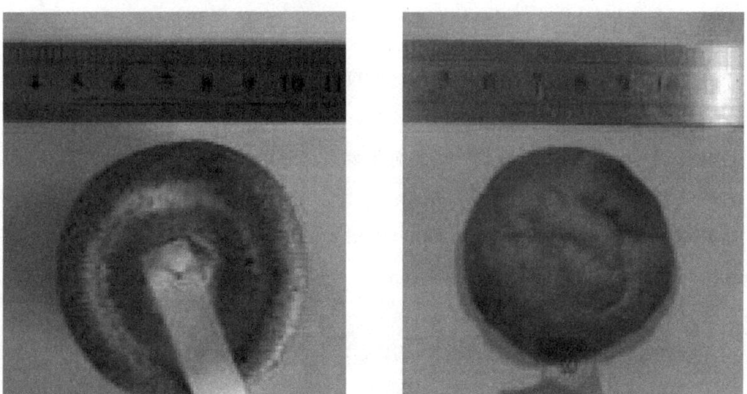

(a) W1号

图 3-48

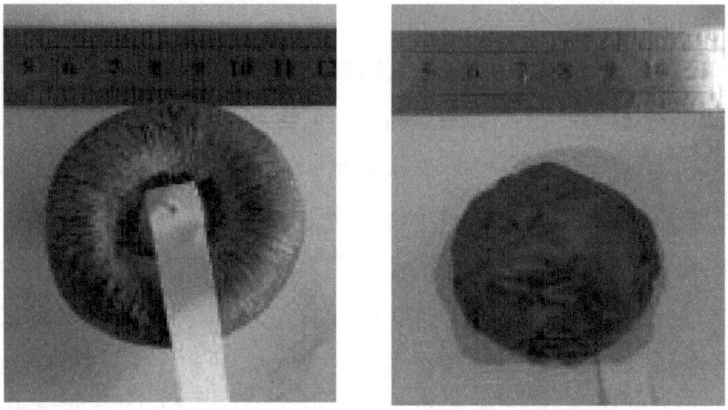

(b) W2号

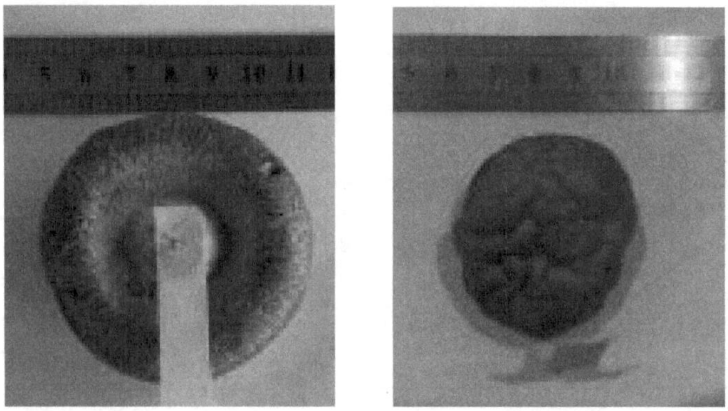

(c) W3号

图 3-48　香菇干燥前（左）、后（右）对比图

参考文献

[1] 张振涛，杨俊玲．热泵干燥技术与装备［M］．北京：化学工业出版社，2020.

[2] 刘相东，李占勇．现代干燥技术［M］.3版．北京：化学工业出版社，2021.

[3] 徐鹏，张振涛，杨俊玲，等．分段式二级热泵干燥系统数值模拟研究［J］．制冷技术，2020，177（04）：26-31.

[4] Zhang P，Huang Z，Xu P，et al. A novel method of shrimp blanching by CO_2 heat pump：quality，energy，and economy analysis［J］. Innovative Food Science and Emerging Technologies，2022，82：103207.

[5] 吴小华，马渊博，宁旭丹，等．西洋参分段式热风干燥动力学模型构建［J］．农业工程学报，2020，36（5）：318-324.

[6] 张鹏，吴小华，张振涛，等．热泵干燥技术及其在农特产品中的应用展望［J］．制冷与空调，2019，19（7）：65-71.

[7] 刘英娜，边翼博，郭雪霞，等．风干板栗太阳能-热泵联合干燥特性与数学模型研究［J］．农业机械学

报，2020，51（S1）：516-523.

[8] 梁提松，赵卉双，张振涛，等．干燥温度对苜蓿草种子活力的影响研究［J］．现代农业科技，2020（17）：206-209.

[9] 蒋怡，敬璞．热风干燥温度对南瓜种子活力的影响［J］，包装工程，2019，42（9）：49-55.

[10] 徐开轩，刘广彬，王天佐，等．闭式热泵种子干燥系统热力性能研究［J］．制冷与空调，2019，19（7）：72-76.

[11] 徐开轩，刘广彬，李连生，等．热泵干燥双层干燥室内部气流组织模拟［J］．制冷技术，2020，40（4）：34-39.

[12] 张迪，任立飞，刘广彬，等．不同干燥方式对苜蓿种子代谢物的影响［J］．草业学报，2021，30（3）：158-166.

[13] 王天皓，张振涛，杨俊玲，等．多级热泵串联干燥系统性能模拟［J］．制冷技术，2020，40（4）：15-21.

[14] 林家辉，章学来，张振涛．水产品热泵干燥技术综述［J］．制冷与空调，2019，19（09）：7-10，17.

[15] Subramaniam S，Jiao S，Zhang Z，et al. Impact of post-harvest processing or thermal dehydration on physiochemical，nutritional and sensory quality of shiitake mushrooms［J］．Comprehensive Reviews in Food Science and Food Safety，2021，20（3）：2560-2595.

[16] Zhang N，He Z J，He S Y，et al. Insights into the importance of dietary chrysanthemum flower（Chrysanthemum morifolium cv. Hangju）-wolfberry（Lycium barbarum fruit）combination in antioxidant and anti-inflammatory properties［J］. Food Research International，2018，116：810-818.

[17] Liu Y Y，Wang Y，Lv W Q，et al. Freeze-thaw and ultrasound pretreatment before microwave combined drying affects drying kinetics，cell structure and quality parameters of Platycodon grandiflorum［J］. Industrial Crops and Products，2021，164：113391.

[18] Subramaniam S，Wen X Y，Jing P. One-step microwave curing-dehydration of Gastrodia elata Blume：Relationship between phytochemicals，water states and morphometric characteristics［J］. Industrial Crops and Products，2020，153：112579.

[19] 宿佃斌，吕为乔，刘媛媛，等．农产品微波协同多尺度干燥技术研究进展［J］．制冷与空调，2019，19（07）：88-92.

[20] El-Mesery H S，El-Seesy A I，Hu Z，et al. Recent developments in solar drying technology of food and agricultural products：A review［J］. Renewable and Sustainable Energy Reviews，2022，157：112070.

[21] Zhu Y，Shen C，Li J，et al. Superhydrophobic polytetrafluoroethylene film deposited on solar selective absorber by electron beam evaporation［J］. Materials Chemistry and Physics，2021，257：123828.

[22] Hu M，Zhao B，Ao X，et al. An analytical study of the nocturnal radiative cooling potential of typical photovoltaic/thermal module［J］. Applied Energy，2020，277：115625.

[23] Arshad，Rai N. Pulsed electric field：A potential alternative towards a sustainable food processing［J］. Trends in Food Science & Technology，2021，111：43-54.

[24] Meng Z，Ding C，Xu P，et al. Analysis of the interaction between airflow and high-voltage elec-

tric fields on drying characteristics of carrots using heat pump-electrohydrodynamics combined drying [J] . Case Studies in Thermal Engineering, 2024, 63: 105241.

[25] Iranshahi K, Onwude D I, Martynenko A, et al. Dehydration mechanisms in electro hydrodynamic drying of plant-based foods [J] . Food and Bioproducts Processing, 2022, 131: 202-216.

[26] Su D B, Lv W Q, Wang Y, et al. Influence of microwave hot-air flow rolling dry-blanching on micro-structure, water migration and quality of pleurotus eryngii during hot-air drying [J] . Food Control, 2020, 114: 107228.

[27] Subramaniam S, Wen X Y, Zhang Z T, et al. Changes in the morphometric, textural, and aromatic characteristics of shiitake mushrooms during combined humid-convective drying [J] . Drying Technology, 2021, 39 (16) : 2206-2217.

[28] Su D B, Lv W Q, Wang Y, et al. Drying characteristics and water dynamics during microwave hot-air flow rolling drying of Pleurotus eryngii [J] . Drying Technology, 2020, 38 (11) : 1493-1504.

[29] Lv H, Lv H Z, Lv W Q, et al. Moisture flow characteristics and variation patterns of dielectric constants in bitter gourd slices during microwave hot-airflow vibrating drying [J] . Drying Technology, 2019, 38 (11) : 1433-1445.

[30] Qiu Y, Bi J, Jin X, et al. An understanding of the changes in water holding capacity of rehydrated shiitake mushroom (Lentinula edodes) from cell wall, cell membrane and protein [J] . Food Chemistry, 2021, 351: 129230.

[31] Hu L, Bi J, Jin X, et al. Study on the rehydration quality improvement of shiitake mushroom by combined drying methods [J] . Foods, 2021, 10 (4) : 769.

[32] Mohammad R I S, Naymul K, Tao B, et al. Cold plasma pretreatment- A novel approach to improve the hot air drying characteristics, kinetic parameters, and nutritional attributes of shiitake mushroom [J] . Drying Technology, 2020, 38 (16) : 2134-2150.

[33] Karim N, Shishi R M, Tao B, et al. Effect of cold plasma pretreated hot - air drying on the physicochemical characteristics, nutritional values, and antioxidant activity of shiitake mushroom [J] . Journal of the Science of Food and Agriculture, 2021, 101 (15) : 6271-6280.

[34] 刘静，翁小祥，奚小波，等．香菇干燥技术研究进展 [J]．包装与食品机械，2021，39 (2) : 8.

[35] 张荔喆，张学军，范誉斌，等．热泵干燥技术研究进展及其在香菇干燥中的应用 [J]．制冷与空调，2019，19 (07) : 77-83，87.

[36] 张荔喆，张学军，杨德亮．模式可切换的余热回收型香菇热泵干燥装置设计 [J]．制冷技术，2020，40 (04) : 40-45，72.

[37] Zhang L, Jiang L, Xu Z, et al. Optimization of a variable-temperature heat pump drying process of shiitake mushrooms using response surface methodology [J] . Renewable Energy, 2022, 198: 1267-1278.

[38] 刘静，翁小祥，殷慧子，等．一种菌类干燥房设计 [J]．农业装备技术，2020，46 (6) : 3.

[39] 翁小祥，刘静，奚小波，等．基于 PLC 的食用菌多能互补烘干房控制系统设计 [J]．中国农机化学报，2021，42 (08) : 101-108.

第4章 真空干燥技术与装备

4.1 真空干燥技术

4.1.1 真空干燥原理

真空是指在给定空间中的气体分子密度低于标准大气压力下分子密度的物理状态。在真空条件下，气体分子的数量大幅减少，气体的密度降低，从而导致空间内压力降低。真空状态下的气体稀薄程度称为真空度。真空度通常用压力测量，国际单位制中压力的单位是帕斯卡（Pa），1Pa 压力为 $1m^2$ 面积上作用 1N 的力，即 $1Pa=1N/m^2$。1 标准大气压（1atm）近似等于 1.013×10^5Pa。压力单位还有 Torr（托）、bar（巴）、kgf/cm^2（千克力每平方厘米）、bf/in^2（磅力每平方英寸）等，均为非法定单位，换算关系如表 4-1 所示。

表 4-1 常见压力单位换算表

单位	Pa	bar	atm	Torr	kgf/cm^2	bf/in^2
Pa	1	10^{-5}	9.869×10^{-6}	7.501×10^{-3}	1.020×10^{-5}	1.450×10^{-4}
bar	10^5	1	9.869×10^{-1}	7.501×10^2	1.020	1.450×10^1
atm	1.013×10^5	1.013	1	7.600×10^2	1.033	1.470×10^1
Torr	1.333×10^2	1.333×10^{-3}	1.316×10^{-3}	1	1.360×10^{-3}	1.934×10^2
kgf/cm^2	9.800×10^4	9.800×10^{-1}	9.700×10^{-1}	7.400×10^2	1	1.422×10^1
bf/in^2	6.900×10^3	6.900×10^{-2}	6.800×10^{-2}	5.200×10^1	7.000×10^{-2}	1

真空干燥，也称为解析干燥，是一种将物料置于真空负压条件下实现脱水的干燥技术。真空干燥的过程是将被干燥物料放置在密闭的干燥室内，用真空系统将干燥室内的空气抽出形成真空环境，同时对被干燥物料不断加热，使物料内部的水分通过压力差或浓度差扩散到表面，水分子在物料表面获得足够的动能，在克服分子间的相互吸引力后，逃逸到真空干燥器的低压空间，从而被真空泵抽走。

在真空干燥中，真空压力与水的沸点之间的关系至关重要。水的沸点是指水分子获得足够的能量克服分子间吸引力而转变为气态的温度。水的沸点依赖于外部环境压力，在标准大气压下，水的沸点为 100℃，但在低压环境中，水的沸点会显著降低。根据克劳修斯-克拉佩龙方程，压力降低会导致水分子的蒸气压在较低温度下达到外部压力，从而实现沸腾。这意味着在真空条件下，水分子所需的温度会降低，压力与水沸点的对应关系见表 4-2。根据这一特点，真空干燥能够使水分在低温下快速蒸发。这对于某些农产品、食品、药品中的热敏性成分保留有利。

表 4-2　压力与水沸点的对应关系

压力/Pa	沸点/℃	压力/Pa	沸点/℃	压力/Pa	沸点/℃	压力/Pa	沸点/℃
1000	6.9696	26000	65.842	51000	81.811	76000	92.111
2000	17.495	27000	66.693	52000	82.297	77000	92.46
3000	24.079	28000	67.518	53000	82.775	78000	92.806
4000	28.96	29000	68.318	54000	83.246	79000	93.147
5000	32.874	30000	69.095	55000	83.709	80000	93.486
6000	36.159	31000	69.851	56000	84.166	81000	93.82
7000	39	32000	70.586	57000	84.615	82000	94.151
8000	41.509	33000	71.302	58000	85.059	83000	94.479
9000	43.761	34000	72	59000	85.495	84000	94.804
10000	45.806	35000	72.681	60000	85.926	85000	95.125
11000	47.683	36000	73.345	61000	86.351	86000	95.444
12000	49.419	37000	73.994	62000	86.77	87000	95.759
13000	51.034	38000	74.629	63000	87.183	88000	96.071
14000	52.547	39000	75.249	64000	87.591	89000	96.381
15000	53.969	40000	75.857	65000	87.993	90000	96.687
16000	55.313	41000	76.452	66000	88.391	91000	96.991
17000	56.587	42000	77.034	67000	88.783	92000	97.292
18000	57.798	43000	77.605	68000	89.171	93000	97.59
19000	58.953	44000	78.165	69000	89.553	94000	97.885
20000	60.058	45000	78.715	70000	89.932	95000	98.178
21000	61.116	46000	79.254	71000	90.305	96000	98.469
22000	62.133	47000	79.783	72000	90.675	97000	98.757
23000	63.111	48000	80.303	73000	91.04	98000	99.042
24000	64.053	49000	80.814	74000	91.401	99000	99.325
25000	64.963	50000	81.317	75000	91.758	100000	99.606

在真空干燥过程中，干燥室内的压力始终低于大气压力，气体分子数少、密度低，所以真空干燥更适合干燥容易氧化变质的物料、易燃易爆的危险品等，还

可以对药品、食品和生物制品起到一定的消毒灭菌作用，减少物料染菌的机会或者抑制某些细菌的生长。除去压力外，真空干燥过程中水分蒸发速率还受到多个因素的影响，包括温度、气体流动和物料的特性（如比表面积和孔隙率等）。通过合理控制真空度和热量输入，真空干燥技术不仅能够有效去除水分，还能保持物料的营养成分和风味，被广泛应用于食品、药品、化工及材料加工等多个领域，成为现代干燥技术的重要选择。

真空干燥可消除常压干燥情况下容易产生的表面硬化现象。常压热风干燥，在被干燥物料表面形成流体边界层，受热汽化的水蒸气通过流体边界层向空气中扩散，干燥物料内部水分向表面移动。如果其移动速度赶不上边界层表面的蒸发速度，边界层水膜就会破裂，被干燥物料表面就会出现局部干裂现象，然后扩大到整个外表面，形成表面硬化。真空干燥物料内和表面之间压力差较大，在压力梯度作用下，物料内部水分快速向表面迁移，不易出现表面硬化现象。同时能提高干燥速率、缩短干燥时间、降低设备运行费用。

另外，真空干燥还可以克服热风干燥所产生的溶质散失现象。热风干燥使被干燥物料内部和表面形成较大的温度梯度，促使被干燥物料中某些成分逸散。尤其是食品物料，会导致香气散失，影响其味道。在真空干燥过程中，物料内外温度梯度较小，逆渗透作用使作为溶剂的水分独立移动，克服了溶质散失现象。

有些被干燥的物料内含有贵重的或有用途的物质成分，干燥后需要回收利用；还有些被干燥物料内含有危害人类健康的、有毒有害的物质成分，干燥后废气不允许直接排放到环境中去，需要集中处理。真空干燥技术可以方便地回收这些有用或有害的物质，而且能做到密封性良好。从环境保护的角度来讲，真空干燥可以称为绿色干燥，并且容易实现产品多样化应用与发展。

4.1.2 干燥装备设计

静态真空导热干燥装备如图 4-1 所示，实体图如图 4-2 所示，该装备主要由热源系统和真空系统组成。热源系统主要由热水罐、热水泵、导热板和热水阀构成，热水为热源，以热传导的形式加热干燥物料。热源系统的具体循环流程如下：热水罐内的水经电加热器加热到目标干燥温度后，由热水泵将热水送入真空干燥器内下方的导热板里，以导热的形式将热水热量传递给物料后，从导热板排出再回流进热水罐内，从而构成热水闭式循环。采用 PID 控制器控制电加热功率，从而控制热水和导热板表面温度。

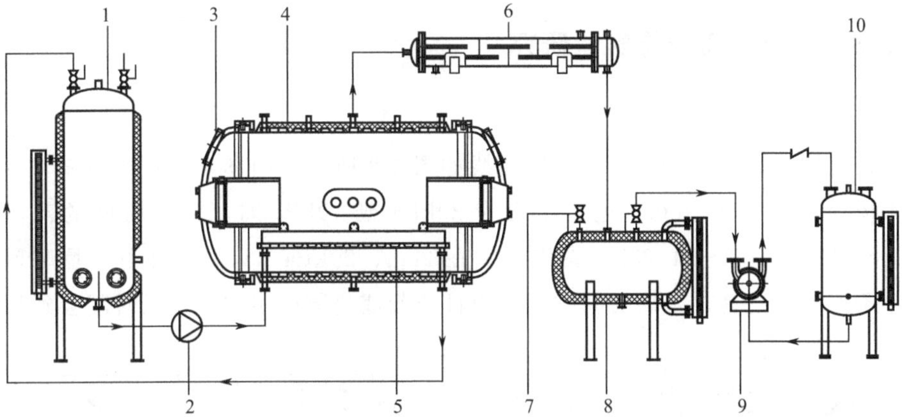

图 4-1　静态真空导热干燥装备

1—热水罐；2—热水泵；3—视窗；4—真空干燥器；5—导热板；6—管壳式换热器；7—放空阀；8—冷凝水水箱；9—真空泵；10—循环水水箱

图 4-2　静态真空导热干燥装备实体图

真空系统主要由真空干燥器、管壳式换热器、冷凝水水箱、循环水水箱、水环真空泵和放空阀等部件构成。抽真空具体流程如下：在水环真空泵的作用下，干燥器内的空气抽出形成真空环境。在真空干燥过程中，从干燥物料蒸发出的低温水蒸气同样由真空泵从真空干燥器中抽出，水蒸气经过管壳式换热器与冷水换热，冷凝成液态水后流入冷凝水水箱中。当冷凝水水箱内的冷水超过总容积的一半时，开启下方的排水阀将冷水排出。冷凝水水箱上方安装放空阀，同样采用 PID 控制器控制放空阀的开度，调节并维持真空干燥器内的真空度。例如，当干燥器内的真空度高于设定压力时，开启真空阀使环境空气进入干燥器内从而提升环境压力。此外，可以通过干燥器上的视窗实时观察真空干燥过程中物料的形态变化。

4.1.3 杂交构树干燥实验研究

（1）干燥特性

杂交构树真空干燥的干燥特性曲线如图 4-3 所示。由图 4-3（a）可知，在杂交构树铺料厚度为 2cm、绝对压力为 20kPa 或 40kPa 时，干燥时间的范围为 7.25～9h 或 7.83～11.25h；真空干燥在 2cm、20kPa、80℃条件下干燥时间最短。干燥温度越高，干燥时间越短；而且随着铺料厚度增加，干燥时间会延长。

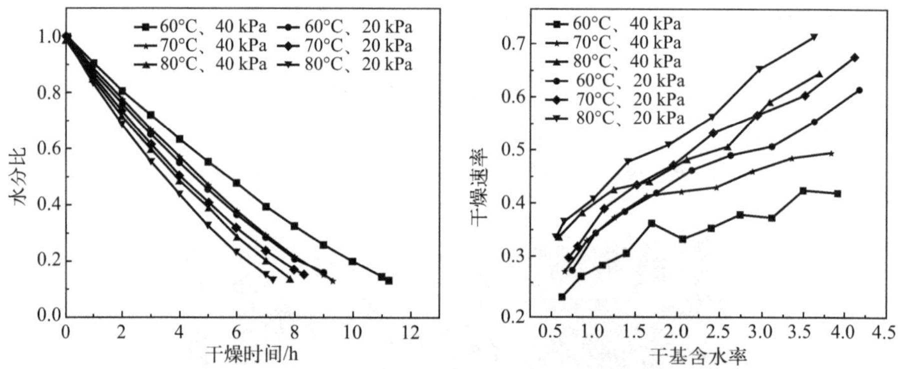

(a) 水分比随干燥时间变化关系图　　(b) 干燥速率随干基含水率变化关系图

图 4-3　杂交构树真空干燥特性曲线

杂交构树真空干燥速率随干基含水率的变化关系如图 4-3（b）所示。研究发现，干燥速率会随着温度的升高而加快，随铺料厚度的降低而降低。其干燥速率曲线变化主要分为加速干燥阶段和降速干燥阶段。干燥 1h 后新鲜杂交构树的真空干燥速率达到最大，然后进入降速阶段。

通过对比相关研究发现，真空干燥速率通常小于热风干燥速率，这主要是受传热效率的影响。真空干燥是依靠底部导热板进行导热，而热风干燥通常是依靠对流换热。杂交构树堆积的孔隙率较大，有利于热风在孔隙间串流，增大了热风与物料的换热面积。

有效扩散系数的定义与扩散系数相似，是表示气体或液体扩散程度的物理量。扩散系数是指当浓度梯度为一个单位时，单位时间内通过单位面积的气体量。有效扩散系数的影响因素较多，包括物料微观结构、水分或水蒸气的扩散方式、物料温度、干燥方式等。确定其数值可以采用理论分析和实验研究的方法，具体而言，理论法基于物料成分、微观结构、水分扩散机制等，采用分子动力学等方法进行估算，但误差较大；试验方法可以基于扩散系数定义或物料干燥动力学实验数据，得到水分随时间变化规律进而计算有效扩散系数。干燥有效扩散系数通常采用菲克第二定律来描述，具体公式如下：

$$\frac{\partial M}{\partial t}=\nabla\left[D_{\mathrm{eff}}(\nabla M)\right] \tag{4-1}$$

$$MR=\frac{M_t-M_e}{M_0-M_e}=\frac{8}{\pi^2}\exp\left(-\pi^2\frac{D_{\mathrm{eff}}t}{4L^2}\right) \tag{4-2}$$

式中　D_{eff}——有效扩散系数，m^2/s；

L——物料厚度的一半，m；

t——干燥时间，s。

杂交构树真空干燥水分有效扩散系数 D_{eff} 如表 4-3 所示。D_{eff} 随干燥温度的增加或干燥压力的降低而增加。主要原因在于温度升高会增加产品内部水分子的扩散，而干燥压力降低会减小水蒸气饱和温度，使蒸发更容易进行。

表 4-3　杂交构树真空干燥水分有效扩散系数统计

温度 T/℃	绝对压力 P/kPa	物料厚度 d/cm	有效扩散系数 D_{eff}/（$\times10^{-9}m^2/s$）
60	40	2	1.476
	20		1.689
70	40		1.798
	20		1.949
80	40		2.069
	20		2.403

活化能是指分子从常态转变为容易发生化学反应的活跃状态所需要的能量。干燥是一种将水分子从物质表面脱离并排出的过程，干燥过程中水分子受到物质表面分子间吸引力的作用，需要克服这些力才能从物质表面脱离。阿伦尼乌斯（Arrhenius）公式中的活化能又称阿伦尼乌斯活化能或经验活化能，区别于由动力学推导出来的活化能，可以用来定义一个化学反应的发生所需要克服的能量障碍，也可以用于表示一个化学反应发生所需要的最小能量。在热力学中，活化能是水分子在物料内扩散时通过能量壁垒的相对容易程度，较低的活化能可视作较高的水分扩散率。具体可以根据 Arrhenius 方程求解干燥活化能：

$$D_{\mathrm{eff}}=D_o\exp\left(-\frac{E_a}{RT}\right) \tag{4-3}$$

式中　D_o——指数因子，m^2/s；

E_a——干燥活化能，kJ/mol；

R——气体常数，取值为 8.314J/（mol·K）；

T——绝对温度，K。

对平均扩散率与干燥温度的线性回归分析如表 4-4 中的关系式所示。根据图 4-4 中 $\ln D_{eff}$ 对 $1/T$ 的曲线斜率计算活化能 E_a 值，真空压力越低干燥活化能越大，但差值较小。

表 4-4　杂交构树热风干燥的活化能线性拟合

P/kPa	E_a/（kJ/mol）	R^2	方程
40	16.53	0.99367	$\ln D_{eff}=-1988.77327/T-14.35674$
20	17.20	0.98437	$\ln D_{eff}=-2069.29023/T-14.00018$

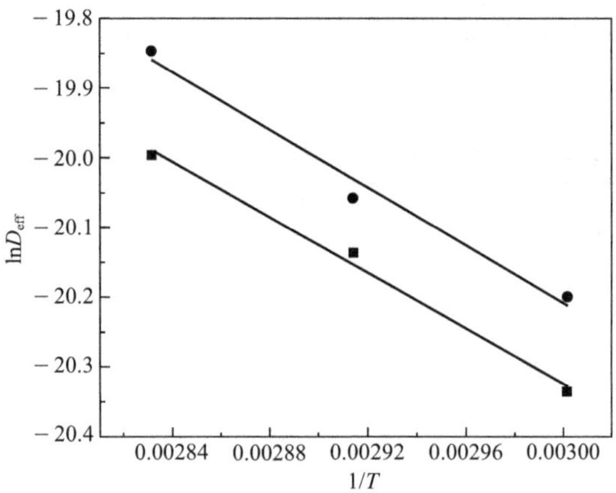

图 4-4　杂交构树真空干燥的活化能线性拟合

通过研究杂交构树真空干燥 6 组干燥模型的拟合结果发现，Page 模型对新鲜杂交构树真空干燥拟合的 R^2、SSE、RMSE 范围分别为 0.99558～0.99772、1.810×10^{-3}～4.160×10^{-3}、0.015～0.0211，证明拟合程度较好，能够更直观地反映水分比的变化，是新鲜杂交构树真空干燥最合适的水分预测模型。

Page 模型干燥常数 a 和 k 是杂交构树真空干燥的固有特性参数，是干燥温度 T 和干燥压力 P 的函数。采用一维线性多项式来拟合 Page 模型中的干燥常数。采用统计分析软件中的多元线性回归方法，求解 Page 模型中参数 a 和 k 的回归方程，具体如下式所示：

$$MR=\exp[(-0.013505+0.002457T-0.001527P)t^{1.280499-0.001151T+0.003077P}] \tag{4-4}$$

杂交构树真空干燥基于 Page 模型的水分比预测结果如图 4-5 所示。杂交构树真空干燥实验值与 Page 模型预测值的一致性较好，最大的相对误差小于 10%。

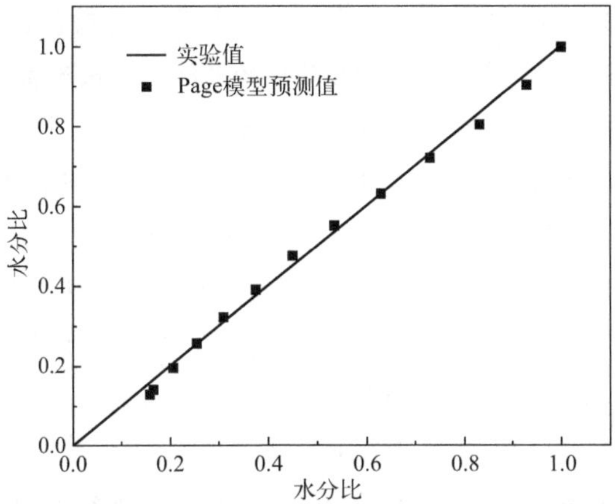

图 4-5　基于 Page 模型杂交构树真空干燥的实验值与预测值的比较

（2）品质变化规律

表 4-5 统计了杂交构树真空干燥前后亮度 L^*、红色 a^*、黄色 b^*、色差 ΔE 的变化规律。与未干燥的新鲜杂交构树相比，干燥样品的 L^* 和 b^* 值同样会明显升高。在 20kPa 条件下，对应蒸发温度在 60℃左右，干燥温度升高时 L^* 值升高，这是因为温度升高加快了水分的流失，抑制微生物及酶的作用，阻碍木质素的分解；在 40kPa 条件下，对应蒸发温度 80℃左右，干燥温度升高，L^* 和 b^* 值先升高后降低，这是由于过高温度引发了褐变和部分黄酮化合物产生了分解。

表 4-5　真空干燥参数对新鲜杂交构树颜色的影响

干燥工况	L^*	a^*	b^*	ΔE
未干燥	19.63 ± 0.31^{d}	6.1 ± 0.23^{a}	13.51 ± 0.49^{c}	—
60℃，40kPa，2cm	27 ± 0.19^{b}	6.22 ± 0.31^{a}	16.01 ± 0.21^{ab}	7.8 ± 0.12^{b}
60℃，20kPa，2cm	23.69 ± 0.4^{c}	6.03 ± 0.91^{a}	15.61 ± 0.45^{b}	4.64 ± 0.39^{c}
70℃，40kPa，2cm	30.48 ± 2.66^{a}	6.63 ± 0.27^{a}	17.59 ± 0.71^{a}	11.61 ± 2.75^{a}
70℃，20kPa，2cm	28.85 ± 0.24^{ab}	6.57 ± 1.12^{a}	17.05 ± 1.8^{ab}	10.01 ± 0.95^{ab}
80℃，40kPa，2cm	29.09 ± 0.4^{a}	6.08 ± 0.34^{a}	16.11 ± 0.97^{ab}	9.84 ± 0.63^{ab}
80℃，20kPa，2cm	29.4 ± 0.78^{a}	6.4 ± 0.69^{a}	16.46 ± 0.32^{ab}	10.23 ± 0.83^{a}

注：数据后的小写字母表示不同条件下杂交构树的差异性显著（$P<0.05$）。

杂交构树作为桑科木本饲料资源，含有大量的木质纤维，其主要成分包括构树粗蛋白、粗灰分、中性洗涤纤维和酸性洗涤纤维。另外，可以通过总可消化养分（Total Digestible Nutrients，TDN）和相对饲喂价值（Relative Feeding Value，RFV）对杂交构树的饲用价值进行评价。营养成分的具体检测方法如下所示。

粗蛋白根据 GB/T 6432—2018 中的凯氏定氮法进行检测：杂交构树试样在催化剂作用下，经硫酸消解，含氮化合物转化成硫酸铵，加碱蒸馏使氨逸出，用硼酸吸收后，再用盐酸标准滴定溶液滴定，测出氮含量，乘以 6.25 计算出粗蛋白质含量。

粗灰分根据 GB/T 6438—2007 中的方法进行检测：将煅烧盘置于 550℃马弗炉中灼烧 30min，移至干燥室内冷却至室温，然后称取 5g 杂交构树试样置于煅烧盘内加热至炭化，转入 550℃马弗炉中灼烧 3h，观察是否有炭粒，如无炭粒，继续于马弗炉中灼烧 1h，如果有炭粒或怀疑有炭粒，将煅烧盘冷却并用蒸馏水润湿，在 103 ℃±2 ℃的干燥箱中仔细蒸发至干，再将煅烧盘置于马弗炉中灼烧 1h，取出置于干燥器中，冷至室温迅速称量。

中性洗涤纤维根据 GB/T 20806—2022 中的方法进行检测：根据饲料中纤维的含量，精密称取 0.4～1.0g 杂交构树试样于 600mL 高型烧杯中，用量筒加入 100mL 中性洗涤剂和 2～3 滴正辛醇，将烧杯放在消煮器上，盖上冷凝球，开冷却水，快速加热至沸消煮，并调节功率保持微沸状态，从开始沸腾计时，消煮 1h，将消煮好的试样趁热倒入并抽滤，抽干后用丙酮冲洗剩余物 3 次，确保剩余物与丙酮充分混合，直至滤出液无色为止，然后将玻璃砂漏斗和剩余物放入 105℃烘箱内烘干 3～4 h 至恒量，在干燥器内冷却后称量，再烘干 30min，冷却，称量，直至两次称量之差小于 0.002g 为恒量。

酸性洗涤纤维根据 NY/T 1459—2022 中的方法进行检测：称取约 1g 杂交构树试样放入烧杯中，在盛试样的烧杯中加入热的酸性洗涤剂 100mL，盖上冷凝球，打开冷却水，快速加热试样至沸腾，调节电炉使溶液保持微沸的状态，持续消煮 1h，然后将杂交构树试样消煮液缓缓倒入烧结玻璃过滤坩埚，抽真空过滤，用玻璃棒捣散滤出的试样残渣，并用 95～100 ℃热水清洗坩埚壁和试样残渣 3～5 次，确保所有酸被清除，再用约 40mL 丙酮清洗滤出物 2 次，每次浸润 3～5min，抽滤，如果滤出物有颜色需重复清洗、抽滤，将过滤坩埚置通风橱，待丙酮挥发尽放在 105℃烘箱内干燥 4h，再放在干燥器中冷却 30min 后称量，直至恒重。

根据酸性洗涤纤维和中性洗涤纤维计算得到总可消化养分和相对饲喂价值，计算公式如下所示：

$$\mathrm{TDN}=82.38-(0.7515\times \mathrm{ADF}) \tag{4-5}$$

$$\mathrm{RFV}=[88.9-(0.779\times \mathrm{ADF})]\times[(120/\mathrm{NDF})/1.29] \tag{4-6}$$

式中 TDN——总可消化养分，%；

ADF——酸性洗涤纤维，%；

RFV——相对饲喂价值；

NDF——中性洗涤纤维，%。

杂交构树真空干燥制品营养品质变化如图 4-6 所示。温度和厚度变化对新鲜杂交构树粗蛋白含量及粗灰分含量存在影响，含量变化在 1%内，粗蛋白含量的偏差为±0.45%，粗灰分含量偏差为±0.48%。对于真空干燥，不同工艺对总可消化养分没有显著影响。另外，相对饲喂价值受温度以及真空压力的影响，温度越低、干燥压力越低，相对饲喂价值越低。在干燥温度为 60℃时，相对饲喂价值达到极值。并且在铺料厚度 2cm、干燥温度 70℃、干燥压力 20kPa 时，具有最高的总可消化养分和相对饲喂价值。

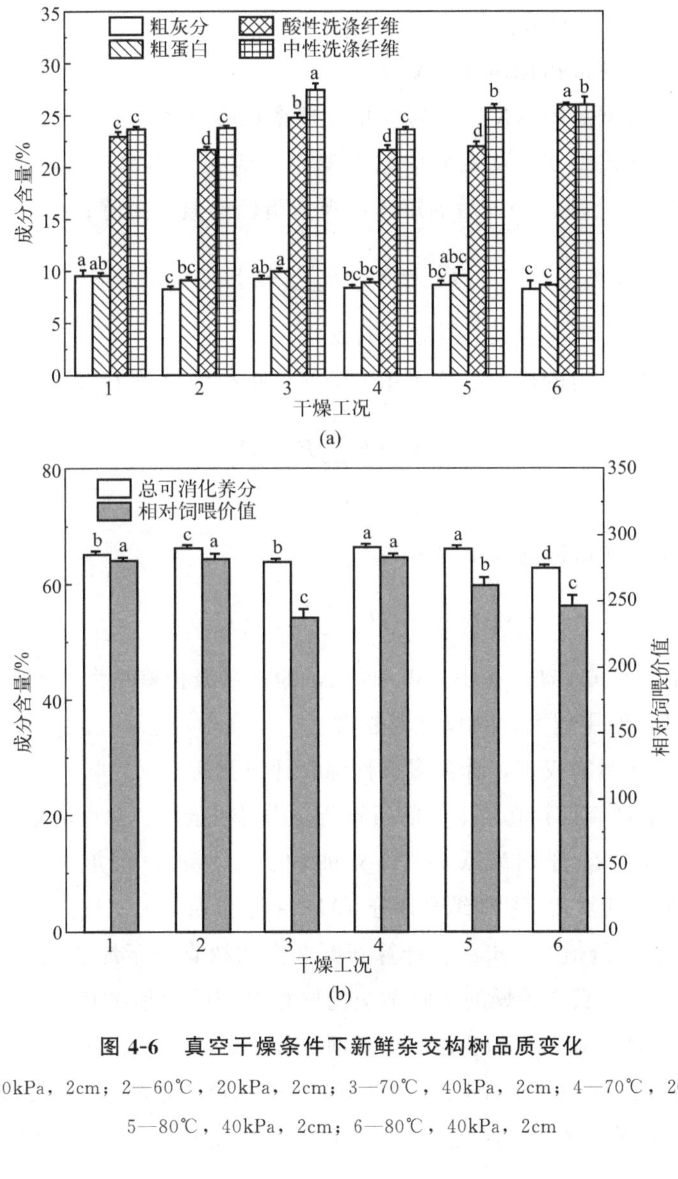

图 4-6　真空干燥条件下新鲜杂交构树品质变化

1—60℃，40kPa，2cm；2—60℃，20kPa，2cm；3—70℃，40kPa，2cm；4—70℃，20kPa，2cm；5—80℃，40kPa，2cm；6—80℃，40kPa，2cm

杂交构树干燥工艺研究中，对多指标的合理综合评价，直接影响干燥工艺参数的确定。而综合评价中，确定各个评价因素的权重系数又是科学、合理地作出评价的基础。本实验采用熵权法对杂交构树粗蛋白、总可消化养分、相对饲喂价值三个指标进行综合评价，确定构树最优干燥工艺。

熵权法（Entropy Weight Method，EWM）是一种用于确定多指标评价体系中各个指标权重的方法。其核心思想是根据信息熵的大小来衡量各个指标的信息量，并以此来确定指标的重要性。熵值越小，说明信息量越大，权重也应该越高。这种方法能够很好地避免主观因素的干扰，使得权重的确定更加科学和客观。其计算步骤如下所示：

① 建立原始评价指标矩阵（$\boldsymbol{X}_{ij}$）$_{\mathrm{mn}}$。

② 将原始数据矩阵（$\boldsymbol{X}_{ij}$）$_{\mathrm{mn}}$ 转为指标概率矩阵（$\boldsymbol{P}_{ij}$）$_{\mathrm{mn}}$。

在信息熵公式中 P_i 为某个信息的概率，满足 $0 \leqslant P_i \leqslant 1$，故必须对矩阵（$\boldsymbol{X}_{ij}$）$_{\mathrm{mn}}$ 做归一化处理，处理后的矩阵可视为指标的概率矩阵；

$$\boldsymbol{P}_{ij} = \boldsymbol{X}_{ij} / \left(\sum_{j=1}^{\mathrm{n}} \boldsymbol{X}_{ij} \right) \tag{4-7}$$

式中　$\boldsymbol{P}_{ij}$——第 j 次实验在 i 指标下的概率。

③ 计算属性输出的熵值，确定第 i 个评价指标信息熵 H_i；

$$H_i = -k \sum_{j=1}^{n} \boldsymbol{P}_{ij} \ln \boldsymbol{P}_{ij} \tag{4-8}$$

$$k = 1/\ln n \tag{4-9}$$

④ 计算第 i 项指标的权系数 W_i：

$$W_i = \left[1 - H_i / \sum_{i=1}^{m} (1 - H_i) \right] \tag{4-10}$$

由上述公式可知，H_i 越小，W_i 越大，即 X_{ij} 值相差越大，表明该指标传递的信息量越多，作用越大，其权重值越大。

⑤ 根据各指标的权重，计算多属性综合评价指标。

应用熵权法计算得到真空干燥的新鲜杂交构树粗蛋白、总可消化养分和相对饲喂价值的信息熵 H_i 分别为 0.99935、0.99989、0.99866，权重 W_i 分别为 0.311、0.0505、0.6384。新鲜杂交构树综合评分（M）=粗蛋白×0.3111+总可消化养分×0.0505+相对饲喂价值×0.6384，计算新鲜杂交构树真空干燥各工况的综合评分，计算结果见表 4-6。真空干燥的新鲜杂交构树相对饲喂价值的信息熵 H_i 最小，权重 W_i 最大，表明干燥条件的变化对相对饲喂价值影响最大。新鲜杂交构树在铺料厚度 2cm、干燥温度 70℃、干燥压力 20kPa 时的综合评分最高，为 185.93。

进行补充试验，对比两种工艺条件下新鲜杂交构树干制品的品质。结果表明，热风干燥和真空干燥最佳干燥条件的综合评分分别为 56.65 和 57.09，干燥时间分别为 5.17h 和 7.34h。新鲜杂交构树两种工艺的干燥品质相近，热风干燥所需的干燥时间更短。因此，2cm 杂交构树、干燥温度 60℃的热风干燥是最适合新鲜杂交构树干燥的工艺条件。

表 4-6　新鲜杂交构树真空干燥品质指标统计

工况	粗蛋白/%	粗灰分/%	中性洗涤纤维/%	酸性洗涤纤维/%	总可消化养分 TDN/%	相对饲喂价值 RFV	综合评分
1	9.57±0.09[ab]	9.5±0.6[a]	23.6±0.1[c]	22.9±0.5[c]	65.17±0.38[b]	280.11±2.72[a]	185.09±1.73[a]
2	9.12±0.19[bc]	8.3±0.1[c]	23.8±0.3[c]	21.7±0.2[d]	66.07±0.15[c]	281.43±4.16[a]	185.84±2.6[a]
3	9.99±0.21[a]	9.2±0.2[ab]	27.4±0.7[a]	24.8±0.3[b]	63.74±0.23[b]	236.34±6.83[c]	157.21±4.31[c]
4	8.85±0.3[bc]	8.4±0.3[bc]	23.8±0.2[c]	21.6±0.6[d]	66.15±0.45[a]	281.72±4.2[a]	185.95±2.61[a]
5	9.4±0.97[abc]	8.6±0.3[bc]	25.6±0.5[b]	21.9±0.5[d]	65.92±0.38[a]	261.13±6.52[b]	172.96±3.88[b]
6	8.65±0.06[c]	8.2±0.8[c]	26±0.8[b]	26±0.2[a]	62.84±0.15[d]	245.77±8.12[c]	162.76±5.18[c]

注：数据后的小写字母表示不同条件下杂交构树的差异性显著（$P<0.05$）。

4.2　真空脉动干燥技术

4.2.1　真空脉动干燥原理

传统的真空干燥技术仍存在一些局限性。例如，物料长时间处于低压真空条件下，一方面，物料孔隙容易发生坍塌，导致传质通道受阻，水分迁移速率下降，物料形变严重且复水性差，另一方面，会导致浆果类等物料的溶质向外溢出现象明显，影响干燥品质。因此，探索一种新型的真空干燥技术，对于进一步提高干燥速率、保证物料品质具有十分重要的意义。

真空脉动干燥（Pulsed Vacuum Drying，PVD）是一种结合了真空干燥和脉动压力技术的新型干燥方法，通过实现干燥环境在真空与常压条件下的交替循环变换(如图 4-7 所示)，干燥物料内部的微观孔道能够在应力作用下被不断挤压与扩张，并相互连通；同时，打破物料表面蒸气压平衡，从而提高水分迁移速率。近年来，该技术在各个领域的应用更加广泛，成为当代干燥技术研究的热点。

4.2.2　干燥装备设计

真空脉动干燥装备如图 4-8 所示，由干燥组件、真空组件、控制组件三部分组成，实物图如图 4-9 所示。

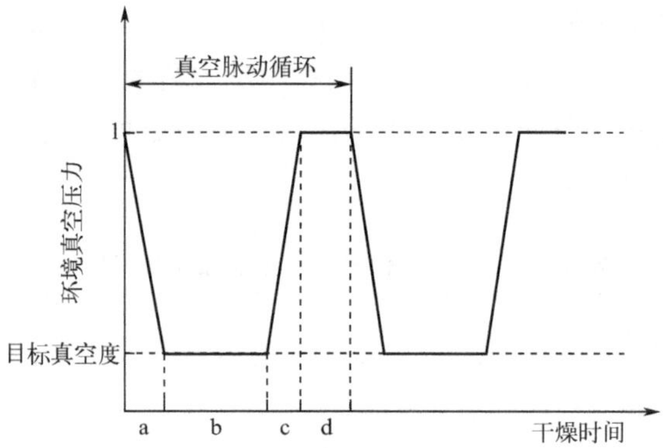

图 4-7 真空脉动干燥压力变化

a—抽真空时间；b—真空持续时间；c—泄压时间；d—常压保持时间

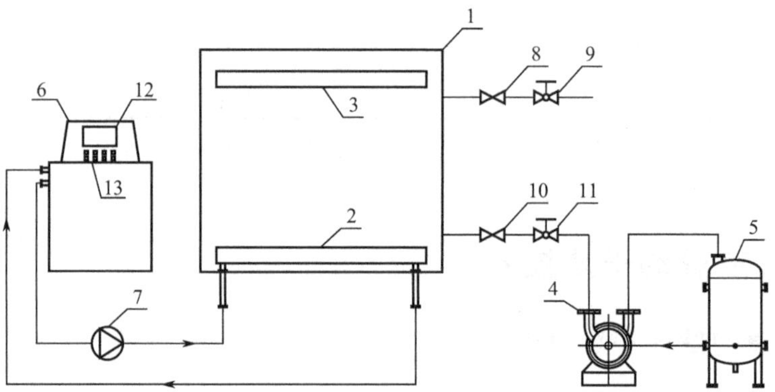

图 4-8 真空脉动干燥装备

1—干燥器；2—导热板；3—辐射板；4—水环真空泵；5—冷源水箱；6—热源循环水箱；
7—循环水泵；8—破空电磁阀；9—破空电磁球阀；10—真空电磁阀；
11—真空电磁球阀；12—电子显示屏；13—控制按钮

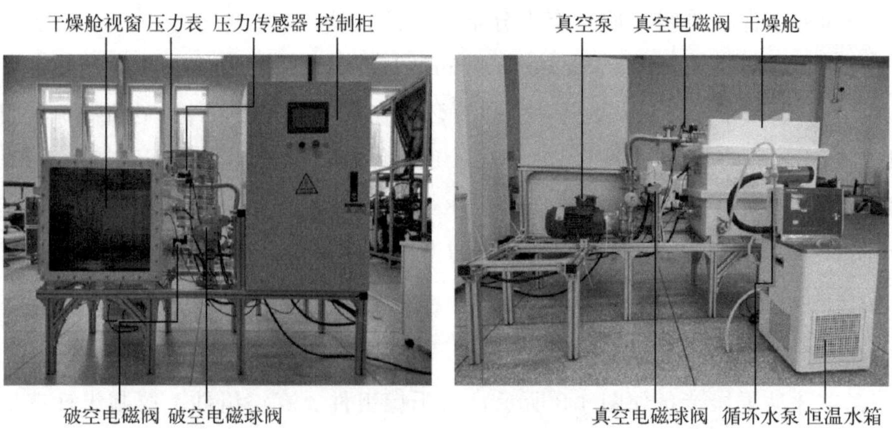

图 4-9 真空脉动干燥装备

真空干燥器设计需要考虑抗压能力、密封性及保温性。本装备中的真空箱如图 4-10 所示，采用 AISI304 不锈钢，真空箱体采用方形结构，尺寸为 500mm×500mm×500mm，需要承受最大压强为 0.1MPa 的极限真空状态。箱体表面需设置外门、传感器接口以及真空接口。箱体表面材料采用阳极氧化铝，耐腐蚀性强、硬度高、涂层附着力强、绝缘性好以及拥有优异的绝热、抗热性能。干燥过程中主要检测温度及压力两种参数。温度检测采用温度传感器，与箱体连接处采用航空插头结构。航插结构工艺简单、方便操作，并且可以根据需求随时更替。压力检测采用压力变送器。

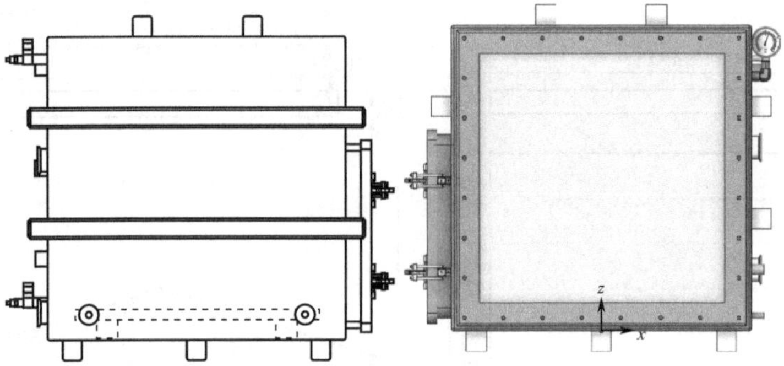

图 4-10　真空箱体加强筋布局设计图

以加热板作为系统热源载体，放置干燥物料，为物料中水分相变蒸发提供热量。加热板采用食品级 304 不锈钢板，表面平整，具体参数如表 4-7 所示。加热板内部水路采用折流板结构，其设计目的是提高换热效率，使板面温度均匀。折流板通过改变水流路径，增加流体的湍流度，可以显著提高热传递系数，从而提高加热板的整体传热效率。另外，避免了水流短路和死区的产生，确保整个搁板表面温度均匀，从而提供一个更加稳定和可控的加热环境。具体设计如图 4-11 所示。

表 4-7　加热板参数

参数	数值
导热系数	16.3W/（mg·℃）
平面尺寸	0.49m×0.49m
有效传热面积	0.2m^2
深度	20mm

续表

参数	数值
壁厚	4mm
进出水口开口直径	20mm
进出水口中心靠壁间距	30mm
进出水口中心间距	430mm
折流板	7个

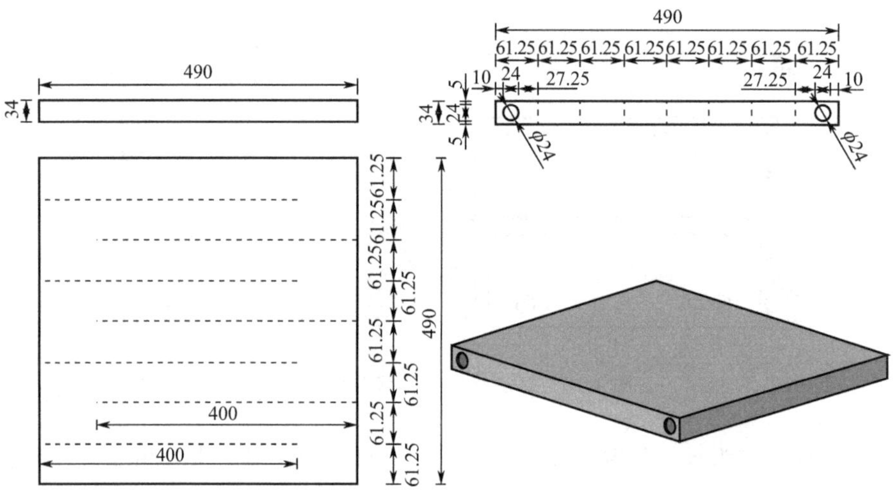

图 4-11　加热板结构图

4.2.3　枳壳真空干燥实验研究

（1）干燥特性

图 4-12 为 4mm 厚度枳壳真空脉动干燥 4h 水分比变化曲线，其中，τ_{ca} 为真空时长，常压时长均为 5min。在真空压力相同的情况下，随着干燥温度的升高，干燥速率加快，而当干燥温度为 70℃和 75℃时，干燥速率差别不大。另外，当干燥温度相同时，水分比随干燥压力的减小而减小，在 15kPa 和 20kPa 的干燥条件下，水分变化趋势相近，均高于 10kPa 条件下的水分。水分比曲线呈现先快速下降后缓慢下降的趋势，说明真空脉动干燥初期干燥速率较快，并且随着真空压力的降低，该趋势更为明显。

枳壳真空脉动干燥的有效扩散系数 D_{eff} 如表 4-8 所示，其变化范围为 $1.329\times10^{-10}\sim2.991\times10^{-10}m^2/s$。$D_{eff}$ 值随干燥温度升高或真空压力增大而增大。

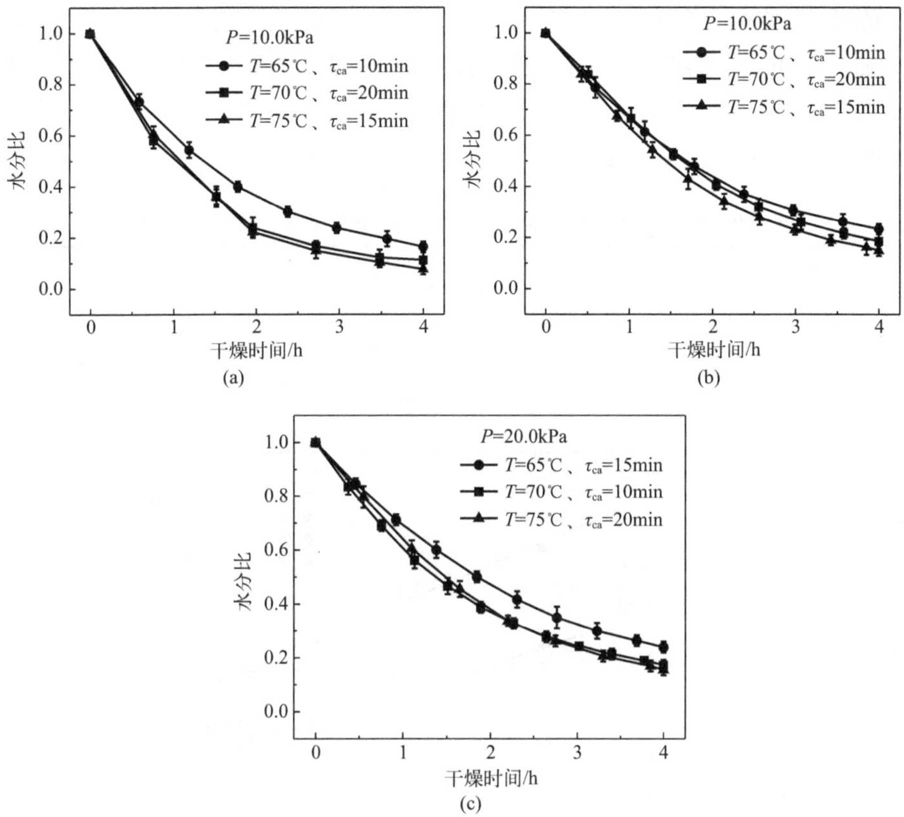

图 4-12　枳壳真空脉动干燥含水率变化曲线

表 4-8　枳壳真空脉动干燥的有效扩散系数

温度 T/℃	绝对压力 P/kPa 和脉动比 R_{pv}/min	D_{eff}/×10^{-10} m^2/s
65℃	10kPa，5min∶10min	1.773
	15kPa，5min∶20min	1.422
	20kPa，5min∶15min	1.329
70℃	10kPa，5min∶20min	2.503
	15kPa，5min∶15min	1.627
	20kPa，5min∶10min	1.757
75℃	10kPa，5min∶15min	2.991
	15kPa，5min∶10min	1.851
	20kPa，5min∶20min	1.985

有效扩散系数与干燥温度的线性回归分析结果如表 4-9 所示。D_{eff} 与干燥温度的关系式可以采用 Arrhenius 型关系来描述。E_a 的值是根据图 4-13 中 $\ln D_{eff}$ 相对于

T^{-1} 的斜率计算的。当干燥温度为65℃、70℃、75℃时，E_a 值分别为50.97kJ/mol、25.44kJ/mol和39.22kJ/mol。4mm枳壳的 E_a 与杏叶菇（23.59kJ/mol）、红辣椒（24.47kJ/mol）、乌梅（24.83kJ/mol）、四季豆（25.43kJ/mol）、秋葵（23.59kJ/mol）和青椒（51.40kJ/mol）的均接近。

表4-9　枳壳真空脉动干燥有效扩散系数与干燥温度线性回归结果

T/℃	E_a/（kJ/mol）	R^2	关系式
65	50.97	0.9722	$\ln D_{eff}=-6130.5/T-4.3$
70	25.44	0.9999	$\ln D_{eff}=-3060.7/T-13.6$
75	39.22	0.9530	$\ln D_{eff}=-4717.9/T-8.8$

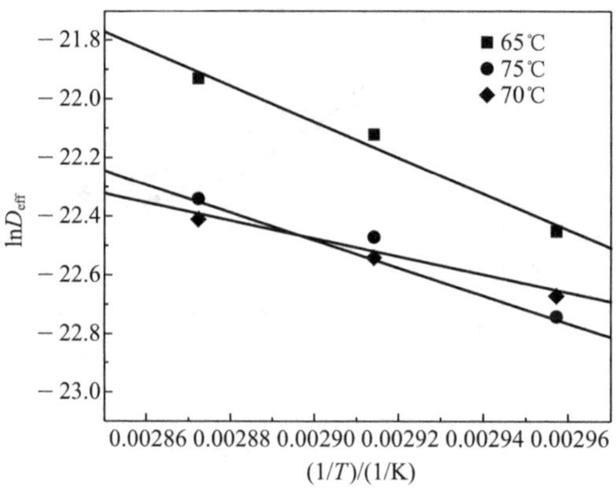

图4-13　D_{eff} 与干燥温度的Arrhenius关系

（2）品质变化规律

复水性（rehydration ratio，RR）是新鲜物料干燥后吸水恢复原来新鲜程度的能力，通常用质量的增加程度表示，一般干制品复原到新鲜状态的程度越高，干制品质量越好。复水率由下式计算：

$$RR=\frac{W_t}{W_0} \tag{4-11}$$

式中　W_t——复水 t 时间后物料质量，kg；

W_0——复水前物料质量，kg。

枳壳的复水率曲线如图4-14所示，τ_{ca} 为真空时长，常压时长均为5min。研究结果表明，真空脉动干燥后枳壳的复水率会在60min内逐渐增大，并且与干燥后终了含水率具有一定相关关系。随着终了含水率的降低，复水率逐渐增大，在10kPa、75℃、5min∶15min的真空脉动干燥条件下干燥4h时，复水率最高为2.48。

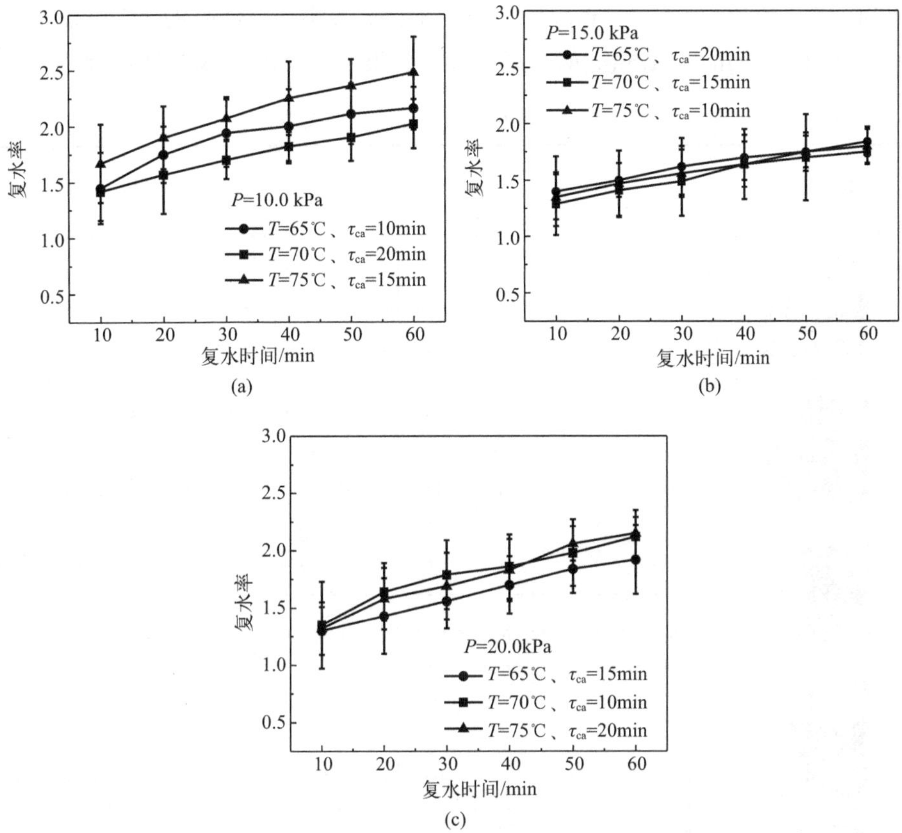

图 4-14　枳壳真空脉动干燥后的复水性

采用 CIE Lab 颜色参数（L^*，a^*，b^*）量化干燥样品的表面颜色变化。L^* 为明暗光谱，范围从 0（黑色）到 100（白色），a^* 为红绿光谱，范围从－60（绿色）到＋60（红色），b^* 为黄蓝光谱，范围从－60（蓝色）到＋60（黄色）。采用色差仪测量新鲜和干燥样品的颜色参数，色差（ΔE）、褐变指数（BI）计算公式如下所示：

$$\Delta E=\sqrt{(L^*-L_0^*)+(a^*-a_0^*)+(b^*-b_0^*)} \tag{4-12}$$

$$\mathrm{BI}=100\times\left(\frac{X-0.31}{0.17}\right) \tag{4-13}$$

$$X=\frac{(a^*+1.75L^*)}{(6.645L^*+a^*-3.012b^*)} \tag{4-14}$$

式中　L^*，a^*，b^*——干燥后物料颜色参数；

L_0^*，a_0^*，b_0^*——新鲜物料颜色参数。

不同真空脉动条件下枳壳干燥样品的颜色参数 L^*、a^*、b^*、色差 ΔE 和褐变指数 BI 如表 4-10 所示。结果表明，果皮的 L^* 值均大于果肉，果皮的 a^* 值小于果肉。在65℃、15kPa、5min∶20min的干燥条件下，样品的L^*值最小。在75℃、10kPa、5 min∶15min的干燥条件下，果肉和果皮的ΔE和BI值最小。

表4-10　真空脉动干燥后枳壳颜色

序号	物料图片	位置	颜色				
			L^*	a^*	b^*	ΔE	BI
1	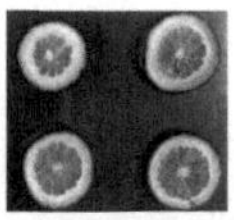	果肉	60.43 ± 0.36^{a}	2.72 ± 0.21^{g}	20.73 ± 0.33^{f}	5.99 ± 0.74^{i}	4.30 ± 1.64^{i}
		果皮	77.51 ± 0.10^{f}	-0.14 ± 0.28^{e}	20.06 ± 0.20^{h}	7.23 ± 0.40^{e}	29.09 ± 0.43^{h}
2	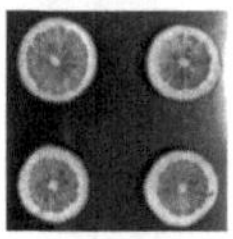	果肉	53.73 ± 0.05^{g}	2.90 ± 0.21^{f}	21.41 ± 0.30^{e}	10.89 ± 1.15^{c}	10.63 ± 0.86^{d}
		果皮	75.14 ± 0.27^{h}	0.11 ± 1.11^{c}	21.36 ± 0.23^{f}	9.88 ± 0.19^{b}	32.73 ± 2.13^{c}
3		果肉	56.11 ± 0.11^{e}	4.19 ± 0.09^{b}	22.05 ± 0.63^{c}	9.93 ± 0.31^{e}	11.53 ± 1.81^{c}
		果皮	82.22 ± 0.32^{b}	-0.23 ± 0.08^{f}	23.49 ± 0.14^{a}	6.61 ± 3.16^{f}	32.59 ± 1.02^{d}
4	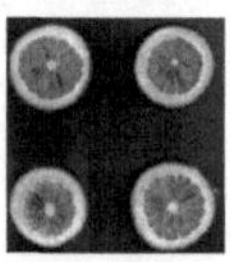	果肉	47.82 ± 0.20^{h}	4.79 ± 0.03^{a}	20.31 ± 0.07^{g}	16.21 ± 0.10^{a}	16.77 ± 0.10^{a}
		果皮	78.58 ± 0.20^{e}	0.88 ± 0.08^{b}	22.64 ± 0.44^{c}	8.09 ± 0.12^{d}	34.01 ± 0.23^{b}
5	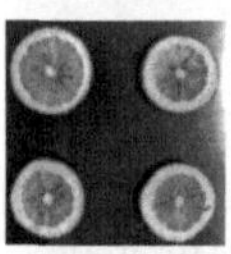	果肉	47.31 ± 0.07^{i}	3.24 ± 0.09^{d}	17.53 ± 0.23^{h}	15.78 ± 0.18^{b}	8.76 ± 0.41^{f}
		果皮	71.69 ± 0.13^{i}	1.33 ± 0.71^{a}	23.26 ± 0.16^{b}	13.99 ± 0.24^{a}	39.64 ± 1.59^{a}
6	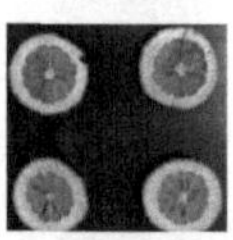	果肉	56.55 ± 0.20^{d}	3.17 ± 0.10^{e}	22.24 ± 0.08^{b}	9.37 ± 0.91^{f}	10.23 ± 0.07^{e}
		果皮	81.60 ± 0.02^{c}	0.09 ± 0.40^{c}	21.71 ± 0.09^{e}	5.41 ± 0.18^{h}	30.26 ± 2.74^{f}
7		果肉	58.80 ± 0.01^{c}	1.88 ± 0.21^{h}	21.91 ± 0.14^{d}	7.38 ± 0.04^{h}	6.35 ± 2.08^{h}
		果皮	86.23 ± 0.14^{a}	-0.78 ± 0.09^{g}	18.15 ± 0.12^{i}	2.92 ± 0.19^{i}	22.38 ± 0.91^{i}
8	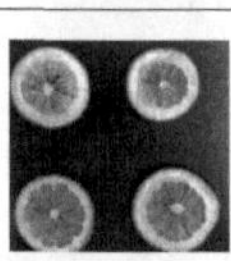	果肉	54.92 ± 0.06^{f}	3.52 ± 0.46^{c}	22.20 ± 0.08^{b}	10.59 ± 0.12^{d}	11.97 ± 1.33^{b}
		果皮	80.30 ± 0.51^{d}	-0.01 ± 0.46^{d}	22.08 ± 0.18^{d}	6.30 ± 2.42^{g}	31.36 ± 0.78^{e}
9	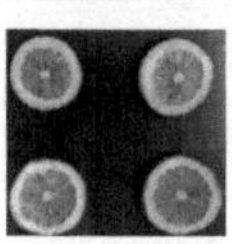	果肉	59.51 ± 0.08^{b}	1.78 ± 0.08^{i}	22.80 ± 0.19^{a}	7.78 ± 2.90^{g}	7.29 ± 1.14^{g}
		果皮	76.57 ± 0.16^{g}	-1.08 ± 0.69^{h}	20.86 ± 0.45^{g}	8.16 ± 0.47^{c}	29.91 ± 0.53^{g}

4.3 真空分离-辐射复合膜干燥技术与装备

4.3.1 真空膜蒸馏-过热蒸汽干燥原理

由热力学中水的定压汽化基本原理可知，在给水加热的过程中，水存在 5 种形态，包括过冷水、饱和水、湿饱和蒸汽、干饱和蒸汽和过热蒸汽。根据水蒸气在不同压力和温度下的存在状态可以分为饱和蒸汽和过热蒸汽。饱和蒸汽由于其利用潜热值大、传热系数高、压力和温度能精确控制等优点被广泛用作加热热源，是理想的做功介质和传质介质。

过热蒸汽干燥是近 20 年发展起来的一种新型干燥技术，是指用过热蒸汽充当带走水汽和提供能量的介质从而实现物料脱水干燥。过热蒸汽与饱和蒸汽相比，同一容积中水分子的数量更少，水分子运动更为激烈。一方面，它具有如同热空气一样的性质，可以实现物质加热干燥；另一方面，如同饱和蒸汽一样，若接触到比其温度远低的物质时，会冷凝成水。

在过热蒸汽干燥过程中，水分在物料内部扩散，导致物料的细胞膨胀，形成多孔状态。由于过热蒸汽干燥中不存在空气，水分蒸发在自身蒸汽中不存在扩散阻力，在相同温度下过热蒸汽干燥的传热性能优于空气。由于物料内部水分的扩散率很高，物料表面与蒸汽之间的传质阻力也更小。故可近似认为过热蒸汽干燥中，物料的干燥速率由传热效率控制。干燥速率可以由下式给出（忽略显热、其他传热方式和热损）：

$$DR=\frac{h(T_m-T_s)}{\lambda} \tag{4-15}$$

式中　DR——干燥速率，kg/（m^2・h）；

h——传热系数，W/（m^2・K）；

T_m——过热蒸汽的温度，K；

T_s——干燥物料的表面温度，K；

λ——水的蒸发潜热，J/kg。

在热风干燥中，T_s 等于湿球温度，水分在 40～70℃条件下蒸发；而在过热蒸汽干燥中，T_s 等于当前压力下水的饱和温度。随着温度提高，过热蒸汽干燥的传热系数迅速提升，这就会引发逆转点温度现象。所谓逆转点温度，即在该温度条件下水分在干空气中的蒸发速率与在过热蒸汽中的相同。在此温度以上，水在过热蒸汽中的蒸发速率较大；反之，则在干空气中的蒸发速率较大。过热蒸汽干燥的早期研究大多数集中在强化水分蒸发速率和逆转点温度上。

总体来说，过热蒸汽干燥的优势显著，近年来广泛应用于干燥木材、纸张、食品、种子以及城市废弃物等多种物料。具体优点包括以下几个方面：

① 节能效果显著。过热蒸汽干燥可以充分利用蒸汽的潜热，热效率高（可高达 90%）。

② 干燥速率快。过热蒸汽的热传递特性优于相同温度下的空气，是由于预热阶段初期，过热蒸汽冷凝放热量大，换热系数高；水蒸气扩散几乎没有不同分子间传质的界面阻力，物料在恒速干燥段的干燥速率只取决于热传递的速率，干燥周期可明显缩短。

③ 干燥品质好。采用过热蒸汽作干燥介质时，物料表面湿润、干燥应力小，不易产生开裂、形变等干燥缺陷；同时由于过热蒸汽中不含氧气，不易产生酶促褐变和梅拉德反应。

④ 安全性优。过热蒸汽干燥无空气存在，没有氧化和燃烧反应，避免了干燥室着火或爆炸的危险。

⑤ 设备体积小。过热蒸汽的比热容大、不冷凝气体少，循环干燥介质用量少。

⑥ 有利于保护环境。过热蒸汽干燥是在密封条件下进行的，粉尘含量大大降低。

膜蒸馏（Membrane Distillation，MD）技术起源于 20 世纪 60 年代，它是与传统低温蒸发工艺相结合的一种新型膜分离过程。膜蒸馏过程的推动力为膜两侧蒸汽压差。进料侧和透过侧以疏水性微孔膜为分离屏障，在膜两侧蒸汽压差的推动下，进料侧中的易挥发组分在热侧膜面处发生汽化，蒸汽分子穿过膜孔进入到膜的另一侧，从而实现分离的目的。根据冷凝液在透过侧蒸汽的收集方式不同，将膜蒸馏工艺分为以下四种形式：直接接触式膜蒸馏（Direct Contact Membrane Distillation，DCMD）、气隙式膜蒸馏、真空膜蒸馏（Vacuum Membrane Distillation，VMD）和吹扫式膜蒸馏。其中，VMD 的工作原理是在真空泵的抽吸作用下，透过侧压力低于料液侧挥发性组分的平衡蒸气压，此传质推动力使蒸汽透过膜孔进入到透过侧，并在外部冷凝器中冷凝。由于真空泵的作用，传质推动力大，膜通量也大，故一般用于物料的浓缩。

VMD 过程中会产生大量的低压过热蒸汽。研究发现，当进料液温度范围为 60～90℃时，真空侧的蒸汽温度一般为 55～85℃。而真空侧绝对压强一般控制在 10kPa 以下，10kPa 时饱和蒸汽对应的饱和温度约为 45.81℃，所以真空侧的水蒸气应该为过热蒸汽，过热度在 9～39℃。由于 MD 是一个热驱动非等温的分离过程，传质和传热同时进行且相互耦合。料液中易挥发组分在热侧膜面发生汽化，蒸汽穿过膜孔传质到膜的另一侧，汽化热在质量传递的同时被移除，同时因膜两侧存在温差而发生跨膜热传导。

如图 4-15 所示，VMD 传质和传热过程可描述为以下三步：第一，水在料液侧膜表面蒸发；第二，蒸汽分子在两侧蒸汽分压差和跨膜压差的作用下透过膜；第三，蒸汽在真空泵抽吸作用下排出膜组件并在冷凝器中冷凝。膜内的热传递主要包括潜热和热传导两部分。

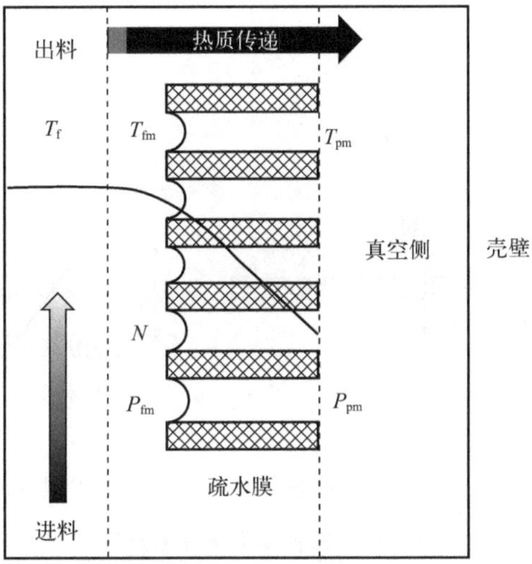

图 4-15　VMD 传质传热过程示意图

VMD 干燥用膜需要采用高导热系数的疏水材料制备。膜的平均导热系数 k_m 可以由式（4-16）计算。

$$k_m = k_s(1-\varepsilon) + \varepsilon k_g \tag{4-16}$$

式中　k_m——平均导热系数，W/（m·K）；

k_s——膜材料的导热系数，W/（m·K）；

ε——膜的孔隙率，%；

k_g——孔内蒸汽的导热系数，W/（m·K）。

本书提出的 VMD-过热蒸汽干燥与已有的真空干燥和 VMD 干燥有本质的不同，具体如图 4-16 所示。

图 4-16（a）是真空干燥，将物料平铺在支撑板上，用真空泵抽吸使物料处于负压，负压环境加快物料中的水分扩散速率。

图 4-16（b）是 Drioli 在 2014 年提出的一种干燥方法，用疏水多孔膜取代真空干燥中的支撑板，真空泵在物料的另一侧抽吸，由于膜孔比物料的尺寸小，物

料不能透过膜，其中的水逐渐汽化，颗粒物料也逐渐浓缩和干燥。膜是物料和水蒸气间的屏障，物料与膜之间需要直接接触。

图 4-16（c）是本书提出的 VMD-过热蒸汽干燥，真空泵在物料侧抽吸，透过膜的过热蒸汽加热物料，并带走汽化的水蒸气。在这个干燥过程中，热侧的水温可人为控制，透过膜的水蒸气温度不会超过热水的温度，所以能实现低恒温干燥。物料处于负压状态，兼顾了真空干燥的特点。膜仅起到产生过热蒸汽的作用，物料与膜之间可以不直接接触，对膜不会造成物理损伤。同时，过热蒸汽干燥的优点也能充分体现。

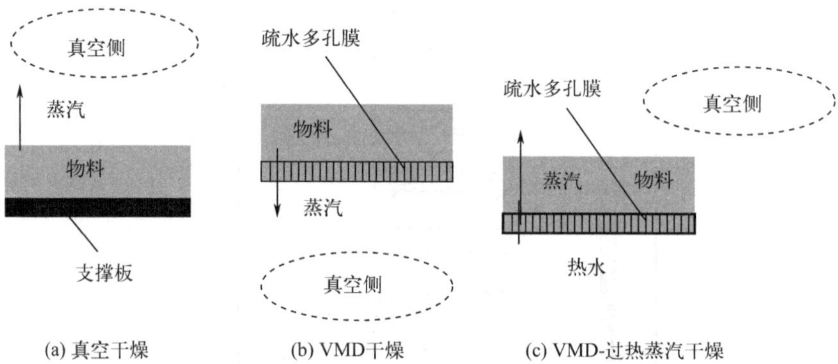

图 4-16　三种真空干燥原理图

4. 3. 2　干燥装备设计

4. 3. 2. 1　系统流程

真空膜蒸馏-过热蒸汽系统的干燥工艺如图 4-17 所示，设备主要由真空膜蒸馏中空纤维膜组件、干燥器、真空泵、蒸汽发生器、辅助部件及控制系统组成，系统可由真空膜蒸馏中空纤维组件划分为常压侧和真空侧。

常压侧提供系统工质和主要热源，运行时冷凝水罐中的工质由进水泵打入板式换热器，蒸汽发生器的蒸汽作为系统热源，工质经预热后进入真空膜组件的料液进口侧，再由料液出口侧排出，返回冷凝水罐进行下一个循环。

真空侧为物料干燥侧，运行时先开启干燥器中的预热器，减少其中过热蒸汽冷凝滞留，随后开启真空泵让系统达到设定真空度，系统压力降低过程中预热的工质由真空膜组件真空侧逐渐进入过热蒸汽干燥系统，经温度调控阀和加热器的选择性加热后进入干燥箱干燥待干物料，干燥后的乏汽由水环真空泵排出。乏汽在泵腔中和水混合后降温降压，此时乏汽降压，其中的过热蒸汽液化为水，少量

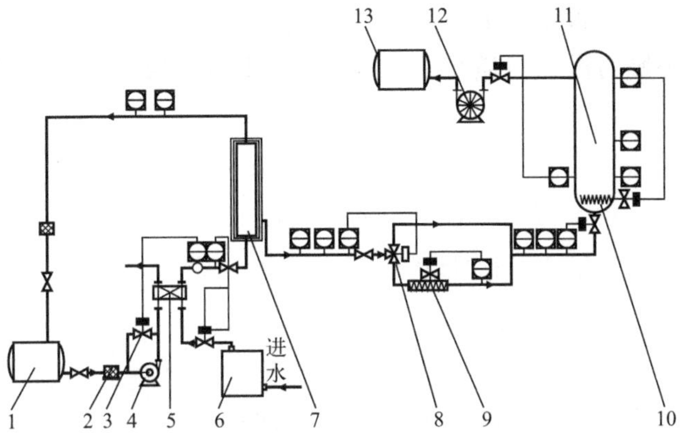

图 4-17　真空膜蒸馏-过热蒸汽干燥系统

1—冷凝水罐；2—过滤器；3—电子调节阀；4—进水泵；5—板式换热器；6—蒸汽发生器；
7—真空膜组件；8—温度调控阀；9—管道加热器；10—预热器；11—干燥器；12—真空泵；13—回水罐

不凝性气体（主要为空气）溶于水中，排入回水罐，不需降温即可排入冷凝水罐作为系统储备用水。

4.3.2.2　系统设计计算

（1）热量平衡计算

以辣椒种子为干燥物料，进行干燥系统热负荷计算。辣椒种子平均直径为 4.5mm，密度为 $840kg/m^3$，辣椒种子干燥前湿基含水率为 37.5%，干燥后辣椒种子的湿基含水率为 3.66%，新鲜辣椒籽的比热容为 0.59kJ/(kg・K)，系统干燥湿物料为 0.4kg/批次。

为了保持辣椒种子的生物活性及发芽活力，干燥过程将在较低温度（最低 50℃）下进行，选取过热蒸汽进汽压力 10kPa（绝对压力），此环境下饱和蒸汽温度 45.81℃。要达到干燥效果，干燥器的进出口都为过热蒸汽，干燥器进汽温度 60℃，出口排汽温度 50℃。进入膜组件的热水一部分产生过热蒸汽干燥物料后直接排出，另一部分在系统中循环后返回水罐，再进入下一次循环，由于系统采取了保温措施，所以系统的热量损失取经验系数 0.15。

① 干料产量

$$G_2 = G_1(1 - X_1 + X_2) \tag{4-17}$$

式中　G_2——干料产量，kg/批次；

G_1——湿料产量，kg/批次；

X_1——干燥前湿基含水率，%；

X_2——干燥后湿基含水率,%。

将每批次干燥的湿物料质量减去除湿量，即可得到干燥后干物料的产量为0.25kg/批次。

② 湿分蒸发量

$$W = G_1 - G_2 \tag{4-18}$$

式中 W——湿分蒸发量，kg/批次。

③ 蒸发湿分所消耗的热量

$$Q_1 = W(h_2 - h_0) \tag{4-19}$$

式中 Q_1——蒸发湿分所消耗的热量，kJ/批次；

h_0——辣椒种子初始温度时水分的焓值，kJ/kg；

h_2——干燥器出口过热蒸汽的焓值，kJ/kg。

在室温条件下，辣椒种子水分的焓值为125.83kJ/kg；绝压10kPa条件下，50℃过热蒸汽的焓值为2592kJ/kg。干燥过程中湿物料的水分达到排气温度后排出干燥器，故将湿分蒸发量乘以焓值之差，可得蒸发湿分所消耗的热量为369.92 kJ/批次。

④ 绝干辣椒种子比热容

$$C_s = \frac{(C - C_{pw} X_2)}{1 - X_2} \tag{4-20}$$

式中 C_s——绝干辣椒种子比热容，kJ/(kg·K)；

C——新鲜辣椒种子的比热容，kJ/(kg·K)；

C_{pw}——水分比热容，kJ/(kg·K)。

取室温到50℃水的平均比热容为4.185kJ/(kg·K)，干燥后的辣椒种子的比热容为0.45kJ/(kg·K)。

⑤ 加热物料消耗的热量

$$Q_2 = G_2 C(\theta_2 - \theta_1) \tag{4-21}$$

式中 Q_2——加热物料消耗的热量，kJ/批次；

θ_1——干燥物料的进口温度,℃；

θ_2——干燥物料的出口温度,℃。

干燥时需要提前预热干燥器，故假设湿物料的温度为30℃；取种子出口温度为过热蒸汽的出口温度50℃；干燥过程中的热量全由过热蒸汽提供，经计算，加热物料消耗的热量为5.16kJ/批次。

⑥ 设备的散热损失

$$Q_3 = 0.15(Q_2 + Q_1) \tag{4-22}$$

式中　Q_3——设备的散热损失，kJ/批次。

设备的散热损失的经验系数取 0.15，计算可得设备的散热损失为 56.26 kJ/批次。

⑦ 总热消耗量

$$Q = Q_1 + Q_2 + Q_3 = 1.15(Q_2 + Q_1) \tag{4-23}$$

式中　Q——总热消耗量，kJ/批次。

将蒸发湿分所消耗的热量 Q_1、加热物料消耗的热量 Q_2 和设备的散热损失 Q_3 相加，即可得到系统的总热消耗量为 431.34kJ/批次。

⑧ 所需过热蒸汽质量

$$V = \frac{Q}{h_1 - h_2} \tag{4-24}$$

式中　h_1——干燥器进口过热蒸汽焓，kJ/kg；

V——所需过热蒸汽质量，kg。

在绝压 10kPa 的条件下，60℃过热蒸汽的焓值为 2611.18kJ/kg。本系统干燥的热消耗量 Q 均由过热蒸汽提供，计算可知过热蒸汽质量为 22.70kg/批次。

(2) 进水泵

进入真空纤维膜组件的工质一般称为料液。料液流过膜丝时，需要一定的膜面流速才能更好地实现料液分离的过程，从而在膜丝外表面传质过热蒸汽，达到真空膜蒸馏的效果。因此，进入真空膜组件的料液需要保持稳定的流速，故选取离心式水泵作为本系统的进水泵。

离心式水泵通过旋转的叶轮使泵内的水离心运动排入水管，从而获得稳定的出水流量。运行时泵内的水在高速旋转的叶轮带动下离心运动，带着一定的压差连续向泵外排出，产生持续的出水流量进入出水管。膜组件需要一定的膜面水流速才可达到较好的膜分离效果，根据 30 根模组的实验数据，膜组件流量 q_w 为 15.81kg/h，膜组件理论膜丝根数按 600 根设计，故离心泵的额定流量取 q_1 为 304.6kg/h。

进水体积流量按下式计算：

$$w_1 = \frac{q_1}{3600\rho_{水}} \tag{4-25}$$

式中　w_1——干燥器进口过热蒸汽焓，kg/h；

$\rho_{水}$——水的密度，kg/m^3。

根据伯努利公式计算进水泵扬程，并根据进水流速确定进水管管径：

$$H = Z_2 - Z_1 + \frac{p_2 - p_1}{\gamma} + \frac{v_2^2 - v_1^2}{2g} \tag{4-26}$$

$$d_1 = 1.13\sqrt{\frac{w_1}{u_1}} \tag{4-27}$$

式中　H——扬程，m；

d_1——进水管管径，m；

u_1——进水流速，m/s。

根据上述公式进行理论计算，得出进水体积流量为 $1.1\times10^{-4}m^3/s$，按经验值假设进水流速为 1m/s，系统管程约为 13m，使用材料为 316 不锈钢管，系统内的沿程阻力系数忽略不计，进水泵需要的扬程为 42m，系统的水循环管路管径为 DN25。

(3) 换热器

真空膜蒸馏的传质动力主要是工况压力与进料温度条件下的饱和蒸气压之间的压力差。料液的进膜温度越高膜通量越高。干燥系统中的过热蒸汽由料液产生，管道加热器仅起到辅助作用，所以对膜蒸馏组件进料侧加热时需要热效率较高的换热器，故选择使用换热效率高、热损失小的板式换热器。板式换热器的主要结构由波纹形状的金属片叠装而成，通过金属片进行换热。

换热器热负荷计算：

$$Q' = q_1 C_{pw}(T_1 - T_2) \tag{4-28}$$

式中　Q'——换热器热负荷，kW；

q_1——进水泵的额定流量，kg/h；

C_{pw}——水的定压比热容，J/(kg·℃)；

T_1——初始水温，℃；

T_2——加热后水温，℃。

本系统中换热器的热源为蒸汽发生器产生的 170℃的饱和蒸汽，将室温下的水由 20℃加热到 48℃，则换热器需要的热负荷为 11.375kW。

蒸汽量由下式计算：

$$W' = \frac{Q'}{(t_2 - t'_2)C_{pc}} \tag{4-29}$$

式中　W'——蒸汽量，kg；

C_{pc}——水蒸气的定压比热容，J/(kg·℃)；

t_2——水蒸气初始温度，℃；

t'_2——降温后水蒸气温度，℃。

根据 170℃的水蒸气降温至 100℃的有效热量，计算需要的饱和蒸汽量为 17.02kg/h。

换热器面积由下式计算：

$$S=\frac{Q'}{K\Delta t_{m}} \tag{4-30}$$

$$\Delta t_{m}=\frac{\Delta t_{2}-\Delta T}{\ln \frac{\Delta t_{2}}{\Delta T}} \tag{4-31}$$

式中 Δt_m——总平均温差，℃；

Δt_2——水蒸气冷却前后温差，℃；

ΔT——水升温前后温差，℃；

S——换热器面积，m^2；

K——板式换热器的换热系数，$W/(m^2 \cdot ℃)$。

为了计算换热器的面积，首先计算换热器的总平均温差。根据加热条件，可得总平均温差为 52.43℃。根据厂家提供的参数，假设板式换热器的换热系数 $K=1000W/(m^2 \cdot ℃)$。根据计算可知最小换热器面积为 $0.22m^2$。

(4) 真空泵

干燥过程一直处于真空环境下进行，而干燥过程中真空膜组件会持续产出过热蒸汽，因此需要持续开启真空泵维持系统的真空度。由于实验系统中的干燥工质为低压过热蒸汽，常压下会快速冷凝，极易影响真空泵的持续运行，故采用水环真空泵。水环真空泵运行时内部工质为水，不需要考虑低压过热蒸汽冷凝的问题，同时可靠性也较高。尽管在运行中需要不断补充冷却水，但是可持续工作的特点十分契合真空膜蒸馏-过热蒸汽干燥的工艺需求。水环真空泵运行时叶轮与水环之间构成月牙形的工作空间，将系统内的气体吸入工作腔中，随后封闭吸气口连通排气口将抽吸的气体排出后进行下一个循环，从而达到了持续抽真空的工艺。根据真空膜组件单位时间内的过热蒸汽产量，接下来对水环真空泵进行设计选型。

水环真空泵的流导由下式计算：

$$U_{n}=\frac{\pi d^{4}}{128\eta(L+0.029Q_{n})}\overline{p} \tag{4-32}$$

式中 U_n——流导，m^3/s；

Q_n——气体流量，$Pa \cdot m^3/s$；

η——气体黏滞系数，$N \cdot s/m^2$；

L——管道长度，m；

$\overline{p}$——管道中平均压力，Pa。

计算额定吸气流量前，先确定真空管道通过气体的能力，计算管道流导为 1.3m^3/s，查询产品手册后，确定使用水环真空泵型号为 2bv2060。

(5) 管道

真空膜组件产生的过热蒸汽如果不能及时抽走，则会聚集在膜丝外表面增加真空膜蒸馏过程的传质阻力。而气流沿管道流动时，气体流速与管道两端的压差成正比。管道的校正系数由下式确定：

$$F=\sqrt{\frac{M_{空气}}{M_{水蒸气}}} \tag{4-33}$$

式中 F——校正系数；

$M_{空气}$——空气相对分子质量，取 29；

$M_{水蒸气}$——水蒸气相对分子质量，取 18。

真空膜蒸馏-过热蒸汽干燥设备运行时先抽取系统内的空气，在此过程中，真空膜组件持续产出过热蒸汽，直至系统稳定运行时几乎全为过热蒸汽，通过计算确定校正系数为 1.2693。

管道通道由下式计算：

$$U=\frac{q}{\Delta p} \tag{4-34}$$

$$\frac{1}{S}=\frac{1}{S_p}+\frac{1}{U} \tag{4-35}$$

式中 U——通道，m^3/s；

q——气体流量，$Pa \cdot m^3/s$；

Δp——压力差，kPa；

S——真空泵的有效抽气速率，m^3/h；

S_p——真空泵的名义抽气速率，m^3/h。

真空膜蒸馏-过热蒸汽干燥系统工质包含液态和气态，根据上述计算结果，选取液相管道管径 DN25，气相管道管径 DN40。

真空膜蒸馏-过热蒸汽干燥实验装置具体配置如表 4-11 所示。真空蒸馏膜组件透过侧和干燥器均维持相应稳定的真空度。系统主要以蒸汽相变释放的潜热作为进水的热源。进水由进水泵打入板式换热器和蒸汽发生器产出的蒸汽进行换热，充分加热后的水进入真空膜蒸馏组件，一部分从直接膜组件的出口流出，另一部分在压力差的驱动下产生过热蒸汽，过热蒸汽的真空度由真空泵控制。实际系统运行时，干燥器所需的过热蒸汽过热度可以由加热器辅助控制。当膜组件产生的过热蒸汽过热度足够时，打开支路电动开关阀，关闭加热器支路的电动调节阀，蒸汽不需要加热。干燥过后的蒸汽由水环真空泵排出，过程中与水环真空泵内的工质混合后液化，混合少量不凝性气体直接排出，可以直接作为下一次循环时的储备用水。

表 4-11 真空膜蒸馏-过热蒸汽干燥实验装置配置表

序号	设备名称	规格型号	数量
1	真空膜组件	膜丝根数 600，总膜面积 0.99m^2	1 台
2	离心式水泵	上海长荣 QDLF2-30	1 台
3	蒸汽发生器	张家港市尚亿 LDR0.05-0.7	1 台
4	管道加热器	苏州普奇 3kW	1 台
5	水环真空泵	沧州兴东 2bv2060	1 台
6	板式换热器	青岛瑞普特 475mm×300mm×185mm	1 台
7	真空干燥箱	常州良友金坛 DZF-6020	1 台
8	电动三通阀	L 形三通法兰球阀 DN40	1 个
9	电动调节阀	Q941F-16，DN25	4 个
10	单向阀	活塞式单向球阀，ϕ32mm	4 个
11	温度传感器	Pt100，DN25 卡套式快装接口，4～20mA	6 个
12	压力传感器	XF3804，G1/2	4 个
13	电磁流量计	LDBE 智能型电磁流量计，DN25	2 个
14	涡街流量计	LUGB 型法兰卡装式，DN50	2 个
15	过滤器	Y 斜口 DN25	3 个
16	框架	铝合金型材欧标 4040C	14 根
17	继电器	正泰，JZX-22（D）DC24V	8 个
18	触摸屏	威纶通，MT8102 iE（含以太网接口）	1 个
19	热继电器	正泰，NR2-25G/Z 1.6-2.5A	2 个

为了防止蒸汽冷凝导致管壁和干燥室生锈，整个实验台中的管道和干燥室都采用 304 不锈钢，软管部分则采用耐高温、密封性好的 PVC 钢丝工业用管。为了尽量减小系统的热损失，避免实验中低压过热蒸汽在近壁面侧冷凝，对系统中所有低压过热蒸汽工作段均做了保温，包括干燥器、加热器及其主要热交换段管道。保温材料采用厚度 10mm 及 15mm 的保温棉，完成后真空膜蒸馏-过热蒸汽干燥装备如图 4-18 所示。

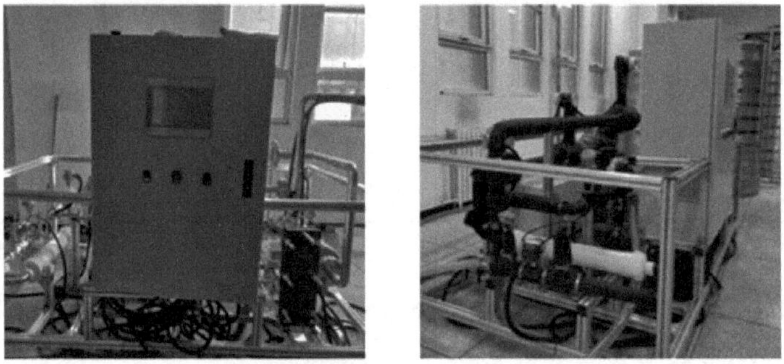

图 4-18 真空膜蒸馏-过热蒸汽干燥装备

4.3.3 种子干燥实验研究

4.3.3.1 系统性能

(1) 不同热水流量下蒸汽流量随进料温度的变化规律

由于真空膜蒸馏-过热蒸汽干燥系统干燥回路的工质都由真空膜组件提供，系统运行时的蒸汽流量可近似由膜组件的膜通量表示。在系统绝对压力为 10kPa 的条件下，研究了不同进料流量下，蒸汽流量随膜面温度的变化规律，所得结果如图 4-19 所示。

在不同进料流量下，蒸汽产量随进料温度的整体变化趋势是一致的。由于水在膜组件真空侧汽化后存在一定温度损失，进料温度 50℃ 前系统所采集到的系统蒸汽流量数据包含一定量的不凝性气体，所以初始时随温度升高系统的蒸汽流量变化很小，不同进料流量下的蒸汽体积流量近乎相同。在 53℃ 左右时，蒸汽流量开始随进料温度的上升而逐渐增加，且增加速度逐渐加快。高温条件下膜孔内可以视为只有水蒸气，分子之间的碰撞造成的阻力可忽略不计，水蒸气传质的驱动力为进料侧饱和蒸气压与透过侧绝对压强之间的跨膜压差。由于水的饱和蒸气压随温度升高呈指数倍增加，所以膜两侧蒸气压差随料液进口温度的升高而增大，蒸汽产量也相应增加，且增加速度逐渐加快。

图 4-19 (a) 为进料流量 0.5m^3/h 时蒸汽体积流量随进料温度的变化规律，53℃前蒸汽流量的变化率较小，此后随料液温度上升蒸汽流量快速增加，至进料温度 66℃ 时蒸汽的体积流量从 17m^3/h 增加到了 30m^3/h，增长幅度达到了 76.5%。

图 4-19 (b) 为进料流量 1m^3/h 时蒸汽体积流量随进料温度的变化规律，53℃前蒸汽流量的变化率较小，此后随料液温度上升蒸汽流量快速增加，至进料

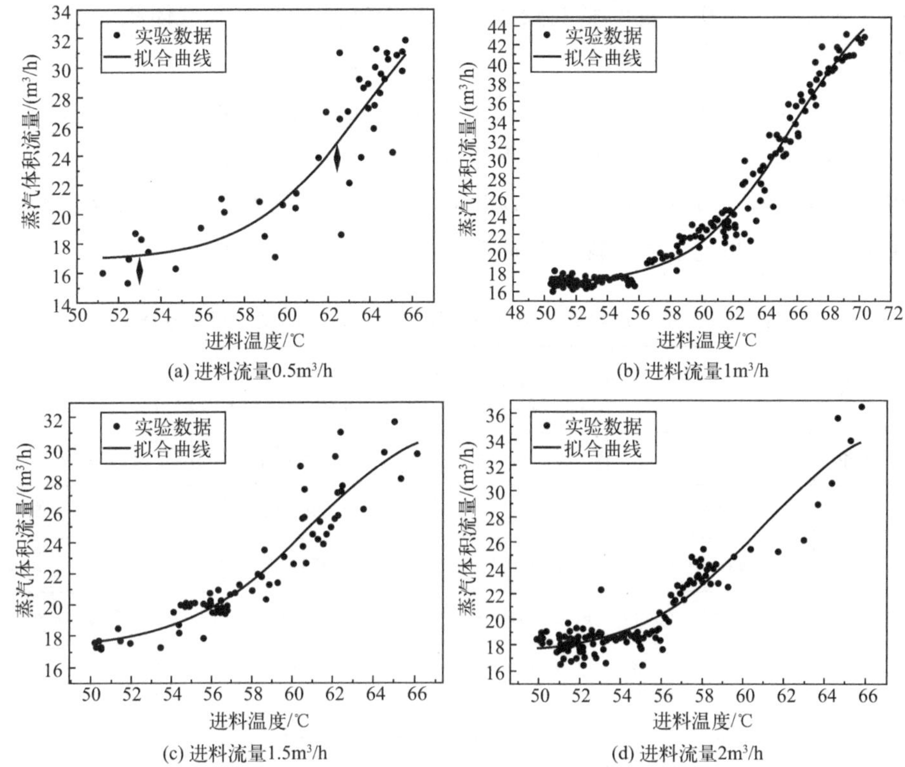

(a) 进料流量0.5m³/h　(b) 进料流量1m³/h　(c) 进料流量1.5m³/h　(d) 进料流量2m³/h

图 4-19　不同进料流量下蒸汽体积流量随进料温度的变化规律

温度 66℃时蒸汽的体积流量从 $17m^3/h$ 增加到了 $32m^3/h$，增长幅度达到了 88.2%，与 $0.5m^3/h$ 时蒸汽体积流量随进料温度的变化相比，相同温度下的蒸汽体积流量略有上升，增长幅度为 6.7%。

图 4-19（c）为进料流量 $1.5m^3/h$ 时蒸汽体积流量随进料温度的变化规律，53℃前蒸汽流量的变化率较小，此后随料液温度上升蒸汽流量快速增加，至进料温度 66℃时蒸汽的体积流量从 $17m^3/h$ 增加到了 $31m^3/h$，与 $1m^3/h$ 时蒸汽体积流量随进料温度的变化相比，相同温度下的蒸汽体积流量降低幅度 3.1%。

图 4-19（d）为进料流量 $2m^3/h$ 时蒸汽体积流量随进料温度的变化规律，53℃前蒸汽流量的变化率较小，此后随料液温度上升蒸汽流量快速增加，至进料温度 66℃时蒸汽的体积流量从 $17m^3/h$ 增加到了 $33m^3/h$，增长幅度达到了 94.1%，与 $1.5m^3/h$ 时蒸汽体积流量随进料温度的变化相比相同温度下的蒸汽体积流量略有升高，但增长幅度不大，仅有 6.5%。

考虑实验中的偶然因素及膜组件性能变化等误差影响，综合分析 $0.5m^3/h$、$1m^3/h$、$1.5m^3/h$、$2m^3/h$ 等进料流量下蒸汽体积流量随进料温度的变化规律，进料流量对蒸汽体积流量的影响较小，远小于进料温度对蒸汽体积流量的影响程度。

由于蒸汽流量随热水进口温度的增加呈非线性增长，可分别采用 Allometrical、beta、Boltzmann、dhyperbl 等非线性拟合方式对实验数据进行拟合并比较相应的残差值。通过比较后发现 Boltzmann 拟合与实验数据最为吻合，不同进料流量下蒸汽体积流量随进料温度的拟合方程如表 4-12 所示。

表 4-12　不同进料流量下蒸汽体积流量随进料温度的拟合方程

模型方程	Boltzmann $y=A_2+(A_1-A_2)/(1+\exp((x-x_0)/dx))$			
进料流量	0.5 m^3/h	1m^3/h	1.5m^3/h	2m^3/h
A_1	16.85634±1.28042	16.72624±0.21788	17.26495±0.62103	17.24134±0.37976
A_2	37.5445±11.69787	49.761±1.84338	32.5989±2.1504	36.82996±2.30859
x_0	63.63398±3.03999	65.65061±0.38402	60.7946±0.85315	60.83784±0.80027
dx	2.69413±1.50888	3.07404±0.20339	2.97664±0.59695	2.91218±0.47131
Reduced Chi-Sqr	5.50046	1.7464	1.61943	1.36929
R^2 (COD)	0.82123	0.97525	0.8899	0.8778
调整后 R^2	0.80782	0.97483	0.88537	0.87548

不同热水流量与蒸汽体积流量变化规律的常规残差如图 4-20 所示。残差在数理统计中是指实际观察值与估计值（拟合值）之间的差，如果回归模型正确时，残差可以近似看作为误差的观测值。

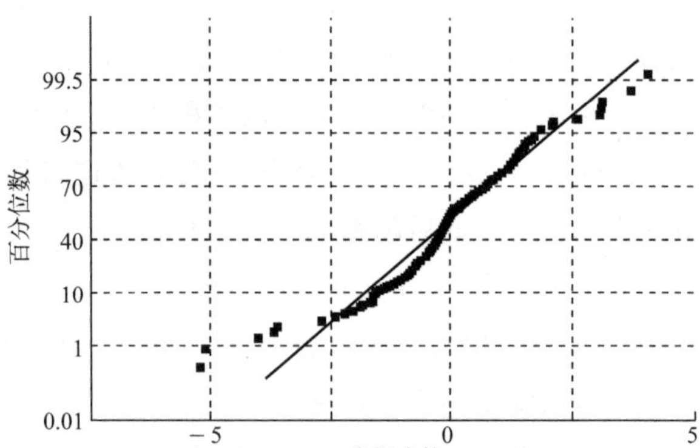

(a) 进料流量0.5m^3/h

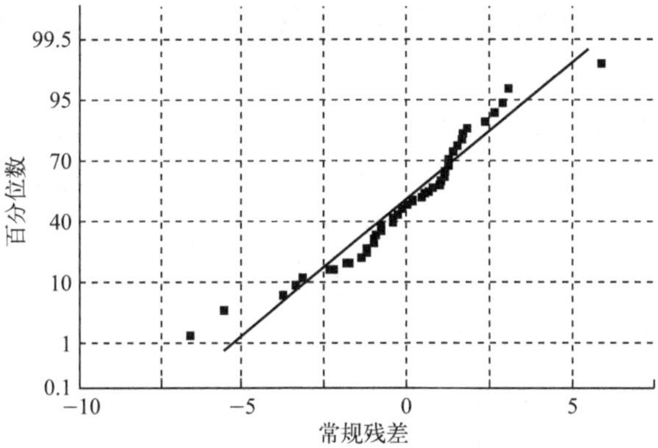

(b) 进料流量1m³/h

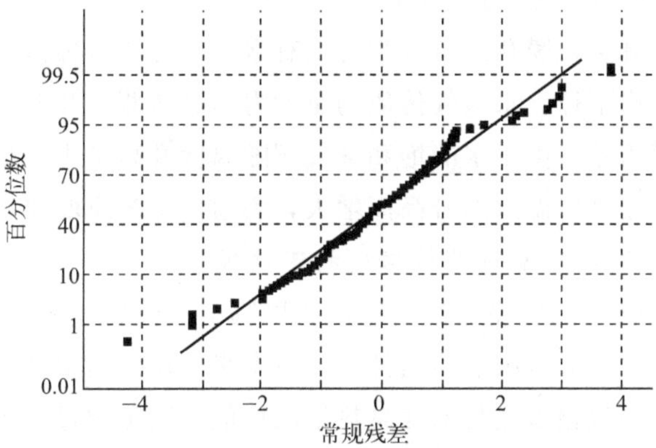

(c) 进料流量1.5m³/h

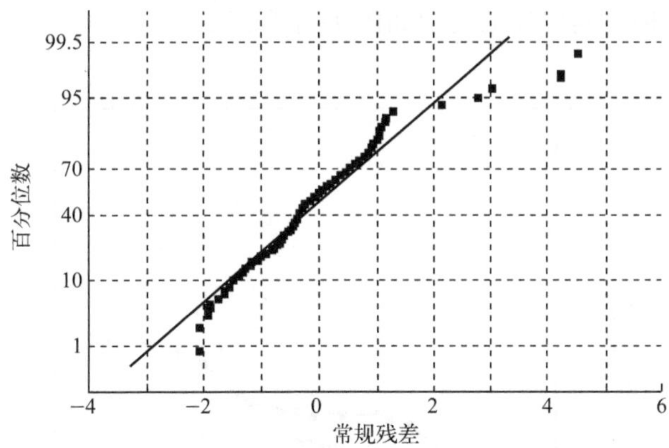

(d) 进料流量2m³/h

图 4-20　不同热水流量与蒸汽体积流量变化规律的常规残差

真空膜蒸馏过程中的传质传热过程可描述为以下三步：流入膜组件的热水在膜丝内表面中蒸发；蒸发后气体状态的水分子在两侧饱和蒸气压差等传质动力的

推动下透过膜孔到膜丝的外表面；气体状态的水分子在真空泵的抽吸作用下流入系统。

真空膜组件的膜通量表示膜组件的传质效率，指单位时间内通过单位膜面积上的流体量。对于真空膜蒸馏，膜组件的膜通量可由经验式给出：

$$N=(C_1+C_2)(P_{vapor}-P_{vacuum}) \tag{4-36}$$

式中 N——膜组件的膜通量，L/(m^2·h)；

C_1——努森扩散系数，s/m；

C_2——黏性流系数，s/m；

P_{vapor}——当前温度水的饱和蒸气压，Pa；

P_{vacuum}——膜组件真空侧压强，Pa。

由于干燥侧抽真空，膜孔内可以视为只有水蒸气且非常稀薄，分子之间的碰撞造成的阻力可忽略不计，水蒸气传质的驱动力为进料侧饱和蒸气压与透过侧绝对压强之间的跨膜压差。由于水的饱和蒸气压随温度升高呈指数倍增加，所以膜两侧蒸气压差随料液进口温度的升高而增大，膜通量也相应增加。

(2) 膜蒸馏组件热效率随进料温度的变化规律

系统的主要热源为膜组件中的工质，所以真空膜蒸馏-过热蒸汽系统运行能耗的传热性能指标可以通过膜蒸馏组件的热效率来体现。膜组件的热效率可以表示为水分汽化需要的汽化潜热与消耗总热量的比值，膜蒸馏过程中消耗的总热量包括料液的跨膜导热量（无效热负荷）和水分的汽化潜热（有效热负荷）。真空膜组件的热效率随进料温度的变化如图 4-21 所示。

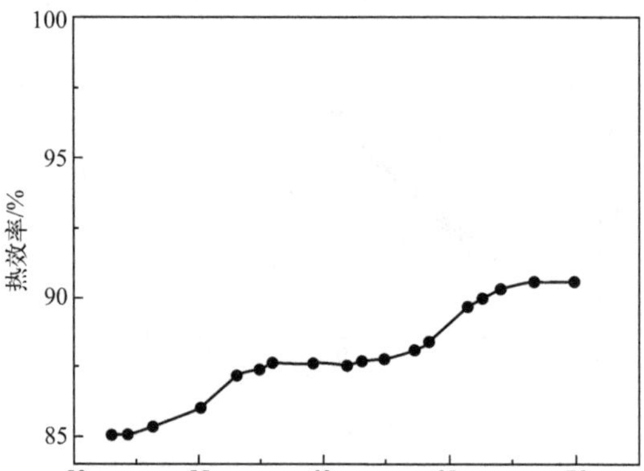

图 4-21 热效率随进料温度的变化规律

初始时，随温度升高膜组件的热效率变化很小，53℃前稳定在 85%左右，随着进料温度的升高，膜组件的热效率随温度升高而增加，由于外界环境等热耗散因素影响，高温后热效率增加速度逐渐放缓，但整体趋势仍然继续升高，在70℃时高达 90.6%。真空膜组件的热效率可由下式推导。

① 热水中水分的汽化潜热（有效热负荷）

$$Q_{m1}=N\Delta H_{v}A \tag{4-37}$$

式中　Q_{m1}——料液中水分的汽化潜热，kW；

ΔH_{v}——水的蒸发焓，kJ/kg；

N——膜通量，m^3/h；

A——膜内面积，m^2。

② 跨膜导热量（无效热负荷）

$$Q_{m2}=\frac{k_{m}}{\delta}(T_{fm}-T_{pm}) \tag{4-38}$$

式中　Q_{m2}——跨膜导热量（无效热负荷），kW；

k_{m}——膜的平均热导率，W/(m·K)；

δ——膜壁厚度，m；

T_{fm}——膜热侧表面温度,℃；

T_{pm}——膜冷侧表面温度,℃。

③ 膜组件热效率

$$\eta=\frac{Q_{m1}}{Q_{m1}+Q_{m2}} \tag{4-39}$$

式中　η——膜组件热效率；

Q_{m1}——有效热负荷，kW；

Q_{m2}——无效热负荷，kW。

膜蒸馏过程的传热推动力是膜冷、热侧的温度差，虽然干燥时膜冷、热侧温度都在升高，水分的汽化潜热增速远大于跨膜导热量，有效热负荷的增速大于无效热负荷，因此，膜组件的热效率随温度升高而增加。

4.3.3.2　干燥特性

种子是农作物持续繁殖的基础。由于高水分的种子呼吸强度大，容易产生大量的热量和水分，储藏期间会快速耗尽种子堆中的氧气，而因厌氧呼吸产生酒精致使种子受到毒害。因此，长期储藏的种子水分含量必须在适当的范围内。

辣椒种子是一种高附加值的热敏性物料，对干燥过程比较敏感，降水速度稍快就可能降低辣椒种子的品质，对其发芽率、发芽势、种子活力等方面造成严重的影响。国内外对于辣椒种子的干燥工艺，一般采用较低风温、分段降水等方式相结合的干燥工艺，不仅干燥速率慢，而且热能损耗率高。已有学者研究发现对此类物料使用过热蒸汽干燥能达到较好的效果，随着压力降低，蒸汽对种子干燥速率等因素的影响逐渐降低，在 40kPa 下 100℃蒸汽的干燥效果与 110℃相差很小。前文主要针对种子的含水率及干燥速率做了测定，未对种子的发芽率等其他品质参数做出研究。本节采用实验研究的方法探究辣椒种子真空膜蒸馏-过热蒸汽干燥特性及品质。

（1）实验材料与设备

研究中所用的朝天椒来自海南省三亚市吉阳新红村，由湖南湘研种业有限公司提供，品种为湘辣 1128（尺寸 1.0mm×4.0mm×4.8mm），收获时辣椒种子湿基含水率为 36%～41%，如图 4-22 所示，由于实验周期较长，新鲜的朝天椒平时在实验室空旷阴凉处平铺存储以备使用，实验前再手动取籽。

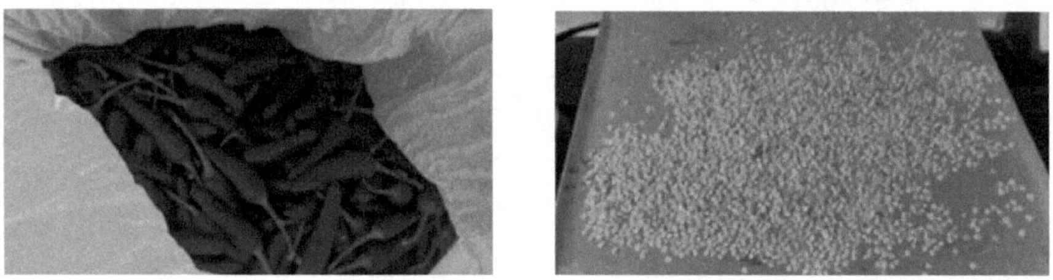

(a) 新鲜朝天椒　　(b) 手动剥出的辣椒种子

图 4-22　新鲜的湘辣 1128 朝天椒

搭建真空膜蒸馏-过热蒸汽干燥实验台、电热恒温干燥箱、自动内校电子分析天平、种子发芽箱、ABS 发芽盒以及其他一些辅助设备，部分辅助实验设备如图 4-23 所示。

（2）实验方法

辣椒种子真空膜蒸馏-过热蒸汽干燥实验步骤具体如下：

① 新鲜辣椒种子准备。在企业取辣椒种子时，用粉碎机将辣椒在水中粉碎后，因辣椒种子密度较大而沉于水中，取出后擦干表面水分再进行干燥。本实验手工取籽、去干瘦籽粒，平铺在干燥托盘上，实验时放入干燥箱。

② 辣椒种子初始水分测定。测量辣椒种子初始质量，将辣椒种子放进电热恒温鼓风干燥箱中进行干燥，温度设定为 50℃，直至样品质量达到恒值（干燥过程中每隔 30min 取出测量）。

③ 辣椒种子真空膜蒸馏-过热蒸汽干燥实验。样品的终了湿基含水率控制在

(a) 电热恒温干燥箱　　(b) 种子发芽箱

图 4-23　辅助实验设备

3.66%左右（干燥过程中隔 30min 取出测量，取出称量辣椒种子质量不超过 30s）。发芽率测定按国家农作物种子检验规程 GB/T 3543—1995 规定，辣椒种子发芽床为纱布或滤纸，在纱布或滤纸中水分不易控制，种子发芽时间长，容易霉烂，本实验采用毛巾卷发芽法，具体步骤如下：

a. 将毛巾裁剪至发芽盒底面尺寸两倍大小，预先煮沸消毒，捞出冷却至室温，拧干到不滴水，稍润即可。

b. 从经净度检验后的种子中随机取试样约 100 粒，取 5 组。

c. 将消毒后的湿毛巾铺于发芽盒，将种子分别整齐地排列在半块毛巾上。粒与粒之间至少保持与种子同样大小的距离，边缘应空出 1.5cm 左右。然后再将余下半块覆盖在种子上，轻扣发芽盒的盖子，挂上标签，注明置床时间、品种、重复次数等，放入 30℃恒温发芽箱内，直至发芽结束，不需加水。

d. 在试验进行到第 4 天和第 7 天时，分别检查发芽盒内的种子发芽情况。取其平均数作为该批种子的发芽势和发芽率。检查发芽势和发芽率时，除了根、芽折断的苗需计入正常发芽的种子外，其他标准与标准法完全相同。

实验时的进料流量、干燥压力、干燥器进出口过热度等运行工况如表 4-13 所示。

表 4-13　辣椒种子干燥工况表

进料流量 /（m^3/h）	蒸汽体积流量 /（m^3/h）	干燥压力（绝对压力）/kPa	干燥器进口温度/℃	干燥器进口过热度/℃	干燥器出口温度/℃	干燥器出口过热度/℃
1	19	10	50	4	48.1	2.1
1	21.5	10	55	9	53.7	6.7

续表

进料流量/（m^3/h）	蒸汽体积流量/（m^3/h）	干燥压力（绝对压力）/kPa	干燥器进口温度/℃	干燥器进口过热度/℃	干燥器出口温度/℃	干燥器出口过热度/℃
1	20.7	10	60	14	58.3	10.3
1	16.6	25	70	4	68	2

（3）结果分析

① 不同过热度相同压力下辣椒种子的含水率变化规律　如图 4-24 所示，在系统压力稳定在绝对压力 10kPa 的条件下，分别在 4℃、9℃和 14℃的过热度下进行了湘辣 1128 辣椒种子的干燥实验。由于辣椒种子初始温度为室温（14℃），表面有一定水分，且 60℃、10kPa 条件下过热蒸汽的焓值较低，仅比饱和蒸汽的焓值 2583.88kJ/kg 高约 27.29kJ/kg，从图中可以看出 1.5h 前的辣椒种子含水率下降速度差距不大，初始干燥阶段的主要干燥动力为低压过热蒸汽的吹扫作用。此后，干燥时间受温度的影响较大，干燥温度越高所需的干燥时间越短，温度每升高 5℃干燥时间即减少约 1h。

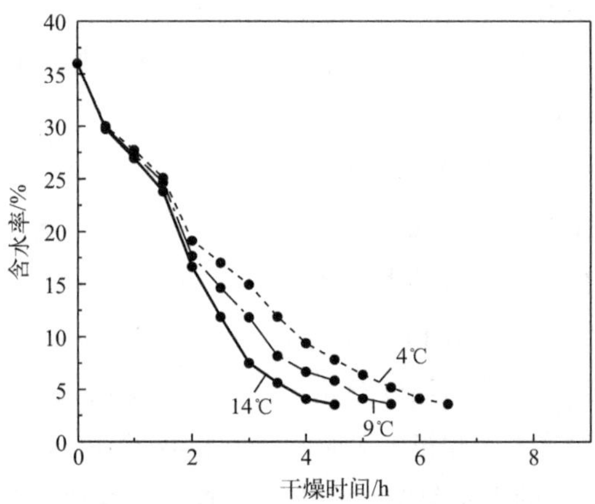

图 4-24　绝压 10kPa 时不同过热度下辣椒种子含水率随时间的变化规律

将每段时间辣椒种子质量的变化除以总质量即可得到辣椒种子干燥速率随时间的变化规律，如图 4-25 所示。干燥开始时由于新鲜辣椒种子表层水分较多，干燥速率很快；待表面水分干燥完后干燥速率开始下降，由于湿物料内的水分在过热蒸汽中几乎没有传质阻力，表面不易形成硬壳有利于水分快速迁移出来。

干燥约 2h 时，辣椒种子的干燥速率再次上升，在 60℃时达到了最高干燥速率 0.072g/（g・min）。此时表现出了真空干燥的特点，物料的水分在 2h 的加热

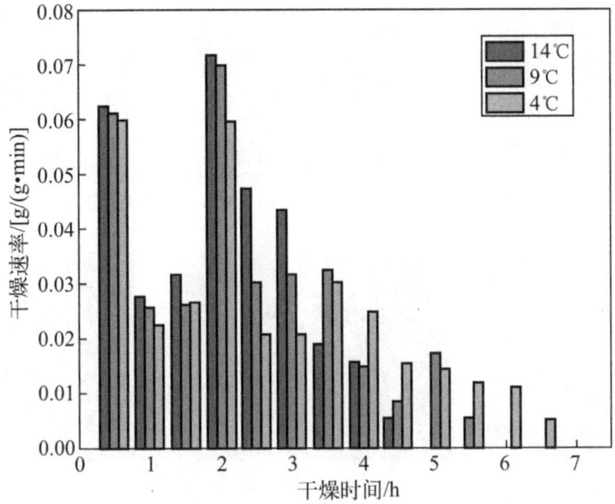

图 4-25　绝压 10kPa 时不同过热度下辣椒种子干燥速率随时间的变化规律

时间后接近了水蒸气的饱和温度，由于实验中采用取出称重的方式，在常压环境下表现为种子内部大量水分传质到种子表面，如图 4-26 所示。

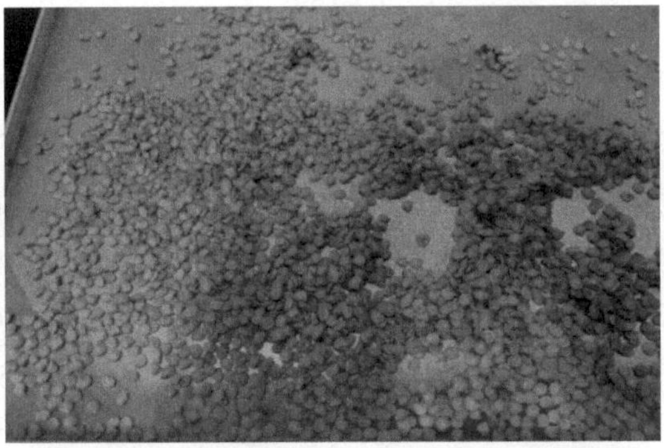

图 4-26　干燥时间 2h 时的辣椒种子

辣椒种子从结构分类上属于毛细管多孔胶体，它既具有毛细管多孔构造，其毛细管壁又具有胶体特性。由于辣椒种子的细胞壁具有弹性，在脱水后会迅速收缩，外表面积也随之减小。尽管这类物体的大毛细管中的水易脱出，但是细胞壁内的水脱出相对困难。不同温度真空膜蒸馏-过热蒸汽干燥与热风干燥的辣椒种子如图 4-27 所示。

干燥完成的辣椒种子平均尺寸如表 4-14 所示。厚度减少了 10%，外表面积减小了 27.1%，干燥后期辣椒种子的受热面积减小，干燥速率也相应降低。

图 4-27　不同温度真空膜蒸馏-过热蒸汽干燥（上）与热风干燥（下）的辣椒种子

表 4-14　干燥辣椒种子的尺寸

干燥方式	厚 a/mm	宽 b/mm	长 c/mm
新鲜	1.2	4.0	4.8
真空膜干燥	1.0	3.3	4.0
热风干燥	0.9	3.2	3.9

② 相同过热度不同压力下辣椒种子的含水率变化规律　如图 4-28 所示，在维持过热蒸汽的过热度 4℃的条件下，分别在绝对压力 10kPa 和 25kPa 条件下进行了湘辣 1128 辣椒种子干燥实验。尽管 10kPa 和 25kPa 时过热蒸汽的过热度相同，但 10kPa 和 25kPa 时过热蒸汽的饱和温度分别是 46℃和 66℃，对应干燥过

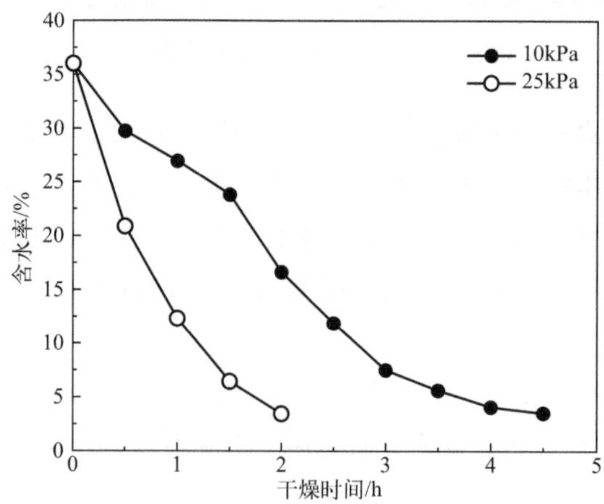

图 4-28　过热度 4℃时不同压力下辣椒种子含水率随时间的变化规律

程中的种子中心温度接近 46℃和 66℃，即 25kPa 时的干燥温度远高于 10kPa 时的干燥温度，反应在实验中辣椒种子的含水率下降速度极快，仅 2h 即完成干燥过程。

将每段时间辣椒种子质量的变化除以总质量即可得到辣椒种子干燥速率随时间的变化规律，如图 4-29 所示。干燥开始时干燥速率快，待表面水分干燥完后干燥速率开始下降，这和前述原因一致。

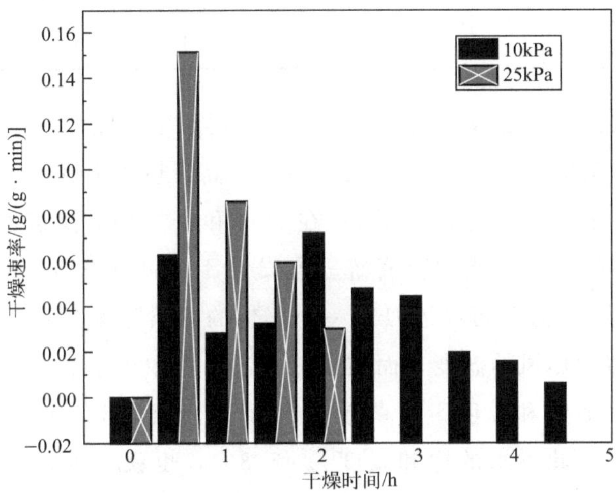

图 4-29　过热度 4℃时不同压力下辣椒种子干燥速率随时间的变化规律

4.3.3.3　干燥品质

由于辣椒种子是一种高热敏性物料，高温下极易失去种子活力无法发芽，仅仅比较不同工况下辣椒种子的干燥速率并不能全面体现干燥效果，因此对不同工况的辣椒种子进行了发芽率测试，并在相同的干燥温度下与热风干燥进行了比较。在 50℃、55℃和 60℃的相同干燥温度下，对比了真空膜蒸馏-过热蒸汽干燥和热风干燥辣椒种子的发芽情况。

将干燥后的种子随机取适量试样，每样取 5 组，放入 30℃恒温发芽箱内，在试验进行到第 4 天和第 7 天时，分别检查发芽盒内的种子发芽情况。检查发芽势和发芽率时，除了根、芽折断的苗需计入正常发芽的种子外，得干燥辣椒种子发芽率如表 4-15 所示。由于 60℃以上时两种干燥方式的辣椒种子经多组实验都失去了发芽活力，故不在表中列出。

表 4-15　热风干燥与真空膜蒸馏-过热蒸汽干燥辣椒种子发芽率

干燥方式	干燥温度	1组		2组		3组		4组		5组		平均发芽率
		发芽颗粒数	未发芽颗粒数	发芽颗粒数	未发芽颗粒数	发芽颗粒数	未发芽颗粒数	发芽颗粒数	未发芽颗粒数	发芽颗粒数	未发芽颗粒数	
VMD-过热蒸汽干燥	50℃	56	1	61	1	77	1	92	1	101	2	98.5%
	55℃	63	2	60	8	64	5	103	3	92	1	95.3%
热风干燥	50℃	48	5	61	4	73	6	104	9	106	5	93.1%
	55℃	52	7	57	8	80	9	86	3	93	8	91.3%

对上述实验结果取加权平均值后计算，所得结果如图 4-30 所示。在相同干燥温度下真空膜蒸馏-过热蒸汽干燥的发芽率略高于热风干燥，在 60℃时两种干燥方式的辣椒种子都失去了发芽活力。在 50℃和 55℃时，辣椒种子的发芽率皆超出了干燥标准的 90%，真空膜蒸馏-过热蒸汽干燥可以作为一种辣椒种子干燥方式。这是因为干燥过程可以近似为一个理想的等焓除湿过程，在热风干燥时种子的温度近似为热风的温度，而在过热蒸汽干燥中种子表面温度则近似为当前压力下水蒸气的饱和温度。在真空膜蒸馏-过热蒸汽干燥中，由于系统在绝压 10kPa 时运行，此时水的饱和温度为 45.8℃，也就是说种子的内部温度不高于 45.8℃，种子的发芽活性得以大部分保全。而在热风干燥中，种子的内部则近似为热风的温度，高温下种子内部的活性酶等成分变性导致种子的发芽活力有一定下降。

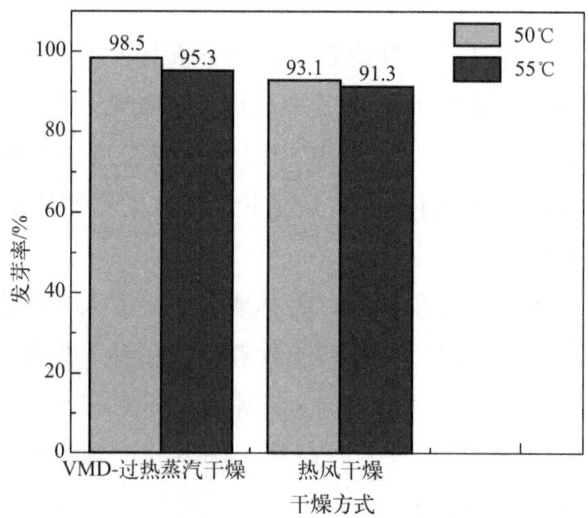

图 4-30　真空膜蒸馏-过热蒸汽干燥与热风干燥辣椒种子的平均发芽率

4.3.3.4 能耗分析

由于整个干燥过程只需补充少量热能，因此蒸汽发生器仅在开始阶段满功率运行，随后仅需间断开启维持膜组件的进水温度即可。干燥 200g 物料干燥能耗如表 4-16 所示。

表 4-16　干燥能耗表

设备	功率/kW	开启时间/h	能耗/kW・h
蒸汽发生器	18	0.2	10.8
进水泵	0.55	6.5	3.575
水环真空泵	0.81	6.5	5.265
预热器	0.3	6.5	1.95
控制系统其他	0.1	6.5	0.65
总能耗	—	—	22.24

4.4 MVR 真空带式干燥技术与装备

4.4.1 MVR 真空干燥原理

蒸汽机械再压缩技术（Mechanical Vapor Recompression，MVR）是一种先进的可以有效回收蒸汽潜热的节能技术，已成功地应用到蒸发、蒸馏和浓缩系统中。原理如图 4-31 所示，利用高能效蒸汽压缩机压缩蒸发系统产生的二次蒸汽，提高二次蒸汽的焓，二次蒸汽进入蒸发系统作为热源循环使用，替代绝大部分蒸汽，蒸汽仅用于系统初启动用以及补充热损失和进出料温差所需热焓，从而大幅度降低蒸发器的蒸汽消耗，达到节能目的。根据波义耳定律，当稀薄的二次蒸汽经体积压缩后其温度会随之升高，从而实现将低温、低压的蒸汽变成高温高压的蒸汽，进而可以作为热源再次加热需要被蒸发的原液，从而达到可以循环回收利用蒸汽的目的。

研究表明 MVR 单效蒸发器上的节能率在 73.56%～91.23%之间；MVR 应用在多效蒸发系统上，例如 4 效、7 效和 8 效的节能率分别为 89.12%、92.73%和 65.23%；应用在精馏塔系统的节能效果受物料种类的影响较大，将 MVR 集成到单效真空膜蒸馏系统中可以节能 85.47%。然而，到目前为止，MVR 技术应用在干燥系统上的案例较少，特别是真空带式干燥系统。

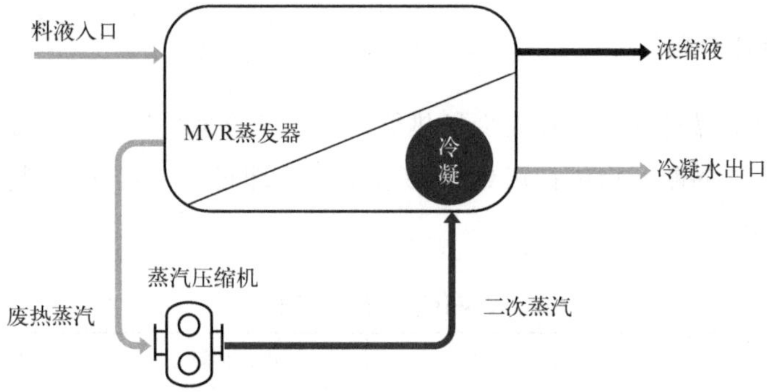

图 4-31 MVR 蒸发浓缩系统原理图

4.4.2 干燥装备设计

MVR 真空带式干燥系统流程如图 4-32 所示，实体图如图 4-33 所示。将真空干燥过程中从物料蒸发出的水蒸气压缩增焓后将这部分热量回收利用，降低热源及真空泵的能耗，从而实现节能降碳。该系统包括物料子系统、热源子系统、真空子系统、冷凝水循环子系统、润滑油循环子系统和冷水循环子系统，各个子系统循环流程如下：

物料子系统：物料倒入储料罐，在进料泵的作用下输送到干燥器内的布料机构，布料机构将物料均匀铺在导热板上，进料量通过控制进料泵频率和进料阀大小进行调节。

热源子系统：热水罐内的水经电加热器加热后作为热源，由热水循环泵送入干燥器内的导热板，从导热板排出的热水先经板式换热器加热，再进入热水罐，降低电加热功耗。热水循环构成闭式子系统，水温可高于 100℃。该系统导热板热源温度一致。

真空子系统：干燥器内的空气和低温水蒸气由单螺杆水蒸气压缩机抽出，先经过滤器过滤掉杂质，再经压缩机压缩增焓成高温水蒸气后进入气液分离器将液体分离出，高温水蒸气经过板式换热器将热量传递给热水，换热器出口的水蒸气冷凝成水进入冷凝水罐。辅助真空泵可以控制冷凝罐（或压缩机出口）中的压力，部分水蒸气可以经过冷水罐冷凝并在辅助真空泵的作用下进入冷水罐。

冷凝水循环子系统：冷凝水罐中的冷凝水可以由冷凝水泵送到 Y 型过滤器过滤掉杂质，然后送到单螺杆水蒸气压缩机使其正常运行，从压缩机排出的水送入到冷水罐构成闭式循环；冷凝水也可以由冷凝水泵排出系统外。

润滑油循环子系统：供油罐里的润滑油在供油泵作用下送入单螺杆水蒸气压

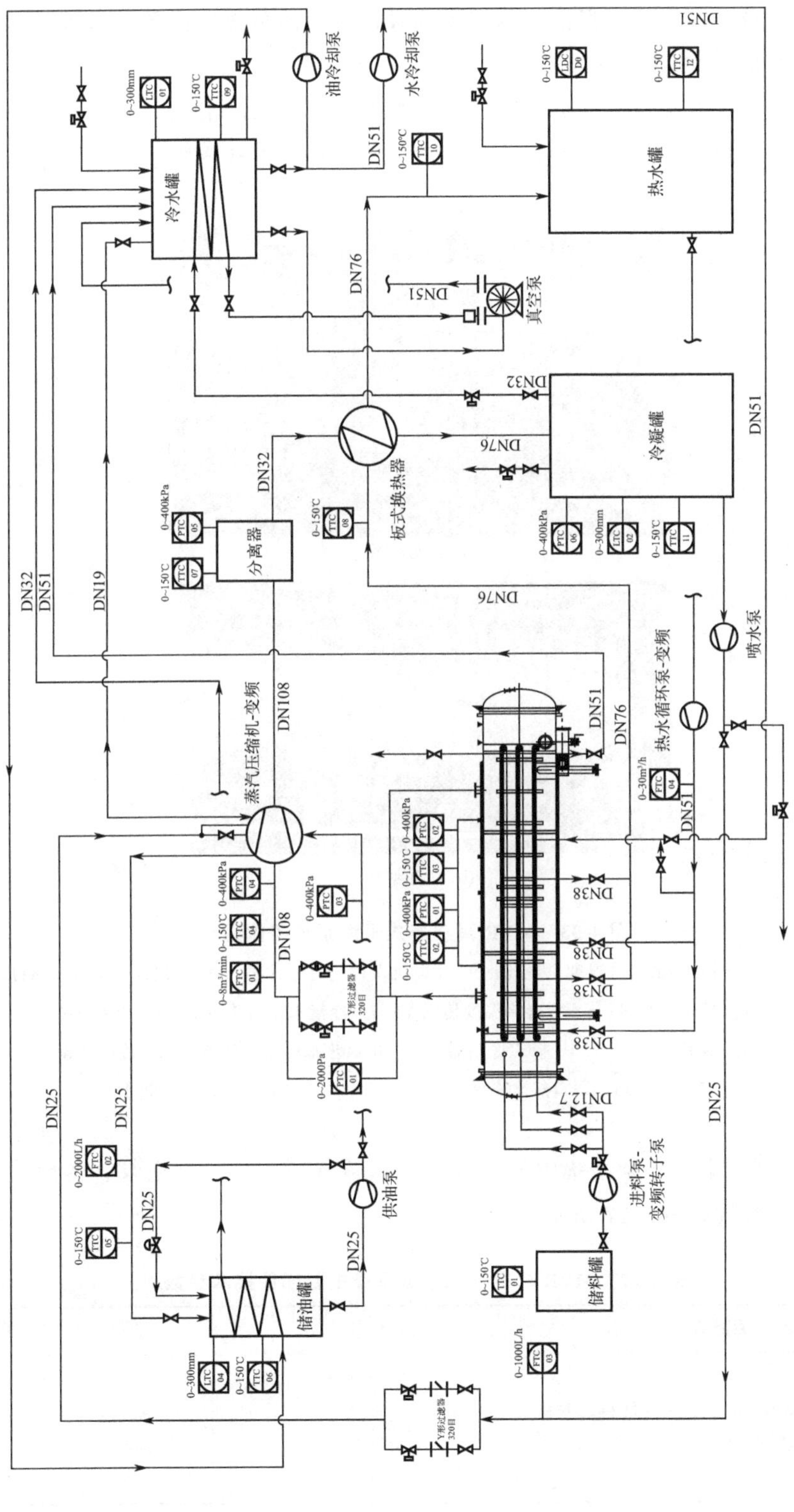

图4-32　MVR真空带式干燥系统流程图

缩机进行润滑，排出的润滑油再返回供油罐，在供油泵出口设置油旁通管路，更好调控供油量。

冷水循环子系统：一部分冷水用于冷却储油罐中的润滑油，一部分用于通入干燥器内的冷却板用于冷却物料，另一部分用于辅助水环真空泵的冷水循环。

(a) 正面视图

(b) 背面视图

图 4-33　MVR 真空带式干燥系统实体图

1—蒸汽流量计；2—水蒸气温度流量计；3—压缩机入口压力传感器；4—单螺杆水蒸气压缩机；5—真空带式干燥器；6—冷凝水温度传感器；7—冷凝水压力传感器；8—储料罐；9—冷凝水温度传感器；10—板式换热器；11—出口热水温度传感器；12—冷凝水罐；13—热水罐；14—入口热水温度传感器；15—入口水流量计；16—热水泵

MVR 真空带式干燥系统中的干燥器、水蒸气压缩机、真空泵、传感器等关键部件特征参数如表 4-17 所示。

表 4-17　MVR 真空带式干燥系统主要部件技术参数

关键部件	特征	数值	单位
真空干燥器（304 不锈钢材料，安徽晨翔瑞达机械有限公司）	导热板面积	10	m^2
	直径	1200	mm
	长度	6000	mm
	厚度	6	mm

续表

关键部件	特征	数值	单位
单螺杆水蒸气压缩机（DLGVC3，常州博睿杰能环境技术有限公司）	额定功耗 额定吸力	7.5 3	kW m^3/min
换热器（安徽晨翔瑞达机械有限公司）	换热面积	5	m^2
热水泵（CDLF2-20GW，江苏惠尔泵业有限公司）	额定流量 额定量程 额定功率	20 38 4	m^3/h m kW
辅助真空泵（2BV42060，青岛博通泵类机械设备有限公司）	额定流量 额定功率	1.83 3.85	m^3/h kW
热水罐（304 不锈钢材料，安徽晨翔瑞达机械有限公司）	半径 高度	600 600	mm mm
压力传感器（WZPK-A，无锡圣敏传感科技股份有限公司）	测量范围（精度±1kPa）	0～160	kPa
温度传感器（WP-BAAP，无锡圣敏传感科技股份有限公司）	测量范围（PT100，精度±0.5℃）	0～150	℃
蒸气流量传感器（FEV5000，无锡圣敏传感科技股份有限公司）	测量范围（精度±0.9m^3/h）	20～200	m^3/h
水流量传感器（FEF3000，无锡圣敏传感科技股份有限公司）	测量范围（精度±0.2m^3/h）	3～30	m^3/h

4.4.3　装备热力学性能分析

（1）干燥系统流程简化

为更方便有效地研究该系统热力学性能，先将传统真空带式干燥系统（Vacuum Belt Drying，VBD）和 MVR 真空带式干燥系统（MVR-VBD）的循环流程进行简化，再建立质量、能量和㶲平衡模型用于分析两种系统及各个主要部件的热力学性能，用于后续系统优化研究。

两种干燥系统简化后的流程如图 4-34 所示，主要包含物质流、热水流和蒸汽流。传统 VBD 系统简化后的系统流程如图 4-34（a）所示，MVR-VBD 系统简化后的系统流程如图 4-34（b）所示。

传统 VBD 系统简化后的具体循环流程如下：热源水箱 b 中的热水作为干燥热源，由电加热器将水加热到规定的干燥温度后，由热水泵 c 送入真空干燥器 a 中的导热板中，热源以热传导的形式对干燥物料进行加热，然后从导热板排出的热水回到水箱中再进行加热。物料被输送到热传导板的上表面，并随着导热板上

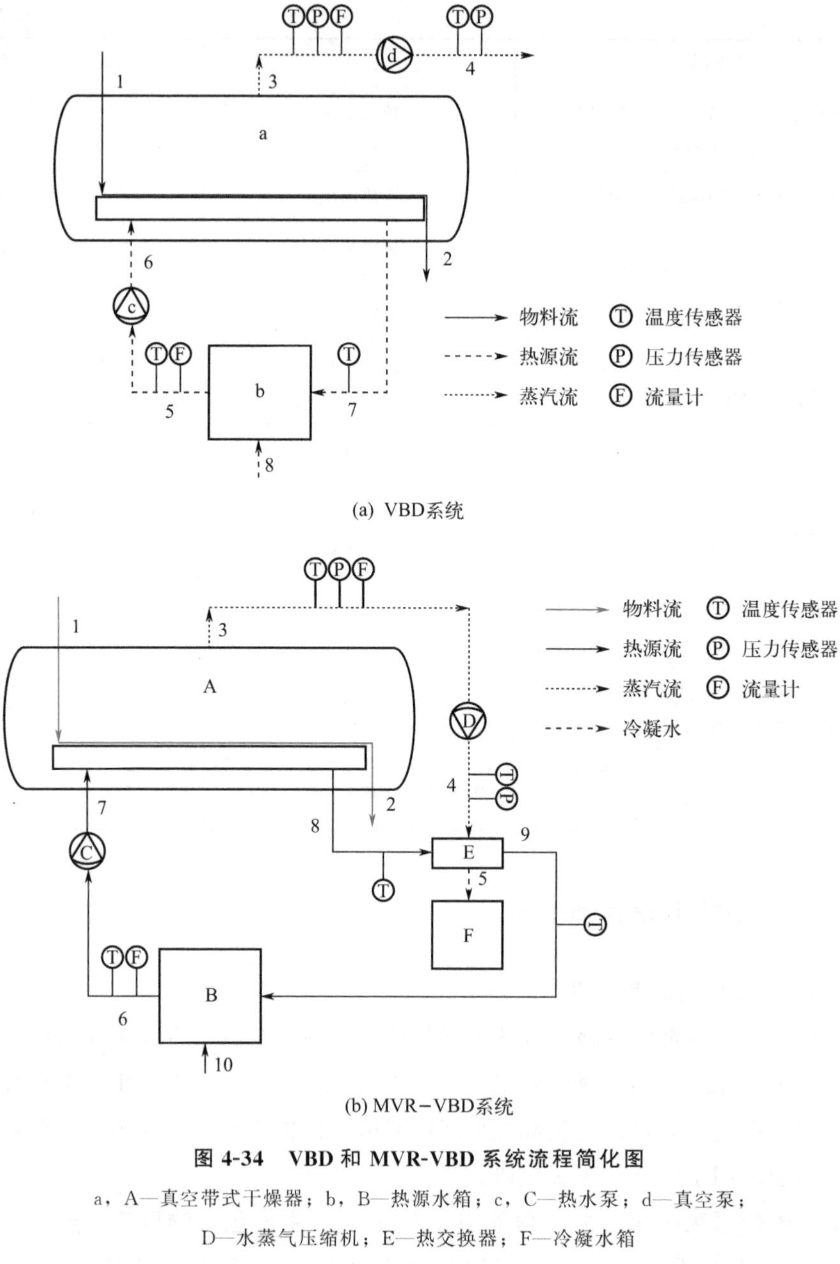

图 4-34　VBD 和 MVR-VBD 系统流程简化图

a，A—真空带式干燥器；b，B—热源水箱；c，C—热水泵；d—真空泵；D—水蒸气压缩机；E—热交换器；F—冷凝水箱

的履带不断运动，物料移动到导热板最右侧末端脱落，从干燥器排出表示干燥结束。导热板上的物料水分低温蒸发并处于干燥器内的真空环境中，再由真空泵 d 抽出。

MVR-VBD 系统简化后的具体循环流程如下：热水循环、干燥器进出物料流程与 VBD 系统相似。真空干燥器中的低温蒸气排出后，经水蒸气压缩机 D 压缩成高温水蒸气，再通过热交换器 E 将高温蒸气的热量转移到热源热水中，从而取代了电加热器需要提供的热量。热交换后的蒸汽凝结成饱和水进入冷凝水箱 F。

（2）假设条件

VBD 和 MVR-VBD 热力学模型采用 EES（Engineering Equation Solver）软件构建，部分参数或条件进行合理假设，具体假设内容如下：

① 假设管道内部各位置的压力均相等，忽略水流阻力损失；

② 忽略管道内热量损失；

③ 忽略中药浸膏物料的化学㶲；

④ 假设环境条件始终为 25℃，101kPa；

⑤ 中药浸膏物料组成成分包括 50%水分，40%碳水化合物和 10%灰分，各组分的比热容根据参考文献所得；

⑥ 忽略物料干燥过程中的质量损失；

⑦ 干燥过程中从真空干燥器抽出的气体视为水蒸气；

⑧ 忽略进料泵、布料机构和传送带的功率（实际总共不超过 0.5kW）。

（3）基于㶲分析的热力学模型

VBD 系统质量守恒方程如下，下标数字与图 4-34 中数字位置所对应：

$$\text{热水：}(\dot{m}_{\mathrm{h}})_5=(\dot{m}_{\mathrm{h}})_6=(\dot{m}_{\mathrm{h}})_7 \tag{4-40}$$

$$\text{水蒸气：}(\dot{m}_{\mathrm{v}})_3=(\dot{m}_{\mathrm{v}})_4 \tag{4-41}$$

$$\text{物料：}(\dot{m}_{\mathrm{p}})_1=(\dot{m}_{\mathrm{p}})_2+(\dot{m}_{\mathrm{v}})_3 \tag{4-42}$$

MVR-VBD 系统质量守恒方程：

$$\text{热水：}(\dot{m}_{\mathrm{h}})_6=(\dot{m}_{\mathrm{h}})_7=(\dot{m}_{\mathrm{h}})_8=(\dot{m}_{\mathrm{h}})_9 \tag{4-43}$$

$$\text{水蒸气：}(\dot{m}_{\mathrm{v}})_3=(\dot{m}_{\mathrm{v}})_4=(\dot{m}_{\mathrm{v}})_5 \tag{4-44}$$

$$\text{物料：}(\dot{m}_{\mathrm{p}})_1=(\dot{m}_{\mathrm{p}})_2+(\dot{m}_{\mathrm{v}})_3 \tag{4-45}$$

式中　$\dot{m}_{\mathrm{h}}$——热水的质量流量，kg/s；

$\dot{m}_{\mathrm{v}}$——水蒸气的质量流量，kg/s；

$\dot{m}_{\mathrm{p}}$——物料的质量流量，kg/s。

VBD 系统能量守恒方程：

$$(\dot{m}_{\mathrm{h}})_7h_7+(Q_{\mathrm{e}})_8=(\dot{m}_{\mathrm{h}})_5h_5=(\dot{m}_{\mathrm{h}})_6h_6 \tag{4-46}$$

$$(\dot{m}_{\mathrm{h}})_7h_7-(\dot{m}_{\mathrm{h}})_6h_6=(\dot{m}_{\mathrm{v}})_3h_3+(\dot{m}_{\mathrm{p}})_2h_2-(\dot{m}_{\mathrm{p}})_1h_1+\sum\dot{Q}_1 \tag{4-47}$$

MVR-VBD 系统能量守恒方程：

$$(\dot{m}_{\mathrm{h}})_9h_9+(Q_{\mathrm{e}})_{10}=(\dot{m}_{\mathrm{h}})_6h_6=(\dot{m}_{\mathrm{h}})_7h_7 \tag{4-48}$$

$$(\dot{m}_{\mathrm{h}})_7h_7-(\dot{m}_{\mathrm{h}})_8h_8=(\dot{m}_{\mathrm{v}})_3h_3+(\dot{m}_{\mathrm{p}})_2h_2-(\dot{m}_{\mathrm{p}})_1h_1+\sum\dot{Q}_1 \tag{4-49}$$

$$(\dot{m}_{v})_{3}h_{3}+W_{com}=(\dot{m}_{v})_{4}h_{4} \tag{4-50}$$

$$(\dot{m}_{h})_{9}h_{9}-(\dot{m}_{h})_{8}h_{8}=(\dot{m}_{v})_{4}h_{4}-(\dot{m}_{v})_{5}h_{5} \tag{4-51}$$

式中　h——焓值，kJ/kg；

Q_e——电加热提供的热量，kW；

$\sum\dot{Q}_l$——热量损失之和，kW；

W_{com}——压缩机实际功率，kW。

㶲平衡方程由下式计算：

$$\sum\dot{E}x_{in}=\sum\dot{E}x_{out}+\sum\dot{E}x_{d} \tag{4-52}$$

$$\dot{E}x=\dot{m}\cdot ex \tag{4-53}$$

式中　$\sum\dot{E}x_{in}$——输入㶲之和，kJ/kg；

$\sum\dot{E}x_{out}$——输出㶲之和，kJ/kg；

$\sum\dot{E}x_{d}$——㶲损失之和，kJ/kg。

VBD 系统各部件的㶲分析如下：

$$\begin{aligned}A：&(\dot{m}_{p})_{1}(ex_{p})_{1}+(\dot{m}_{h})_{6}(ex_{h})_{6}=(\dot{m}_{p})_{2}(ex_{p})_{2}+\\&(\dot{m}_{v})_{3}(ex_{v})_{3}+(\dot{m}_{h})_{7}(ex_{h})_{7}+\sum\dot{E}x_{d}\end{aligned} \tag{4-54}$$

$$B：(\dot{m}_{h})_{7}(ex_{h})_{7}+\sum(\dot{Q}_{e})_{8}=(\dot{m}_{h})_{5}(ex_{h})_{5}+\sum\dot{E}x_{d} \tag{4-55}$$

$$C：(\dot{m}_{h})_{5}(ex_{h})_{5}+\sum\dot{W}_{C}=(\dot{m}_{h})_{6}(ex_{h})_{6}+\sum\dot{E}x_{d} \tag{4-56}$$

$$D：(\dot{m}_{v})_{3}(ex_{v})_{3}+\sum\dot{W}_{D}=(\dot{m}_{v})_{4}(ex_{v})_{4}+\sum\dot{E}x_{d} \tag{4-57}$$

$$\begin{aligned}整体：&(\dot{m}_{p})_{1}(ex_{p})_{1}+\sum(\dot{Q}_{e})_{8}+\sum\dot{W}_{C}+\sum\dot{W}_{D}=\\&(\dot{m}_{p})_{2}(ex_{p})_{2}+(\dot{m}_{v})_{4}(ex_{v})_{4}+\sum\dot{E}x_{d}\end{aligned} \tag{4-58}$$

MVR-VBD 系统各部件的㶲分析如下：

$$\begin{aligned}A：&(\dot{m}_{p})_{1}(ex_{p})_{1}+(\dot{m}_{h})_{7}(ex_{h})_{7}=(\dot{m}_{p})_{2}(ex_{p})_{2}+\\&(\dot{m}_{v})_{3}(ex_{v})_{3}+(\dot{m}_{h})_{8}(ex_{h})_{8}+\sum\dot{E}x_{d}\end{aligned} \tag{4-59}$$

$$B：(\dot{m}_{h})_{9}(ex_{h})_{9}+\sum(\dot{Q}_{e})_{10}=(\dot{m}_{h})_{6}(ex_{h})_{6}+\sum\dot{E}x_{d} \tag{4-60}$$

$$C：(\dot{m}_{h})_{6}(ex_{h})_{6}+\sum\dot{W}_{C}=(\dot{m}_{h})_{7}(ex_{h})_{7}+\sum\dot{E}x_{d} \tag{4-61}$$

$$D：(\dot{m}_{h})_{3}(ex_{h})_{3}+\sum\dot{W}_{com}=(\dot{m}_{h})_{4}(ex_{h})_{4}+\sum\dot{E}x_{d} \tag{4-62}$$

$$E：(\dot{m}_{v})_{4}(ex_{v})_{4}+(\dot{m}_{h})_{8}(ex_{h})_{8}=(\dot{m}_{v})_{4}(ex_{v})_{4}+(\dot{m}_{h})_{9}(ex_{h})_{9}+\sum\dot{E}x_{d} \tag{4-63}$$

$$整体:(\dot{m}_p)_1(ex_p)_1+\sum(\dot{Q}_e)_{10}+\sum\dot{W}_C+\sum\dot{W}_{com}=$$
$$(\dot{m}_p)_2(ex_p)_2+(\dot{m}_v)_5(ex_v)_5+\sum\dot{E}x_d \tag{4-64}$$

物料、水蒸气和热水的㶲采用下式计算：

$$ex_p=(h-h_0)-T_0(s-s_0) \tag{4-65}$$

$$h-h_0=c_p(T-T_0) \tag{4-66}$$

$$s-s_0=c_p\ln(T/T_0)-R\ln(P/P_0) \tag{4-67}$$

式中　s——熵值，kJ/(kg·K)；

s_0——环境熵，kJ/(kg·K)；

c_p——定压比热容，kJ/(kg·K)；

T——温度，K；

T_0——环境温度，K；

R——气体常数，kJ/(kg·K)；

P——系统压力，kPa；

P_0——环境压力，kPa。

(4) 经济性模型

干燥系统的经济性分析可以验证干燥设备从实验样机放大到工业生产样机的可行性，其主要评价指标包括年化成本、节能周期和投资回收期。

年化成本计算公式如下：

$$AC=C_{acc}+C_{mc}-S_a+C_{rec} \tag{4-68}$$

式中　C_{acc}——年化成本，元；

C_{mc}——年维护费用（取年化成本的 10%），元；

S_a——系统消耗电费总和，元；

C_{rec}——系统消耗电费总和，元。

年化成本和年化残值根据下式计算：

$$C_{acc}=C_{ccd}\times\frac{i(1+i)^n}{(1+i)^n-1} \tag{4-69}$$

$$S_a=S\times\frac{i}{(1+i)^n-1} \tag{4-70}$$

式中　C_{ccd}——系统初投资，元；

i——利率，取 3%；

n——系统使用年限，年。

每干燥出 1kg 物料所需的费用为：

$$CD_{kg} = \frac{AC}{M_{year}} \tag{4-71}$$

式中　M_{year}——年产量，kg；

CD_{kg}——加工 1kg 干物料所需价格，元。

每千克干燥产品的成本如下式计算：

$$C_{dry} = C_{fre} \times \frac{M_{fre}}{M_{dry}} \tag{4-72}$$

$$CD_{dry} = C_{fre} + CD_{kg} \tag{4-73}$$

式中　C_{fre}——每千克湿物料价格，元；

M_{fre}——湿物料量，kg；

M_{dry}——干物料量，kg；

CD_{dry}——每千克干物料所需价格，元；

每千克的节约费用用年化资本计算，每托盘的节约费用和每天的节约费用如下：

$$B_{kg} = C_{bdp} - C_{dry} \tag{4-74}$$

$$B_b = B_{kg} - M_{dry} \tag{4-75}$$

$$B_d = \frac{B_b}{D_b} \tag{4-76}$$

式中　C_{bdp}——干物料出售价格，元；

B_b——出售每千克物料的利润，元；

B_{kg}——每千克物料所节省的利润，元；

B_d——出售每千克物料所节约的利润，元；

D_b——系统运行天数，天。

在整个干燥设备使用寿命内的年利润由以下决定：

$$B_j = B_d \times D_{year} \times (1 + r)^{j-1} \tag{4-77}$$

式中　D_{year}——系统每年运行天数，天；

r——实际利率，取 6%。

干燥系统的投资回收期计算如下：

$$P_b = \ln\left(1 - \frac{C_{ccd}}{B_j}(i - r)\right) / \ln\left(\frac{1 + r}{1 + i}\right) \tag{4-78}$$

式中　P_b——回收周期。

(5) 性能评价指标

采用㶲效率、不可逆㶲损和㶲因子作为干燥系统热力学性能主要评价指标，对 VBD 和 MVR-VBD 的整体系统及各个部件的性能进行考察。

㶲效率是指在某一过程中，体系对外输出的有效㶲与所获得的有效㶲之比。

用来评价热力系统及各个热力部件改进的可行性，根据下式计算：

$$\varepsilon=\frac{\dot{E}x_{\mathrm{p}}}{\dot{E}x_{\mathrm{f}}} \tag{4-79}$$

式中 $\dot{E}x_{\mathrm{p}}$——输出㶲，kJ/kg；

$\dot{E}x_{\mathrm{f}}$——输入㶲，kJ/kg。

不可逆㶲损是部件㶲损与系统总㶲损的比值，㶲因子表示组分的输入㶲对系统总输入㶲的比值，根据下式计算：

$$RI=\frac{\dot{E}x_{\mathrm{d,k}}}{\dot{E}x_{\mathrm{d,tot}}}\times 100\% \tag{4-80}$$

$$f_{\mathrm{k}}=\frac{\dot{E}x_{\mathrm{f,k}}}{\dot{E}x_{\mathrm{f,tot}}}\times 100\% \tag{4-81}$$

式中 $\dot{E}x_{\mathrm{d,k}}$——部件的㶲损，kJ/kg；

$\dot{E}x_{\mathrm{d,tot}}$——系统整体的㶲损，kJ/kg；

$\dot{E}x_{\mathrm{f,k}}$——部件的输出㶲，kJ/kg；

$\dot{E}x_{\mathrm{f,tot}}$——系统总输入㶲，kJ/kg。

(6) 不确定性分析

不确定性和误差可能是由仪器、校准、观测、环境和人为操作等因素造成，整体不确定度根据下式计算。

$$W=[(x_1)^2+(x_2)^2+\cdots+(x_n)^2]^{1/2} \tag{4-82}$$

式中，x_1、x_2、x_n 分别为不同单个因素的相对不确定度。

(7) 节能效率结果分析

采用㶲分析的方法对干燥系统的热力学性能进行研究，两种真空带式干燥系统运行工况及性能参数如表 4-18 所示。系统运行工况如下：物料厚度 4mm，真空度分别为 10kPa、15kPa、20kPa，干燥温度分别为 110℃和 120℃。在上述真空干燥条件下，根据金银花浸膏真空干燥特性曲线可知，金银花浸膏真空干燥时间在 10～30min 之间。根据金银花浸膏的真空干燥速率确定不同干燥时间处理的物料量，在不同真空干燥条件下，干燥时间为 10min、20min、30min 时所对应的进料量分别为 0.042kg/s、0.021kg/s 和 0.014kg/s，再根据物料终了含水率计算不同干燥时间所对应的出料量为 0.032kg/s、0.016kg/s 和 0.0107kg/s，单位时间水蒸气排量为 0.01kg/s、0.005kg/s、0.0033kg/s。

表 4-18 两种真空带式干燥系统运行工况及性能参数

序号	真空度/kPa	干燥温度/℃	干燥时间/min	进料量/（kg/s）	出料量/（kg/s）	水蒸气排量/（kg/s）	排料温度/℃	导热板出水温度/℃	VBD电加热功率/kW	MVR-VBD电加热功率/kW	压缩机绝热功率/kW
1	10	100	20	0.021	0.016	0.005	73.8	95.8	32.7	31.6	1.84
2	10	110	20	0.021	0.016	0.005	81.1	105.4	35.8	34.7	1.84
3	10	120	10	0.042	0.032	0.010	77.8	115.0	33.8	31.6	3.72
4	15	100	20	0.021	0.016	0.005	75.0	95.9	31.9	30.8	1.88
5	15	110	20	0.021	0.016	0.005	79.9	105.5	35.0	33.9	1.88
6	15	120	20	0.021	0.016	0.005	88.0	114.9	39.7	38.6	1.88
7	20	100	30	0.014	0.0107	0.0033	76.5	96.2	32.7	32.0	1.27
8	20	110	20	0.021	0.016	0.005	86.1	105.0	38.9	37.8	1.91
9	20	120	20	0.021	0.016	0.005	90.0	114.7	41.2	40.1	1.91

真空干燥器出口金银花粉末的平均温度为 74～90℃之间；不同干燥温度条件下，导热板排出的热水温度为 96℃、105℃和 115℃；根据物料升温所消耗的显热、水分蒸发所需要的潜热和余热回收量计算热水加热电加热功率，对于 VBD 系统其电加热功率在 32.7～41.2kW 之间，MVR-VBD 系统的电加热功率在 30.8～40.1kW 之间；最后，根据水蒸气压缩机进出口水蒸气物性计算其等熵绝热功率，假设压缩机出口水蒸气与干燥热源的温差为 5℃，不同真空干燥条件下压缩机的功率在 0.45～2.39kW 之间。

中药浸膏真空干燥工艺条件会对系统中各部件实际功耗产生影响。分析干燥系统的热源电加热消耗功率发现：干燥温度（即水箱内热水温度）越高，其电加热功耗越大，而真空度对电加热电耗影响较小；对于单螺杆水蒸气压缩机，当干燥温度相同时，真空度越高，压比越大，水蒸气压缩机的功耗越大，且在真空压力相同的情况下，水蒸气压缩机的功率不会受热源温度的影响。另外，真空干燥时间越短，水蒸气压缩机的功耗越大，主要因为单位质量中药浸膏真空干燥时间越短，单位时间内从物料蒸发出的水蒸气量越多，水蒸气压缩机功耗越大。

与 VBD 系统相比，MVR-VBD 系统的节能主要体现在系统真空机组和热源消耗电加热的电耗降低上，这两部分的电耗同样取决于物料的真空干燥工艺。不同真空条件下真空带式干燥系统的进料泵、布料机构和传送带的总输入功率为 1.5kW。不同金银花浸膏真空干燥工艺条件下 MVR-VBD 系统的节能效率如图 4-35 所示。通过研究发现：在保证金银花浸膏干燥速率和物料品质的前提下，

MVR-VBD 系统的节能效率在 8.1%～10.5%之间，对应减少碳排放量在 2.9～3.3kg/h 之间。当干燥压力为 20kPa，干燥温度为 100℃，干燥时间为 30min 时，MVR-VBD 系统的最大节能效率为 10.5%，对应减少碳排放量为 3.3kg/h。在该运行条件下金银花浸膏真空干燥速率快，加热热水所需的能耗最低，且压缩机消耗功率较低。

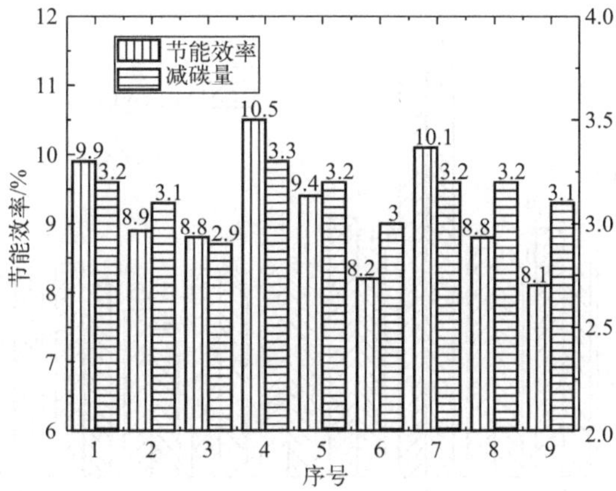

图 4-35　保质干燥工艺条件下 MVR-VBD 系统的节能效率及减碳量

通过对比 MVR 技术应用在不同类型的真空系统上的节能效果可以发现：MVR 技术应用在中药浸膏真空带式干燥系统上的节能效率低于其应用于其他蒸发、浓缩和精馏等系统上的节能效率。相关研究表明蒸发、浓缩和精馏等系统采用 MVR 技术后节能效率可以提高 60%～95%，普遍高于中药浸膏 MVR 真空带式干燥系统。产生该差别的原因可以从不同真空系统运行时产生的水蒸气量和系统运行条件两方面进行解释，具体如下：第一，干燥操作与蒸发、浓缩和精馏操作相比，水蒸气产生的量较少，即可以从水蒸气中回收利用的潜热量有限；第二，受中药浸膏真空干燥工艺的影响，其他蒸发、浓缩和精馏等大蒸发量操作中的水分同样在真空条件下汽化蒸发，所需求的热源温度较低，且常规固态物料真空干燥温度通常低于 80℃，热源电耗量同样相对较少。然而，中药浸膏的真空干燥特性，过热度较低时会产生特有的“干燥停滞”现象，高温热源一方面会导致热源电耗增加，另一方面影响增焓压缩后高温水蒸气的热回收量，同样会导致相同工况下水蒸气压缩机的压比及功率较大，从而影响 MVR 技术的节能效率。

在金银花浸膏保质真空干燥条件下，VBD 和 MVR-VBD 系统的 SMER 值如图 4-36 所示。研究发现在相同真空干燥条件下，MVR-VBD 系统的 SMER 值均大于 VBD 系统，MVR-VBD 系统的 SMER 范围为 0.33～0.9kg/(kW·h)，而 VBD 系统的 SMER 在 0.29～0.85kg/(kW·h) 之间，说明采用 MVR 技术后，真空带式干燥系统除去相同水分所消耗的能耗更少。并且当干燥时间为 10min 时系统的 SMER 值最大，主要原因在于单位时间内相同功耗条件下干燥除去的水分更多。

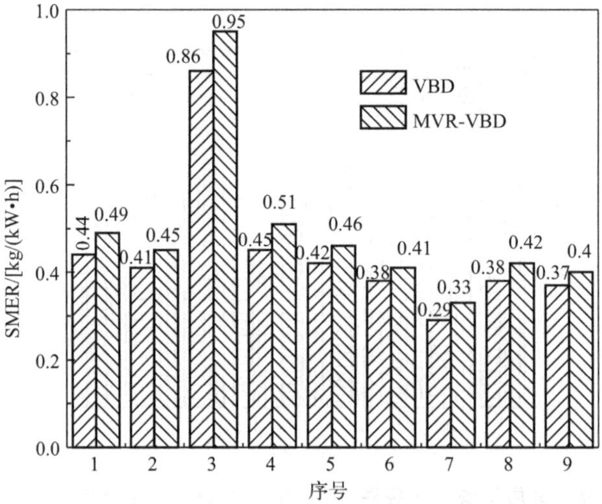

图 4-36　保质干燥工艺条件下 VBD 和 MVR-VBD 系统的 SMER

(8) 热力性能结果分析

不同真空干燥条件下 VBD 和 MVR-VBD 系统整体及各部件的炯效率如图 4-37 所示。对于 VBD 系统，真空干燥机、热水箱和热水泵的炯效率均在 90%以上，而真空泵的炯效率在 61%～81%之间。真空干燥工艺对真空泵的炯效率影响较大，干燥时间越长，炯效率越小。当干燥时间为 30min 时，炯效率为 61%，当干燥时间为 10min 时，炯效率为 81%。其原因在于真空压力和干燥温度决定了干燥时间，不同的真空压力决定了真空装置吸气口的饱和蒸汽状态，干燥温度也会影响单位时间内进入真空装置的蒸汽量。这两个因素决定了真空装备的输入炯能。

此外，VBD 的真空机组效率低也说明它有改进的潜力。MVR 技术不仅可以减少真空干燥系统所需的额外热量，而且可以提高真空装置的工作效率，因此，通过理论分析发现 MVR 技术应用在真空带式干燥系统上适配度较高。从图 4-37 (a) 可以看出，不同真空干燥工况下，MVR-VBD 系统中水蒸气压缩机的炯效率均在 97%以上，采用压缩机可以有效提高真空干燥系统中抽真空设备的炯效率，这主要是因为水蒸气压缩机的输入功率远小于真空泵的输入功率。计算出的各部

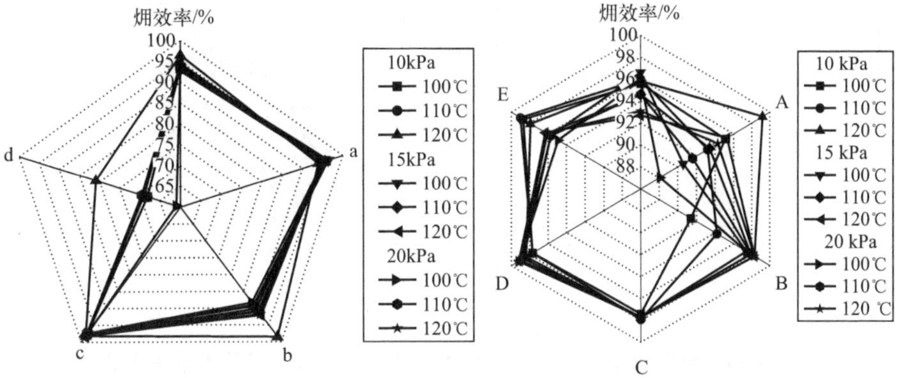

(a) VBD系统　　(b) MVR-VBD系统

图 4-37　不同运行条件下 VBD 和 MVR-VBD 系统的㶲效率

件㶲效率均相对较高，主要在于理论计算考虑的是较理想运行情况，而实际会因为干燥器内水蒸气在壁面冷凝未被压缩机抽走、管路和水箱等热损失而导致部件㶲效率低于理论值。在高温、低压真空干燥工艺条件下，VBD 和 MVR-VBD 系统的各个部件的不可逆㶲损如图 4-38 所示。

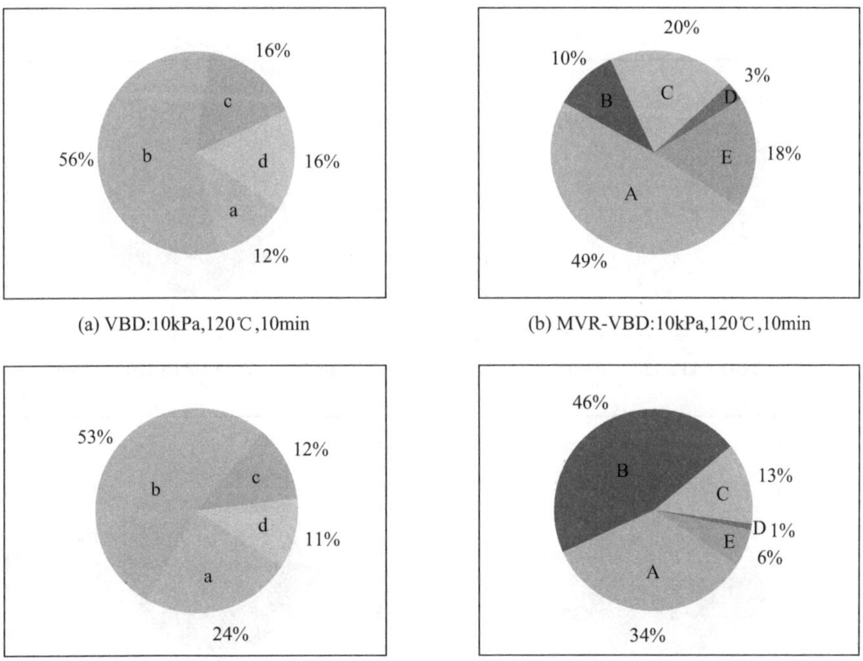

(a) VBD:10kPa,120℃,10min　　(b) MVR-VBD:10kPa,120℃,10min

(c) VBD:15kPa,110℃,20min　　(d) MVR-VBD:15kPa,110℃,20min

图 4-38

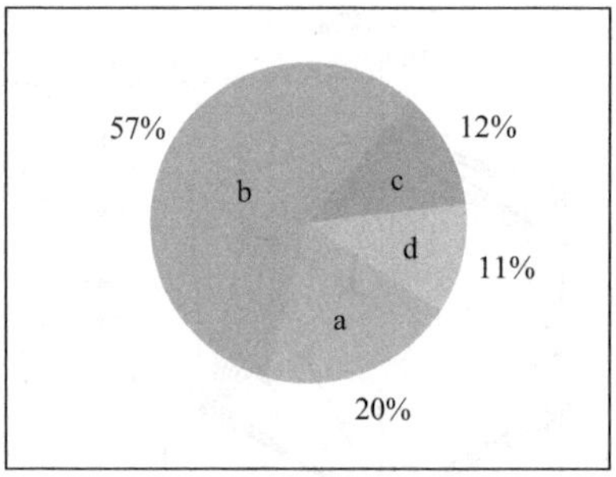

(e) VBD:20kPa,100℃,30min

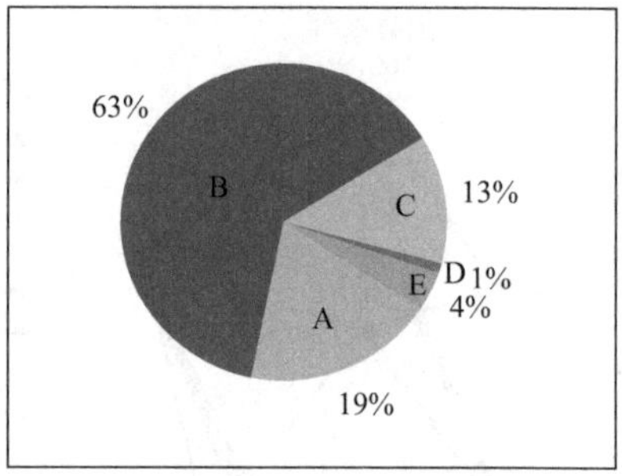

(f) MVR-VBD:20kPa,100℃,30min

图 4-38　典型干燥工艺条件下 VBD 和 MVR-VBD 系统的不可逆烟损

对于 VBD 系统，热水箱的不可逆烟损在 53%～57%之间，热水箱具有最高的不可逆烟损，这意味着作为该干燥系统输入功最大的部件，降低其输入功率可以有效降低其不可逆烟损。而对于 MVR-VBD 系统，水蒸气压缩机和热交换器的不可逆烟损均较小，即烟损部件相对较小，因为蒸汽压缩机的性能系数通常大于 2，水蒸气压缩机做功可以有效地使低温水蒸气压缩后形成高温水蒸气，其焓值大幅度增加。图 4-39 为典型真空干燥条件下 VBD 和 MVR-VBD 的烟因子。

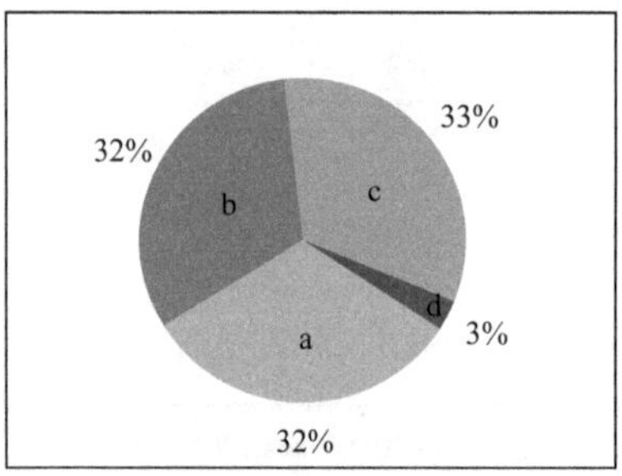

(a) VBD:10kPa,120℃,10min

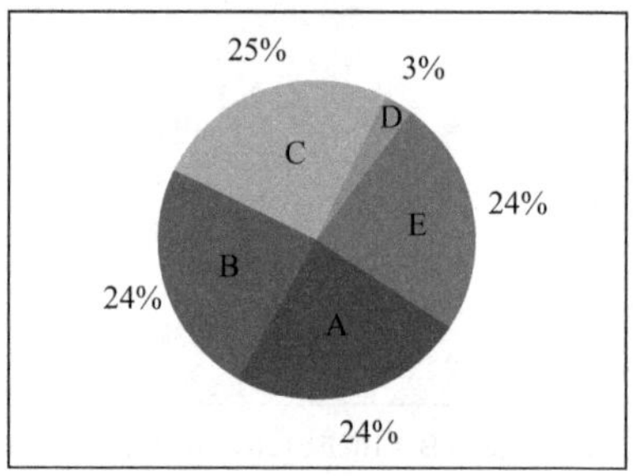

(b) MVR-VBD:10kPa,120℃,10min

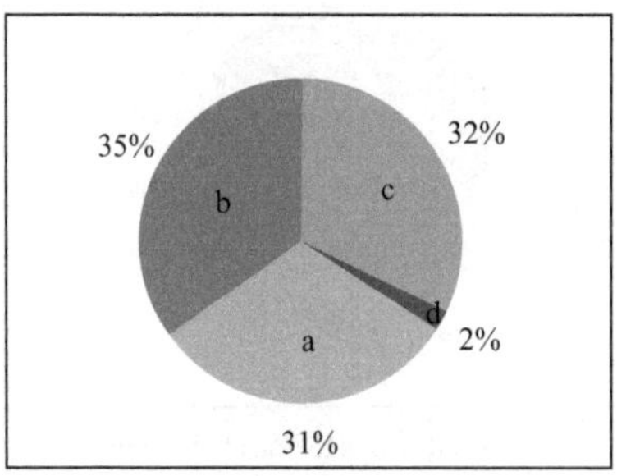

(c) VBD:15kPa,110℃,20min

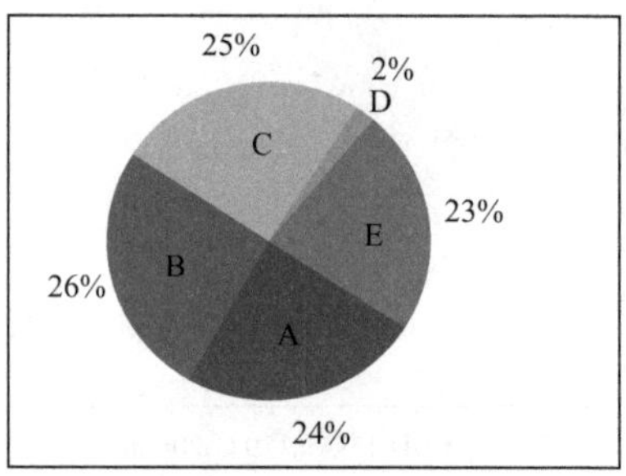

(d) MVR-VBD:15kPa,110℃,20min

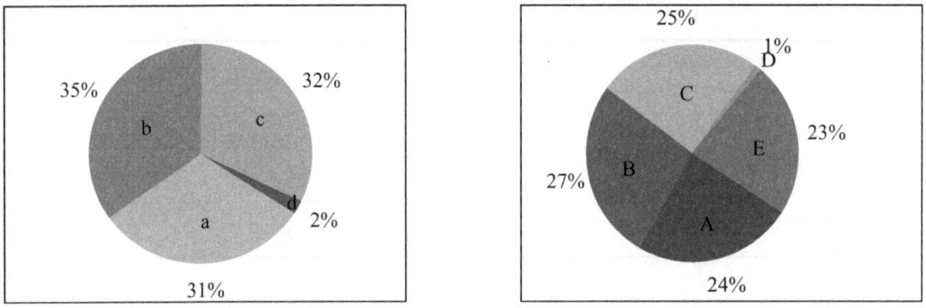

(e) VBD:20kPa,100℃,30min　　(f) MVR-VBD:20kPa,100℃,30min

图 4-39　典型干燥工艺条件下 VBD 和 MVR-VBD 系统的㶲因子

其他部件的㶲因子几乎相同，而真空泵和水蒸气压缩机的功能系数均低于 3%，说明真空机组部件对系统整体效率的影响不大。为了进一步提高 MVR-VBD 系统的效率，可以在后续的研究中考虑多级压缩或中间冷却形式。此外，真空度、干燥温度、单位时间水蒸气排量等真空干燥工艺参数同样对㶲因子的影响不大，充分证实了上述㶲效率分析结果，即输入㶲对水蒸气压缩机性能影响较大而不是输出㶲。

(9) 经济性能结果分析

表 4-19 列出了干燥面积为 $10m^2$ 的 VBD 和 MVR-VBD 系统的经济性核算结果，通过对比分析经济性来评估 MVR-VBD 系统的经济可行性。

表 4-19　VBD 和 MVR-VBD 系统经济性参数和结果

经济性参数	VBD	MVR-VBD
真空带式干燥系统初投资（C_{ccd}）/元	749000	840000
年化投资成本（C_{acc}）/元	62741	70357
年化维护成本（C_{mc}）/元	6272	7035
残值（S）/元	74900	840000
年化残值（S_a）/元	4025	4515
电费（C_{rec}）/元	88704	70966
运行年限	15	15
系统年化运行费用（AC）/元	153692	143843
平均每年运行天数	330	330
干燥 1 kg 中药干粉费用（CD_{kg}）/元	0.812	0.756
中药浸膏采购费用和干燥费用（CD_{dry}）/元	110.18	110.11

续表

经济性参数	VBD	MVR-VBD
加工每千克中药干粉所节约费用（B_d）/元	2685.2	2688
年利润（B_j）/元	886081	887068
投资回收期（P_b）/元	0.4423	0.4418

两种干燥系统的初投资成本根据系统的实际建造成本计算，成本相差 91000 元，其主要差别在于 MVR-VBD 比 VBD 系统多一个水蒸气压缩机和一个板式换热器，且少一个真空泵。两个系统的年化电费差额为 17738 元。干燥系统 15 年的运行、维护和维护年化节约成本为 9847 元。根据市场调研结果可知，金银花浸膏原料和干粉的价格分别为 70 元/kg 和 469 元/kg。考虑到设备投资和能耗，干燥 1kg 金银花浸膏，VBD 和 MVR-VBD 系统所消耗的成本分别为 0.812 元和 0.756 元，再计算干燥金银花所获得的利润，最终确定系统投资回收期。分析计算结果发现：两种真空带式干燥系统的投资回收期约为 5 个月，即将 VBD 系统升级为 MVR-VBD 系统的成本可以在较短的时间内收回，说明 MVR-VBD 系统具有较好的经济性。

参考文献

[1] 徐成海，张世伟，关奎之. 真空干燥［M］. 北京：化学工业出版社，2003.

[2] 赵元藩. 蔬菜水果脱水干燥技术［M］. 昆明：云南科学技术出版社，1996.

[3] 徐成海. 真空干燥［M］. 北京：化学工业出版社，2011.

[4] 达道安. 真空设计手册［M］. 北京：国防工业出版社，2004.

[5] 孙宇. 浆果微波干燥理论与技术［M］. 北京：中国纺织出版社，2021.

[6] 杨朝阳，徐鹏，苑铁键，等．杂交构树低温干燥特性及品质研究［J/OL］. 中国农业科技导报，2024：1-14.

[7] 曹志向，高振江，林海，等．滚筒式真空脉动压干燥胡萝卜丁试验研究［J］. 食品科技，2009，34（03）：81-85.

[8] 林家辉，张钰，张化福，等．真空膜蒸馏-过热蒸气干燥技术发展现状及展望［J］. 制冷技术，2020，177（04）：13-18.

[9] 林家辉，李晓琼，章学来，等．真空膜蒸馏-过热蒸气干燥系统设计与实验［J］. 制冷学报，2021，42（04）：101-105.

[10] 乔木，金程，谢继红，等．膜蒸馏组件再生干燥装置的技术方案分析［J］. 化工装备技术，2019，40（02）：1-4.

[11] 高振江，吴定伟，张树阁，等．滚筒式真空脉动干燥机设计［J］. 农业机械学报，2010，41（03）：

113-116，127.

[12] 白竣文，王吉亮，肖红伟，等．基于 Weibull 分布函数的葡萄干燥过程模拟及应用 [J]．农业工程学报，2013，29（16）：278-285.

[13] 杨慧，贾文婷，吴宏，等．响应面法优化真空脉动压干燥无核白葡萄工艺研究 [J]．上海农业学报，2015，31（06）：83-87.

[14] 张卫鹏，高振江，肖红伟，等．基于 Weibull 函数不同干燥方式下的茯苓干燥特性 [J]．农业工程学报，2015，31（05）：317-324.

[15] 白竣文，周存山，蔡健荣，等．南瓜片真空脉动干燥特性及含水率预测 [J]．农业工程学报，2017，33（17）：290-297.

[16] 代建武，付琪其，黄欢，等．青花椒真空脉动干燥特性及干燥品质工艺优化 [J]．农业工程学报，2021，37（08）：279-287.

[17] 吴本刚，钱礼顺，刘美娟，等．莴苣红外杀青-热风、真空脉动干燥技术研究 [J]．食品工业，2017，38（06）：175-179.

[18] 蒋建东，金骁，毛智琳，等．稻谷薄层真空脉动干燥特性及含水率预测模型 [J]．真空科学与技术学报，2019，39（05）：367-373.

[19] 王俊钢，刘成江，郭安民，等．真空脉动压干燥技术在风干牛肉加工中的应用 [J]．食品与发酵工业，2017，43（01）：135-142.

[20] 方小明，张晓琳，王军，等．荷花粉真空脉动干燥特性和干燥品质 [J]．农业工程学报，2016，32（10）：287-295.

[21] 高明珠，董春旺，叶阳，等．工夫红茶真空脉动干燥特性及数学模型研究 [J]．中国农机化学报，2016，37（03）：96-101，113.

[22] 钱婧雅，张茜，王军，等．三种干燥技术对红枣脆片干燥特性和品质的影响 [J]．农业工程学报，2016，32（17）：259-265.

[23] 马奇虎，郭雨桐，唐辉，等．不同干燥方式枸杞干果微观结构与营养成分对比分析 [J]．农产品加工，2022，（17）：72-74，78.

[24] 王吉强，邓利珍，裴昱鹏，等．成熟度对冬枣真空脉动干燥动力学及产品品质的影响 [J]．农业工程学报，2021，37（23）：273-279.

[25] 张茜，耿智化，张军辉，等．色素辣椒真空脉动干燥动力学及品质的研究 [J]．农机化研究，2020，42（10）：113-121，129.

[26] 张卫鹏，陈浩然，范晓志，等．茯苓丁真空脉动干燥特性及多目标优化 [J]．食品与机械，2021，37（09）：91-98，144.

[27] 巨浩羽，赵士豪，赵海燕，等．基于 Weibull 分布函数的枸杞真空脉动干燥过程模拟及动力学研究 [J]．中草药，2018，49（22）：5313-5319.

[28] 巨浩羽，赵士豪，赵海燕，等．光皮木瓜真空脉动干燥特性及神经网络模型 [J]．食品与机械，2022，38（03）：147-153.

[29] 乔宏柱，高振江，王军，等．大蒜真空脉动干燥工艺参数优化 [J]．农业工程学报，2018，34（05）：256-263.

[30] 杨双喜，马慧，张海红，等．真空脉动干燥温度对黄花菜理化性质与微观结构的影响 [J]．中国食品学报，2024，24（06）：264-277.

[31] 潘旭，许保海，张静，等．远红外辅助脉冲真空干燥与传统干燥方法对枸杞子制干效果对比 [J]．中国现代中药，2022，24 (03)：505-509.

[32] 杨丽丽，马奇虎，李重，等．枸杞真空脉动干燥工艺优化研究 [J]．食品工业，2018，39 (11)：74-77.

[33] 袁越锦，洪晨，徐英英，等．组合干燥方式下胡萝卜真空脉动蒸汽烫漂工艺优化 [J]．浙江农业学报，2022，34 (01)：163-172.

[34] Reis，Felipe R. Vacuum drying for extending food shelf-life [M]. Springer，Cham，2014.

[35] Xu P，Zhang Z，Peng X，et al. Energy，exergy and economic analysis of a vacuum belt drying system integrated with mechanical vapor recompression (MVR) for aqueous extracts drying [J]. International Journal of refrigeration，2023，145：96-104.

[36] Xu P，Zhang Z，Peng X，et al. Study on vacuum drying kinetics and processing of the Lonicera japonica Thunb. aqueous extracts [J]. LWT-Food Science and Technology，2022，167，113868.

[37] Zhang H，Zhang Z，Tong L，et al. A novel mechanical vapor compression vacuum belt drying system：Model development，experimental verification and performance prediction [J]. Energy Conversion and Management，2022，269：116108.

[38] Xu P，Yang Z，Li X，et al. Effects of different drying methods on drying characteristics and quality of silage Broussonetia papyrifera L [J]. LWT，2024：116872.

[39] Xu P，Peng X，Yang J，et al. Effect of vacuum drying and pulsed vacuum drying on drying kinetics and quality of bitter orange (Citrus aurantium L.) slices [J]. Journal of Food Processing and Preservation，2021，45 (12)：e16098.

[40] Jiang D，Li C，Lin Z，et al. Effects of pulsation ratio on center temperature and drying characteristics of pineapple slices with pulsed vacuum drying [J]. International Journal of Agricultural and Biological Engineering，2022，15 (6)：242-253.

[41] Zheng Z A，Wang S Y，Wang H，et al. Comparative study on the influence of various drying techniques on drying characteristics and physicochemical quality of garlic slices [J]. Foods，2023，12 (6)：1314.

[42] Xu X，Zhang L，Feng Y，et al. Vacuum pulsation drying of okra (Abelmoschus esculentus L. Moench)：Better retention of the quality characteristics by flat sweep frequency and pulsed ultrasound pretreatment [J]. Food Chemistry，2020，326：127026.

[43] Wang J，Law C L，Nema P K，et al. Pulsed vacuum drying enhances drying kinetics and quality of lemon slices [J]. Journal of Food Engineering，2018，224：129-138.

[44] Xie L，Zheng Z A，Mujumdar A S，et al. Pulsed vacuum drying (PVD) of wolfberry：Drying kinetics and quality attributes [J]. Drying Technology，2018，36 (12)：1501-1514.

[45] Liu Z L，Xie L，Zielinska M，et al. Pulsed vacuum drying enhances drying of blueberry by altering micro-，ultrastructure and water status and distribution [J]. LWT，2021，142：111013.

[46] Liu Z L，Wei Z Y，Vidyarthi S K，et al. Pulsed vacuum drying of kiwifruit slices and drying process optimization based on artificial neural network [J]. Drying Technology，2020，39 (3)：405-417.

[47] Jiang D，Xiao H，Zielinska M，et al. Effect of pulsed vacuum drying on drying kinetics and

quality of roots of Panax notoginseng (Burk.) FH Chen (Araliaceae) [J]. Drying Technology, 2021, 39(16): 2234-2251.

[48] Zhang W, Pan Z, Xiao H, et al. Pulsed vacuum drying (PVD) technology improves drying efficiency and quality of Poria cubes [J]. Drying Technology, 2018, 36(8): 908-921.

[49] Xie Y, Gao Z, Liu Y, et al. Pulsed vacuum drying of rhizoma dioscoreae slices [J]. LWT, 2017, 80: 237-249.

[50] Zhou Y H, Pei Y P, Sutar P P, et al. Pulsed vacuum drying of banana: Effects of ripeness on drying kinetics and physicochemical properties and related mechanism [J]. LWT, 2022, 161: 113362.

[51] Liu Z L, Xie L, Zielinska M, et al. Improvement of drying efficiency and quality attributes of blueberries using innovative far-infrared radiation heating assisted pulsed vacuum drying (FIR-PVD) [J]. Innovative Food Science & Emerging Technologies, 2022, 77: 102948.

[52] Wang S, Bi Y, Zhou Z, et al. Effects of pulsed vacuum drying temperature on drying kinetics, physicochemical properties and microstructure of bee pollen [J]. Food Science & Technology, 2022, 169: 113966.

[53] Wang J, Bai T Y, Wang D, et al. Pulsed vacuum drying of Chinese ginger (Zingiber officinale Roscoe) slices: Effects on drying characteristics, rehydration ratio, water holding capacity, and microstructure [J]. Drying Technology, 2019, 37(3): 301-311.

[54] Xie L, Mujumdar A S, Fang X M, et al. Far-infrared radiation heating assisted pulsed vacuum drying (FIR-PVD) of wolfberry (Lycium barbarum L.): Effects on drying kinetics and quality attributes [J]. Food and Bioproducts Processing, 2017, 102: 320-331.

第5章

干燥装备智能控制技术

5.1 电气控制系统

自20世纪60年代起，随着工业生产的不断发展，自动控制技术开始逐步应用于农产品、食品干燥等过程控制。研究者们首先尝试将自动化控制技术与干燥工艺相结合，尤其是在温度、湿度等关键参数自动调节方面取得了显著成果。这一时期的控制技术主要依赖于温控器和手动调节设备。尽管尚未完全实现自动化，但为未来发展奠定了基础。

进入20世纪80年代，随着传感器技术的飞速进步，干燥控制技术也进入了新的发展阶段。干燥控制系统是将自动控制技术应用于干燥系统中，使干燥系统能够根据物料干燥工艺的要求实时精准地自动调控干燥系统的运行状态参数，实现物料的高品质干燥。传感器能够实时监测干燥过程中典型参数并反馈给控制系统，进而实现更为精确的自动化控制，减少了人为干预的需求，使得干燥过程变得更加高效、稳定。随着技术的不断演进，干燥控制系统逐步向智能化、自动化方向迈进，大大提高了干燥生产效率和产品品质一致性。

相比于发达国家，国内在干燥控制领域的研究起步较晚，早期的干燥控制主要依赖于人工操作和简单的机械控制，自动化程度较低。然而，随着近几十年来国内工业化和科技水平的提高，干燥控制技术得到了显著的推动与发展。国内众多学者和研究机构开始深入探索干燥精准控制技术，开发出多种新型干燥控制方法，并成功应用于实际生产中，逐步缩小了与发达国家的差距。

通过控制科研成果的积累和应用，国内干燥控制技术正逐步迈向成熟，并且逐渐在多个行业和领域中发挥着重要作用。与此同时，随着“双碳”目标任务的推进，国家对节能低碳的要求日益提高，干燥控制技术将朝着实现操作装备绿色环保和高效能的方向快速发展。

5.1.1 控制系统类型

（1）手动控制

手动控制是最早应用于工业装备中的基本控制方式，通常通过旋钮、按钮等机械控制元件调节装备运行状态。这种控制方式操作简便，尤其在一些较为简单的生产流程或不复杂的小型设备中表现良好。但完全依赖操作人员的经验和手动干预，控制精度较低、效率低下，且无法应对复杂的工况变化实现对环境和设备状态的实时反馈与调整。在需要持续监控和调整的操作环境中，这种方式往往显得力不从心。这种依赖人力的操作模式不仅增加了人力成本，也限制了设备的自动化和智能化升级。随着现代工业自动化水平的提高，手动控制在大规模生产和复杂工艺中的局限性逐渐显现，企业往往需要减少人为干预、提高设备运行的自主性。而手动控制在这一方面的不足，已经无法满足现代化生产对高效、稳定和自动化的要求。

（2）单片机

单片机作为微型计算机的一个重要分支，应用面广、发展迅速。自单片机诞生至今，已发展为上百种系列的近千个机种。目前，单片机正朝着 CMOS 化、低功耗、小体积、大容量、高性能、低价格和外围电路内装化等方向发展。

单片机在干燥操作等控制系统中的应用主要通过单片机技术、微机接口技术、传感器与信号处理技术来实现。用传感器感知典型参数并转换成电压的输出，单片机的外围电路芯片把模拟信号转换成数字信号再输入到单片机中。

单片机设计包括系统的硬件设计和软件设计。在硬件方面，需对 8155 接口电路、A/D 转换电路、各种传感器等进行设计再整合成为整体；在软件方面，需对主程序、中断服务程序、采样子程序、数字滤波程序进行编写。单片机对数字进行处理和控制，通过 RS-232 串口传到 PC 机对典型参数进行监视与报警，设置上下限。其优势是结构简单，编程不需要用专用的编程器，方便调试、修改和升级。

（3）PLC 控制系统

可编辑逻辑控制器（Programmable Logic Controller，PLC）在控制系统中起着至关重要的作用，在工厂的自动化控制中是核心部件。PLC 具备丰富的运算和控制指令，可以完成复杂系统的控制，且成本比较低。PLC 将个人计算机强大的信息处理能力与继电器接触控制的稳定性以及自身的小型化等诸多优点集合于一身，在工业中得到了广泛的应用。随着电子技术的发展，PLC 的设计理念、产品的可靠性、成本控制等方面得到了全面的发展，实现了应用广泛、体积缩小、功耗减少、价格降低、寿命延长、灵活方便等各方面的综合提升。

PLC 程序的执行过程如图 5-1 所示。首先，系统将通过调用初始化程序完成系统的初始设置。随后，用户可选择手动模式或自动模式。在手动模式下，用户可以直接通过调节变频器或者阀门来控制干燥系统的运行；在自动模式下，系统会自动采集当前工作状态下的各项参数。若检测到故障，系统将发出报警并进行故障检查。若系统运行正常，则会继续执行控制程序，对变频器和阀门进行调控以调节电机的运转和阀门开关。若操作过程结束，系统将终止运行。若需要继续操作，系统将再次采集相关参数，并重复上述操作流程。这种循环确保了生产过程的连续监控和稳定控制。

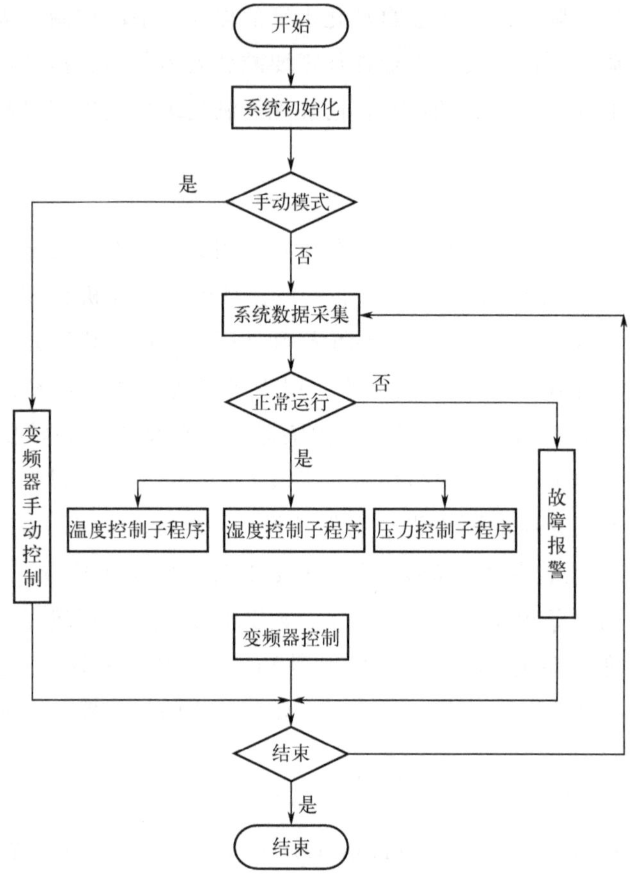

图 5-1　PLC 控制过程

(4) DCS 控制技术

分布式控制系统（Distributed Control System，DCS）是一种广泛应用于工业自动化的控制系统，主要用于大规模、复杂过程的实时监控与控制。与传统的集中式控制系统不同，DCS 通过分布在不同位置的控制单元，实现对整个生产过程的分布式控制和协调。每个控制单元独立执行特定的控制任务，同时通过高速通信网络进行数据交换和协同工作，使得系统在处理复杂过程时更加灵活可靠。控制流程如图 5-2 所示。

DCS 系统的核心组件包括控制器、操作员界面、通信网络和输入输出模块（I/O)。其中，控制器是系统的核心，负责采集数据、执行控制算法并生成控制指令；操作员界面则提供图形化显示，帮助操作员监控设备状态、调整控制参数、查看报警信息并执行手动操作；通信网络确保系统内各个设备和模块之间的实时数据交换，保证系统的整体协调；I/O 模块负责与现场设备连接，采集传感

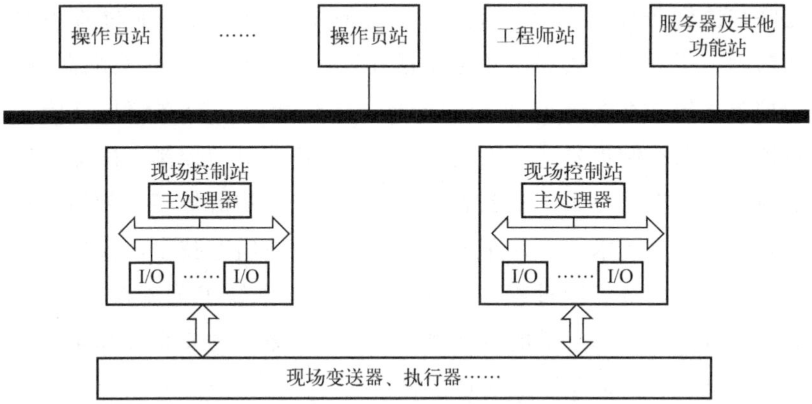

图 5-2　DCS 控制流程

器数据并输出控制信号到执行器。

DCS 系统的主要特点之一是强大的实时控制能力，尤其适用于连续性和复杂性的工业过程。它能够高效地处理大规模、实时的数据流，并根据现场条件精确调节控制参数。通过分布式架构，DCS 不仅能够减少局部故障的影响，还能够通过冗余设计确保系统的高可靠性。此外，DCS 系统具有高度的可扩展性，能够根据不同需求灵活调整控制单元的数量和功能，适应不同规模和复杂度的工业应用。

在干燥领域，DCS 系统的应用尤为重要。干燥过程本身是一个复杂且时变的非线性过程，涉及温度、湿度、流量、压力等多个变量。DCS 系统能够实现对这些关键参数的实时监控与调节，确保干燥过程中的各项工艺参数保持在理想范围内，从而提高干燥效率、保证产品质量。同时，系统能够记录和分析干燥过程中的数据趋势，帮助操作员预测故障并提高设备的运行稳定性。

(5) 工业组态技术

工业组态技术是一种现代化自动控制系统，通过软件编程和数据处理来实现对工业过程的监测和控制。它借助通信网络和传感器设备，实现了设备、系统和生产线的高效集成与协同工作。在工业组态技术中，编程软件起着核心作用，这些软件通常通过图形用户界面（Graphical User Interface，GUI）设计和配置各种控制逻辑。这种可视化的方式不仅提供了直观的操作体验，也便于非专业人员理解和使用。

工业组态技术的实现需要三个主要组成部分，包括硬件、软件和通信网络。其中，硬件包括传感器、执行器和控制器等设备，用于实时检测和操作工业过程；软件则是实现逻辑控制和数据处理的关键；通信网络负责数据传输，实现设备间的互联与协同工作。在这一系统中，传感器用于采集工业过程中的各项参数，例如温度、压力和流速等，并通过通信网络将数据传输至控制器。控制器依据设定的控制逻辑对数据进行处理和分析，生成相应的控制信号，传递至执行器。执行器再根据控制信号，对工业过程进行精确调节与控制，确保过程稳定。

工业组态技术广泛应用于制造业、能源、化工、物流等多个领域。在干燥操作过程中，工业组态技术的引入尤为重要。利用工业组态技术，操作人员可以方便、快捷地监控和调节干燥过程的各项参数，确保干燥工艺流程的稳定。同时，工业组态技术减少了操作人员的劳动强度，提高了系统的安全性和生产效率，使干燥过程在自动化和智能化方面实现了显著提升。

(6) 云计算与大数据分析

云计算是通过网络提供计算资源（如服务器、存储、数据库等）的服务模式，使企业和个人能够按需使用和管理资源。它采用虚拟化技术，将硬件资源抽象化，提供弹性伸缩的计算能力，用户无须购买和维护昂贵的硬件设施。云计算通常分为三种服务模式：基础设施即服务（IaaS）、平台即服务（PaaS）和软件即服务（SaaS）。这些服务模式使得企业能够灵活选择合适的资源，降低 IT 成本，同时提高资源的利用率和系统的可靠性。

与此并行，大数据分析是指对大规模、多样化的数据进行处理、分析和提取有价值信息的过程。现代工业和商业环境中，数据量迅速增加，传统的处理方式已难以应对。大数据分析采用分布式计算、数据挖掘、机器学习等先进技术，从大量的数据中提取出有价值的见解，帮助决策者做出更加精确的判断。其核心优势在于能够分析结构化和非结构化数据，从中发现趋势和模式，支撑业务优化、风险管理和创新。

云计算与大数据分析的结合为企业提供了强大的数据处理和存储能力。云平台的弹性和扩展性使得大数据处理变得更加高效和经济，尤其是在面对海量数据时，云平台能够提供高性能的计算资源和分布式存储，极大提高数据处理的速度与效率。通过云计算的支持，大数据分析可以实现更广泛的应用，不仅能够处理复杂的数据集，还能为实时数据分析和决策提供即时反馈。在干燥领域，云计算和大数据分析的应用能够显著提升干燥操作的智能化水平。通过云平台，干燥过程中的各项数据可以实时上传并存储在云端，操作员可通过远程监控系统进行干燥装备的调节和优化。而大数据分析则能够对这些数据进行实时处理，帮助分析工艺参数的变化趋势，预测干燥过程中可能出现的问题，并提出优化方案。例如，通过对历史数据的分析，装备能够预测设备故障并提前预警，减少意外停机时间；同时，大数据技术也能够帮助优化能源利用效率，提高生产的稳定性和干燥产品的质量。

(7) 物联网技术

物联网（Internet of Things，IoT）是通过互联网将物理设备、传感器和系统连接起来，实现设备之间的数据交换和智能化控制。如图 5-3 所示，它通过嵌入式传感器、无线通信技术和云计算、大数据分析等技术，使得物理对象能够“感知”周围环境并与其他设备进行互动。物联网的应用范围广泛，从智能家居到工业自动化，再到智能交通和医疗健康，物联网技术正在推动各行各业的数字化转型。

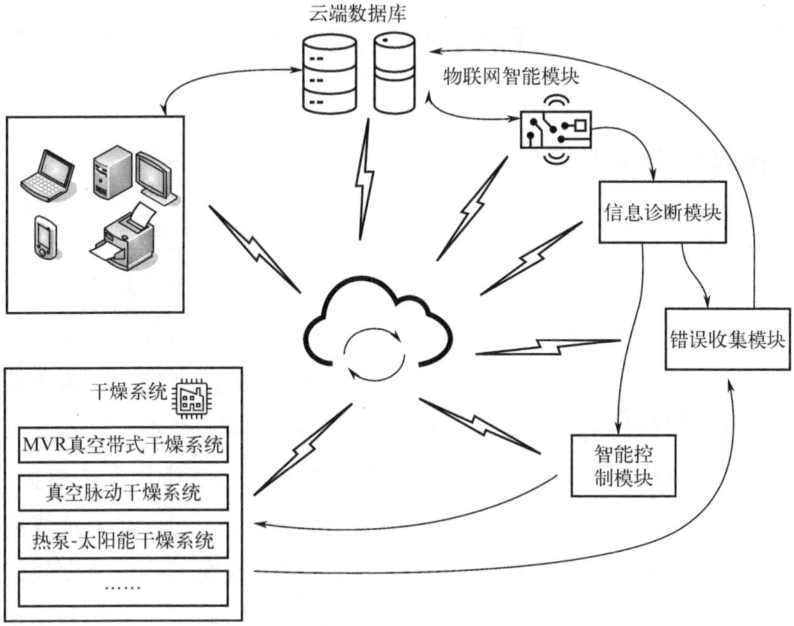

图 5-3　物联网传输过程

物联网的核心由三大层次组成，包括感知层、网络层和应用层。其中，感知层通过各种传感器和设备采集环境数据，并将这些数据转化为数字信号；网络层负责通过无线通信技术（如 Wi-Fi、蓝牙、ZigBee、5G 等）将采集的数据传输到上层应用系统；应用层则对数据进行处理、分析和决策，提供智能控制、优化管理等功能。整个系统通过这三层协同工作，实现设备之间的互联互通和智能化操作。

物联网的关键技术包括传感器技术、无线通信技术、云计算、大数据分析和人工智能。传感器技术使设备能够感知和采集环境数据，通信技术确保数据能够高效、可靠地传输到云平台或本地服务器。云计算和大数据分析为物联网提供强大的数据处理和存储能力，支持大规模数据的实时分析和智能决策。人工智能和机器学习则帮助物联网系统从数据中提取价值，进行自适应控制和自动化决策，进一步提升系统的智能化水平。

物联网的应用场景涵盖了多个行业。在干燥领域，物联网技术的应用显著提升了干燥操作的智能化水平。通过在干燥装备中安装传感器，物联网可以实时采集温度、湿度、气流流速、压力等关键参数，并将数据传输至云平台进行分析。系统能够根据实时数据自动调整干燥过程中的各项控制参数，确保干燥效率和产品质量。同时，物联网技术还支持设备的远程监控和管理，操作员可以随时随地通过手机或计算机查看设备状态并进行调整。通过大数据分析，物联网还可以预测干燥设备故障，提前进行维护，避免生产中断，提升系统的可靠性和生产效率。

5.1.2 信号采集技术

在控制系统中，传感器信号采集及传输技术是关键组成部分，它通过将传感器节点采集到的物理量转化为电信号，并将这些信号传输到控制系统进行处理和监测。根据传输方式的不同，信号传输技术分为无线传输和有线传输两大类。

无线传输技术是传感器信号传输中应用最为广泛的技术之一。传感器节点通过射频技术将采集到的信号以无线信号的形式传输到中心节点。这种技术具有无须布线、传输距离远、系统构建简单等优点，因此被广泛应用于传感器网络中。有线传输方式包括串行接口、电流信号和电压信号传输。它依靠物理线缆连接传感器节点和中心控制节点。虽然传输距离较短，但优点在于传输速度快、稳定性高，在控制精度要求较高的工业应用中往往是首选。因此，干燥控制系统中，传感器大多采用有线传输方式以确保系统的可靠性和精准度。

在干燥装备控制系统中，传感器类型主要为有线传输，控制目标主要为温度、湿度、风速、压力等工艺参数，具体的检测仪表如下：

(1) 温度传感器

根据传感器材料及电子元件特性温度传感器分为热电阻和热电偶两类。热电阻传感器的测温原理是导体或半导体的电阻值随着温度的变化而变化的特性，此种温度传感器不需要补偿导线，价格相对比较便宜。热电偶传感器的测温原理是热电效应，即将两种不同的导体或半导体连接成闭合回路，当两个接点处的温度不同时，回路中将产生热电势，其测温范围宽，性能比较稳定，同时结构简单，动态响应好，但是价格相对较高。

（2）湿度传感器

湿度传感器的工作原理是通过测量空气中的湿度来间接反映空气中含有多少水蒸气。它由两个互相靠近的敏感元件组成（玻璃泡和金属丝组成的热电阻体以及用绝缘材料制成的外壳）。当空气流经这两个元件时，由于它们之间产生了一定的温差电动势而使电路中的电压发生改变并带动与之相连的电子线路产生变化。电子线路产生的电流变化又通过另一对敏感金属片上的感生电流相互影响，最终使两端的电压发生变化从而实现对空气湿度的测量。根据测量原理的不同，湿度传感器可分为电阻式、电容式、热敏电阻式、露点式、光学式及半导体式等几大类，具体如下：

a. 电阻式湿度传感器：利用湿敏材料的电阻值随湿度变化而变化的特性进行测量。当环境湿度改变时，湿敏材料的导电性发生改变，从而引起电阻值的变化。通过测量电阻值即可推算出当前湿度。

b. 电容式湿度传感器：由两个电极和它们之间的感湿介质组成，当环境湿度变化时，感湿介质的介电常数发生改变，导致电容器的电容值发生变化，从而反映湿度值。

c. 热敏电阻式湿度传感器：基于湿空气与干空气热导率不同的原理，通过测量湿空气对热敏电阻散热速度的影响来推算湿度。

d. 露点式湿度传感器：使被测气体冷却至露点温度以下，观察水蒸气凝结成水的现象，从而确定露点温度，再根据关系式计算湿度。

e. 光学式湿度传感器：利用光在湿敏材料中的传播特性随湿度变化而变化的原理，通过测量光强、折射率等参数的变化来检测湿度。

f. 半导体式湿度传感器：利用某些半导体材料的电阻值或电容值随湿度变化的特性进行测量，与电阻式类似，但材料特性和测量机制有所不同。

（3）风速传感器

风速传感器主要用于监测和控制热风等气流速度，以确保干燥效率和产品质量。目前常用的风速传感器分为机械式和超声波两类。

机械式风速传感器内置了靠风力推动的旋转部件，如风杯或风叶，因其转速与风速成正比，所以测量旋转部件的风速便可得到风速。这类传感器结构简单，价格较为便宜，广泛应用于常规风速测量场合，但由于机械部件的存在，易受磨损影响，使用寿命较短，且动态响应较慢。

超声波风速传感器则基于声波传导的时间差原理，通过测量风速对超声波传播速度的影响来计算风速。由于没有机械部件，使用寿命长，动态响应速度快，测量精度高，适用于风速变化较快的场景，还可以在复杂环境下稳定工作，不受温度、气压等外部因素的干扰，性能更为可靠，但价格相对较高。

（4）压力传感器

压力传感器是能感受压力信号，并能按照一定的规律将压力信号转换成可用的电信号的器件或装置。压力传感器通常由压力敏感元件和信号处理单元组成。压电效应是压力传感器的主要工作原理，压力传感器不能用于静态测量，因为经过外力作用后的电荷，只有在回路具有无限大的输入阻抗时才得到保存。实际的情况不是这样的，所以这决定了压力传感器只能够测量动态的应力。

压力传感器是使用最为广泛的一种传感器。按不同的测试压力类型，压力传感器可分为表压传感器、差压传感器和绝压传感器。传统的压力传感器以机械结构型的器件为主，以弹性元件的形变指示压力，但这种结构尺寸大、质量大，不能提供电学输出。随着半导体技术的发展，半导体压力传感器应运而生。其特点是体积小、质量小、准确度高、温度特性好。特别是随着 MEMS 技术的发展，半导体传感器向着微型化发展，而且其功耗小、可靠性高。

5.1.3 通信传输技术

网络通信的基础在于各类协议和技术的协同工作，以便设备之间能够互相传输和交换数据。网络通信协议规定了数据如何在不同网络节点之间进行传输，使不同设备能够理解和解析数据。常见的工业协议有 Modbus、Profibus、CAN、以太网、MQTT 等，每种协议根据应用需求在速度、距离、数据传输模式等方面各有优劣。例如，Modbus RTU 和 CAN 协议常用于较短距离的通信，提供稳定的数据传输；而以太网和 MQTT 则更适合需要快速传输、大量数据的场景，能够支持长距离的数据交换和云端通信。

此外，网络拓扑结构是通信网络的重要组成部分，不同的拓扑结构适用于不同的工业应用环境。常见的拓扑结构有总线型、星型、环型和树型拓扑，每种结构对网络的覆盖范围、通信速率和可靠性有不同的影响。以太网通常采用星型或树型拓扑，可以在多个设备之间建立高速连接，而 CAN 总线通常采用总线型拓扑，适用于低延迟、短距离的设备互连。通过合理选择协议和拓扑结构，工业系统能够实现稳定、快速、灵活的通信。

（1）Modbus RTU 协议通信

Modbus RTU（Remote Terminal Unit）协议是一种广泛应用于工业自动化和控制系统的串行通信协议，通常基于 RS-485 或 RS-232 通信接口。Modbus RTU 采用紧凑的二进制数据格式，能够实现低延迟、高效的数据传输，适合于 PLC、HMI、变频器、传感器等设备之间的数据交换。协议的工作模式是主从式，通信过程由主设备（Master）发起请求，从设备（Slave）响应。主设备可以通过轮询方式与多个从设备进行通信，且每个设备都有唯一的地址。Modbus RTU 的通信结构非常简单、易于实现、成本低廉，广泛应用于需要稳定、低成本控制和监测的场合。

Modbus RTU 协议的帧结构包括几个重要部分，如起始时间间隔、设备地址、功能码、数据域和 CRC 校验码。其中，起始时间间隔用于标识帧的开始，最短为 3.5 个字符；设备地址占用 1 字节，用于指定从设备的地址，地址范围为 0～247；功能码也是 1 字节，指示请求的操作类型，如读取或写入寄存器；数据域存储实际的数据内容，其长度根据不同功能码的要求而变化；CRC 校验码占 2 字节，确保数据的完整性和准确性。常见的功能码包括读取保持寄存器（0x03）、读取输入寄存器（0x04）、写单个保持寄存器（0x06）和写多个保持寄存器（0x10）等，这些功能码能够支持多种控制和监测操作。

Modbus RTU 协议的优点在于简单可靠且易于实现，非常适合低成本、低复杂度的工业控制系统。然而，它的局限性也显而易见，Modbus RTU 仅支持主从架构，不能实现设备之间的点对点通信，且无法动态改变通信拓扑结构。此外，由于基于串行通信，通信速率受到物理接口的限制（通常较低），这使得其在对实时性要求较高的应用中不太适用。因此，尽管 Modbus RTU 在许多传统工业自动化系统中占据重要地位，但在复杂或高实时性需求的系统中，可能需要采用更高效、更灵活的通信协议。

Modbus RTU 协议在干燥领域得到了广泛应用，特别是在农产品干燥等方面。在这些应用中，Modbus RTU 能够高效地连接各类传感器、控制器和执行器，实时监控和调节温度、湿度、压力、风速等关键参数。例如，干燥设备中的温控器、湿度传感器、风机驱动器等设备都可以通过 Modbus RTU 协议进行互联，确保整个干燥过程的稳定性和效率。主设备通过 Modbus RTU 协议读取传感器数据并调整设备设置，从而优化干燥过程、减少能源浪费、提高生产效率。此外，Modbus RTU 还可以用于远程监控和故障诊断，提升系统的维护性和可靠性。因此，Modbus RTU 不仅在传统的工业自动化领域发挥作用，也在干燥领域的智能化和自动化过程中，提供了高效、可靠的通信解决方案。

(2) 以太网协议通信

以太网协议（Ethernet）是一种广泛应用于计算机网络和工业控制系统的通信协议，基于数据链路层并使用帧结构传输数据。以太网协议的高速传输能力、强大的兼容性和灵活性，使其成为局域网（Local Area Network，LAN）技术的核心标准，广泛应用于工业自动化、建筑管理、智能交通等领域。相较于传统的串行通信协议，以太网协议具有更高的数据传输速率、宽带宽以及更强的网络扩展性。通过交换机、路由器等网络设备，可以构建大规模且灵活的网络结构，以适应日益增长的工业与商业需求。

以太网协议的基本单位是帧，每帧包含目标地址、源地址、数据和校验码等信息。设备通过唯一的MAC地址（物理地址）进行标识和通信，数据传输采用CSMA/CD（载波监听多路访问/冲突检测）机制，以确保设备之间的信号访问互不冲突。以太网协议支持多种数据传输速率，包括10Mb/s、100Mb/s、1Gb/s及更高，满足了现代工业应用对大数据量、高速传输的需求。此外，工业以太网（如Profinet、EtherCAT等）在标准以太网的基础上优化了实时性和数据传输可靠性，进一步拓展了工业领域的应用场景，使之适用于对时间敏感的控制和监测任务。

在干燥领域，以太网协议的应用越来越普及，尤其在涉及高效、远程监控和大数据分析的干燥设备中。借助以太网协议，干燥装备中的各类传感器、温控器、风机、加热器等可以联网互通，主控系统能够实时监控温湿度、风速、压力等关键参数，并自动优化设备的运行状态，有助于提高干燥参数的控制精度，提升干燥效率和能源利用率，降低能耗与成本。此外，工业以太网还支持远程诊断和故障预警，使干燥装备的维护与管理更具智能化、自动化。以太网协议为干燥设备提供了高效、可靠的通信平台，加速了干燥技术的现代化和自动化发展。

（3）Profibus协议通信

Profibus协议（Process Field Bus）是一种用于工业自动化领域的现场总线通信协议，广泛应用于过程控制、自动化生产线和机械设备的通信。Profibus协议最早由德国西门子公司提出，属于IEC 61158标准的一部分，旨在通过数字通信简化设备间的连接和数据交换。作为一种基于主从式通信协议，Profibus具有高速、高可靠性和强大的网络拓扑支持能力，广泛应用于PLC、传感器、执行器、仪表等设备之间的互联。

Profibus协议的主要类型包括Profibus DP（Decentralized Peripherals）和Profibus PA（Process Automation）。Profibus DP适用于快速、周期性数据传输的应用，如传感器、执行器等设备的控制与监测，主要应用于制造业和过程控制系统。Profibus PA则适用于危险环境中的过程自动化控制，支持防爆和防护措施，并适应复杂的过程控制需求。Profibus协议的数据传输方式为Master-Slave（主从式），其中主设备发起通信请求，多个从设备响应。通信传输速度一般为9.6Kb/s至12Mb/s，数据传输的可靠性较高，并支持冗余网络设计，以确保系统在出现故障时能够持续运行。

Profibus 协议的帧结构通常包括标识符、数据域、校验码等内容。标识符用于区分不同的设备，数据域承载了要传输的实际数据，校验码则用于确保数据传输的完整性。Profibus 网络支持多种拓扑结构，包括总线型、星型和树型等，灵活的拓扑结构使其能够适应不同规模的自动化系统。Profibus 还具有较强的扩展性，支持多个设备接入，可以通过中继器等设备扩展网络规模，适应复杂的工业应用。其高速稳定的通信能力和对实时性的支持，使其在大规模工业控制系统中得到了广泛应用。

在干燥领域，Profibus 协议的应用主要体现在智能化控制和远程监控上，尤其适用于对精确控制和数据交换有较高要求的干燥装备。通过 Profibus 协议，干燥装备中的各种传感器（如温湿度、风速、压力传感器）、执行器（如加热器、风机、阀门）等设备能够实时互联，主控制系统能够根据实时数据调整设备运行参数，实现自动化的温湿度控制、能源优化以及故障诊断等功能。此外，Profibus 还能够实现远程监控和维护，通过集中式监控系统及时获取干燥装备的状态信息，进行故障预测和维护管理，从而进一步提高生产的可靠性和效率。

（4）CAN 协议通信

CAN 协议（Controller Area Network）是一种用于嵌入式系统和分布式控制系统的通信协议，由博世公司于 20 世纪 80 年代开发。CAN 协议具有高可靠性和实时性，特别适合要求严苛的工业和汽车应用，如汽车电子控制单元（ECU）之间的通信。作为一种多主总线通信协议，CAN 协议允许多个控制节点共享同一通信总线，支持节点间的灵活数据交换，同时具备高抗干扰性和容错能力。

CAN 协议的通信以数据帧为单位，帧结构简单高效，包括帧头、数据域、校验码和终止位等部分。CAN 数据帧使用无连接、事件触发的方式传输数据，不包含设备地址信息，通过标识符（ID）来区分不同类型的数据。数据传输过程采用非破坏性仲裁机制，即多个节点可以同时尝试发送数据，但优先级高的节点将优先获得总线使用权，这种机制确保了数据传输的实时性和高效性。此外，CAN 协议还具有严格的错误检测和处理机制，能够在出现错误时自动重传数据，并在发生严重错误时关闭故障节点，确保总线的整体稳定性。

CAN 协议支持两种数据速率标准：CAN 2.0A（11 位标识符）和 CAN 2.0B（29 位标识符）。标准的通信速率范围为 10Kb/s～1Mb/s，能够满足多种工业和汽车应用的需求。此外，为了进一步提升数据传输的实时性，CAN FD（Flexible Data-Rate）协议被引入，支持更高的速率和更大的数据帧长度，广泛用于更高速率、数据密集型的应用场合，如电动汽车和高级驾驶辅助系统（ADAS）等。由于其高效性和实时性，CAN 协议被广泛应用于分布式控制系统，如汽车电子、工厂自动化、楼宇控制和医疗设备等场景。

在干燥领域，CAN 协议的应用也越来越多，特别是在精细化和实时控制要求较高的干燥装备上。主控制系统可以通过 CAN 总线实时采集传感器数据，并根据数据调整设备的工作参数，以确保干燥过程中的运行参数稳定，提高干燥效率和产品质量。

(5) MQTT 协议通信

MQTT 协议（Message Queuing Telemetry Transport）是一种轻量级的发布/订阅消息传输协议，广泛应用于物联网（IoT）和远程监控系统中。MQTT 协议由 IBM 于 1999 年开发，专为低带宽、不可靠网络环境下的通信设计，能够实现高效、可靠的数据传输。该协议以简洁性和低开销特性，成为物联网应用中最常用的消息传输协议之一，尤其在远程监控、智能家居、工业自动化和环境监测等领域有广泛应用。

MQTT 协议的通信模型基于发布/订阅模式，其中“发布者”将消息发送到主题（Topic）上，多个“订阅者”可以订阅某一特定主题，接收与之相关的消息。与传统的请求/响应模式不同，MQTT 协议的发布/订阅模式提供了高度的解耦性，发布者和订阅者之间不需要直接通信，通过消息中间件（即 MQTT Broker）进行消息转发。这样，多个设备之间可以实现灵活的数据交换，同时减少了网络带宽的压力。消息传输是异步进行的，可以处理大量设备之间的并发通信，适用于大规模物联网设备的集成。

MQTT 协议的消息传输非常高效，数据包头部非常简洁，协议的开销极小。MQTT 支持三种服务质量（Quality of Service，QoS）级别，分别是：

QoS 0：至多一次交付，消息丢失或重复是允许的，适用于不要求严格可靠性的应用；

QoS 1：至少一次交付，确保消息至少到达一次，但可能会有重复消息；

QoS 2：只有一次交付，保证消息仅一次传递，不会重复或丢失，适用于对可靠性要求较高的场合。

MQTT 还具有连接保持功能，通过心跳机制（PING）保持客户端和服务器的连接，即使网络不稳定也能保持通信状态。在消息传输过程中，MQTT 支持对消息的加密和认证，保障数据的安全性。由于其低功耗和高效性，MQTT 协议非常适合于资源受限的设备，如传感器、嵌入式系统等。

在干燥领域，MQTT 协议的应用可以显著提升装备的智能化和自动化控制能力。干燥装备能够通过 MQTT 将实时数据上传到云端或中央控制系统，支持实时监控、数据分析和远程调节。例如，通过 MQTT 协议可以实现各类传感器的数据集中管理与分析，精确调节干燥过程中的运行参数，从而提高干燥效率和产品质量。此外，MQTT 协议还能够帮助设备进行故障诊断和预警，实现更高效的维护和管理。由于其低功耗和高效的数据传输特点，MQTT 特别适合用于分布式、远程监控的干燥设备，实现设备状态的实时监控和远程调整，推动干燥装备向智能化和自动化方向发展。

5.1.4　控制算法与理论

控制系统可分为手动控制和自动控制。相较于手动控制，自动控制基于算法和计算实现闭环调节，涉及复杂的算法和计算，计算机工作量较大，控制系统的成本相对较高。自动控制分为反馈控制、前馈控制、前馈-反馈控制、模型控制和智能控制等多种控制方式。其中，智能控制就是以无模型为特征的更接近于人脑思维方式的一种控制理论，它是含有复杂性、不确定性和模糊性，且一般不存在已知算法的非传统数学公式化过程，其优点是控制器的设计摆脱了系统模型的束缚，算法简单、鲁棒性强。几种常用的控制算法如下所示：

（1）PID 算法

PID 控制（比例 P，积分 I，微分 D）因其良好的特性广泛应用于干燥操作等控制中。其是以误差 $e(0)$ 作为输入参数、被控制量 $u(t)$ 为输出参数的闭环控制系统。通过调节比例系数、积分系数以及微分系数以减少控制系统误差。

其中，比例系数的作用是以单纯数值比例关系的数学关系反馈整个控制系统偏差，以最快速度对控制系统进行实时的反馈控制，以减小控制系统的偏差。控制系统的响应速度会随着比例系数的增大而加快，从而提高动作的灵敏度，但比例系数超出一定的范围后，将会产生系统超调或者振荡次数增多，调节时间加长。如果比例系数继续增加则整个控制系统将趋于不稳定状态。积分系数越大，系统超调量就会越小，而系统响应速度也会随着积分系数的增大而有所降低。微分控制能够改善控制系统的动态性能，但超出一定范围后会对系统稳定性产生不利影响，只有选择恰当的微分系数，才能获得满足实际要求的控制过程。

现代控制系统与计算机密不可分，需通过离散化传统 PID 的控制过程，将传统信号中的模拟量转化为数字量，实现系统的控制。PID 控制算法原理如图 5-4 所示，图中 e_n 表示误差信号，是设定值 SP_n 与被控对象的实际检测值 PV_n 的差值。

（2）模糊控制

常规 PID 控制设备运行时会受到人为干扰因素干扰，导致控制数据难以有效交互，造成被控对象对突发情况难以处理。另外，由于常规 PID 控制算法固定，

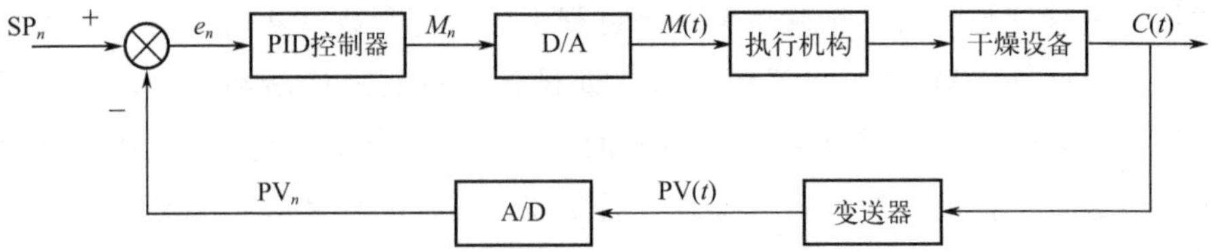

图 5-4　PID 算法控制原理图

在应用过程中需要依赖精确的数学模型，并通过对模型参数进行反复调整才能获得理想的控制效果。这一过程对于相对简单且稳定的系统是有效的，但在面对复杂且多变的控制环境时，PID 控制的局限性就逐渐显现出来。复杂的系统通常包含非线性因素、多变量耦合以及动态变化的外部扰动，而 PID 控制难以实时响应这些变化，导致其控制精度和效率下降。

为应对传统 PID 控制在复杂系统中的局限性，模糊控制作为一种智能控制方法逐渐被广泛应用。模糊控制引入了模糊逻辑，不再依赖于精确的数学模型，而是依靠专家经验和语言规则来实现对系统的控制。模糊控制的核心理念是将系统中不确定性较强的变量通过模糊化处理，用模糊集合和语言变量代替精确数值，从而有效应对复杂多变的工况。相比传统的 PID 控制，模糊控制具备以下优势：首先，模糊控制可以在没有精确模型的情况下实现对复杂非线性系统的控制，适应能力强；其次，可以通过人为设定规则来应对系统中的非线性耦合和不确定因素，从而实现更灵活的调节；最后，模糊控制能够在实时系统中自适应调整控制策略，提升控制系统的稳定性和响应速度。因此，模糊控制适合应用于干燥控制系统等具有非线性、强耦合、迟滞现象的复杂工业过程，能够更好地调节温度、湿度和风速等工艺参数，使整个干燥过程更加高效和智能化。模糊控制原理框图如图 5-5 所示。

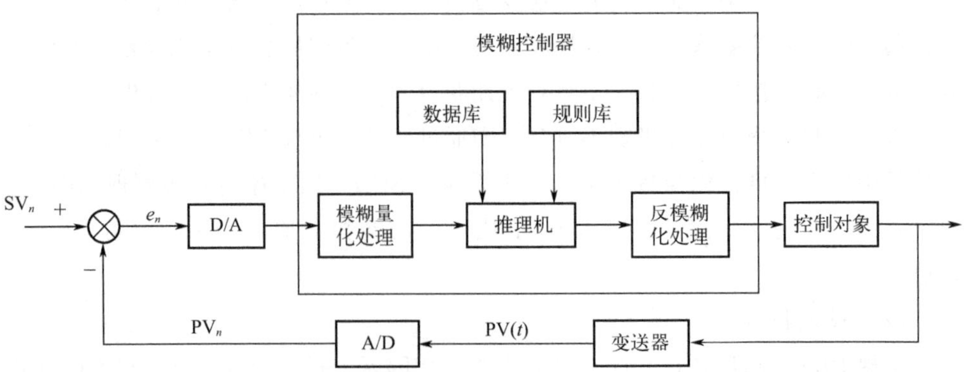

图 5-5　模糊控制器流程图

（3）模糊 PID 复合控制

模糊控制的运算过程是以控制器对被控制量的精确采集为起始，然后计算采集到的数据与目标值的误差 E，并将该参数作为控制的输入量，通过对误差参数进行模糊化，形成一个模糊量。再将参数 E 的模糊量转化为对应的模糊语言，从而构成模糊集 e，并通过模糊集合与模糊控制关系的结合形成模糊控制规则表，最终根据合成的模糊控制规则表得到最终的输出量 u。实际 PID 控制过程难以高效优化出对应的比例、积分以及微分参数，大多由固定的经验进行控制，于是便通过统计的方式，分析经验数据获得规律。模糊理论便是为解决此类问题提供思路。模糊 PID 复合控制方法兼顾了模糊控制技术与 PID 控制算法的优点，具有灵活性强和控制精度高等特点，结构如图 5-6 所示。

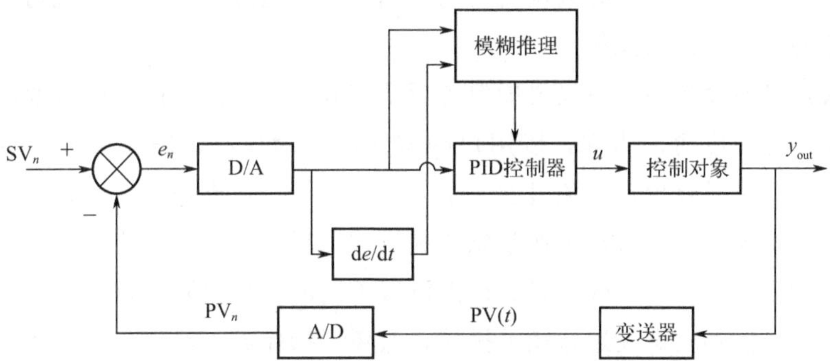

图 5-6　自适应模糊 PID 控制器

通过对模糊控制理论知识的研究，实现了经验数据的模糊化，进而通过模糊集合表示，将模糊数据集存储在控制器的数据库中。根据实际输入的误差、误差率，使用模糊推理的方式，查询其所对应的模糊规则控制表，输出 PID 控制参数以调节被控制量。

（4）其他控制算法

在干燥系统中，除了 PID 控制和模糊控制之外，其他一些先进的控制算法也被广泛应用，以提高控制精度和系统的稳定性。例如，模型预测控制（MPC）利用系统的数学模型进行预测，优化控制变量，使系统能够在预定的控制约束条件下运行。MPC 能够处理多变量控制问题，并通过在线优化实现对干燥过程中的复杂动态变化的有效控制。由于干燥过程通常受到环境变化、设备性能波动等因素的影响，MPC 特别适合处理具有时滞、非线性和约束条件的控制问题。

另一种常见的控制策略是自适应控制，它能够根据系统的实时运行状态调整控制参数，适应干燥过程中的参数变化。自适应控制算法在处理系统模型不确定性和环境扰动时具有优势，尤其是在干燥过程中的湿度、温度等参数存在较大波动时，通过实时调整控制参数，确保系统能够稳定运行，达到最佳干燥效果。此外，神经网络控制也开始在一些复杂的干燥过程控制中应用，通过训练神经网络模型来模拟系统的非线性行为，进一步提升干燥过程的控制性能，尤其是在面对高度非线性和复杂的工艺要求时。

5.1.5 人机界面

人机界面（Human Machine Interaction，HMI），又称用户界面或使用者界面，是人与计算机之间传递与交换信息的媒介和对话接口，是控制系统的重要组成部分。它能够将监控的数据以可视化的方式展示，并将这些模块与数据库中的变量相连接，从而实现实时数据的监测。用户只需通过界面便可完成对干燥操作运行参数的实时监控与操作。

在人机界面设计中，不仅要确保各项功能齐全，还需遵循一些重要的设计原则。首先，界面应简洁直观，以用户的操作习惯为核心，确保关键信息清晰展示。操作按钮布局合理，避免过度复杂的设计干扰用户操作。同时，界面响应速度也是一个重要因素，特别是在紧急情况或故障报警时，系统应能迅速反馈，以便用户及时采取措施。此外，界面还需设置不同的用户权限管理机制，确保不同层级的操作员能够安全地进行相关操作，避免误操作或未经授权的设置修改。

人机界面的可定制性也是设计的一个关键点。界面应允许用户根据实际生产要求进行个性化调整。例如，定制显示的监控参数、操作界面布局，甚至模块功能扩展，以适应不同的工艺流程。通过这种模块化的设计，用户不仅能提高工作效率，也能在未来轻松实现功能升级或改进。

数据可视化和报告生成等功能进一步提升了人机界面的实用性。例如，干燥装备上的控制系统不仅能够实时监控典型参数动态变化过程，还能通过图表或曲线展示历史数据，以帮助用户更直观地了解干燥装备运行情况。此外，自动生成的生产数据报告也能为管理者提供重要的决策依据，便于长期追踪和分析装备运行状态。为了进一步保障生产过程的安全性和设备运行稳定性，界面中还应集成报警系统和维护提示功能。当系统检测到异常情况时，界面能够发出视觉或听觉的报警，提示操作人员及时处理问题，避免设备因缺乏维护而导致故障。

此外，随着信息技术的发展，人机界面还应支持远程监控与控制功能。通过联网技术，操作人员可以在外部设备上实时查看系统状态或远程调整设备运行参数。这种功能的加入，不仅提高了设备的智能化管理水平，也为用户提供了更多的灵活性和便利性。最后，为了适应国际市场的需求，人机界面还应考虑用户友好性和多语言支持。通过简洁的操作流程和多语言界面，用户能够更快速地熟悉系统，提高工作效率。

5.1.6　电气系统

（1）硬件接线设计

控制系统的硬件接线主要是连接控制系统的组成部分，包括控制器、电源、传感器、变频器、继电器、触摸屏、操作台以及传输单元。硬件接线的设计确保控制系统能够通过传感器实现对系统各项数据的采集，并将这些数据可靠地传输给控制器。通过传感器的精确反馈，控制器可以实时获取关键参数，从而进行动态调整。在此基础上，硬件接线还支持通过调节变频器实现对各电机的精准控制，例如风机、加热器或其他执行设备的运转调节。同时，通过控制开关阀、管路切换等确保装备平稳、高效运行。合理的接线设计不仅提升了系统的响应速度，还能确保运行过程中电气元件间的协调与安全，最大限度地减少故障和干扰。

（2）电气控制柜布局

电气控制柜是控制系统中至关重要的核心设备之一。其主要功能是将控制部分的开关设备、保护电器以及辅助设备等硬件集成于一体，以实现对整个系统的集中控制和保护。电气控制柜的外壳通常采用封闭式组合框架结构，具有较强的防护能力，能够防止外界环境对内部电气元件的干扰。在布局内部元器件时，需要采用合理的布局方法，以保证系统的稳定运行、维护便捷以及信号传输的准确性。

在控制系统运行过程中，电气控制柜可以通过手动或自动开关来控制电路的通断，从而调节设备的运行状态。系统出现故障时，保护电路会自动启动，发出报警信号，及时提示操作人员采取措施，避免干燥过程中发生意外。同时，电气控制柜还可以对干燥过程中的一些关键参数进行实时监测和调节，确保系统稳定运行。对于偏离正常状态的情况能够及时发出警报，防止产品质量受影响或设备损坏。在实际应用中，为了减少变频器工作时对 PLC 模拟量模块之间通信的干扰，通常采用多个控制柜来安装不同的电气元件。这种方法不仅能够有效隔离干扰信号，还能提高系统的可靠性和抗干扰能力。此外，对于一些特殊工况或环境要求较高的应用场合，可以通过添加隔离屏障或屏蔽措施来进一步优化控制柜的抗干扰性能。电气控制柜安装和布局等可参照 GB 50054—2011《低压配电设计规范》和 GB 50254—2014《电气装置安装工程　低压电器施工及验收规范》中的相关规定，不仅能提高系统的控制精度，还能延长设备使用寿命，确保干燥控制系统安全、稳定、高效地运行。

5.1.7 干燥装备控制系统案例

本节以 MVR 真空带式干燥装备为例，探讨 PLC 控制系统在干燥装备中的应用。电气控制系统包括西门子 S7-200 smart PLC、电源、传感器、变频器、触摸屏、操作台以及传输单元。通过调节变频器实现对各电机的精确控制。

5.1.7.1 控制要求

MVR 真空带式干燥系统由现场控制系统、远程监控系统等组成。其中，PLC 控制系统由 PLC 配置电源模块、远程 I/O 适配器、开关量输入模块、开关量输出模块及模拟量输入/输出模块等组成。PLC 主要负责信号的采集、处理、控制和管理。PLC 控制系统和其他在线检测设备相连接，一方面接收现场设备的测点信号，并将它们传送至上位机显示；另一方面，根据操作台和上位机发出的指令，向现场发出执行信号，以实现设备的控制、设备之间的联锁启停、设备报警等。主要控制内容如下：

① 通过 Profibus-DP 总线方式与变频器通信实现电机软启动、软停止、调速控制以及采集运行、故障等状态参数和电流、功率、频率、转速等运行参数；

② 控制设备的启停、工作状态；

③ 采集压缩机绕组和轴承工作温度；

④ 自动、手动和检修功能；

⑤ 故障急停控制功能。

系统控制模式分为现场控制和远程控制两种。控制方式分为上位手动、上位自动两种方式。现场控制通过触摸屏进行自动控制、手动控制；远程监控机也可以进行自动、手动控制。控制中心主要实时检测各类泵、电动阀、流量、温度、压力、液位等相关工作参数的信号，确定各部分的工作状态，以达到启动、停机等自动操作的目的。系统控制中心通过自动报警保护系统设备不受损坏，保持系统的动态平衡。

5.1.7.2 人机界面

人机界面实现信息内部形式与人类可以接受的形式之间的转换，起到人机信息交流的作用。MVR 真空带式干燥装备的触摸屏开机界面如图 5-7 所示，点击右下方“进入系统”，即可进入主菜单。

图 5-7 触摸屏人机交互界面

触摸屏人机交互程序界面如图 5-8 所示。主菜单栏里分为四个不同功能区按钮，包括操作界面、参数设定、参数监控和帮助。操作界面用于不同部件的启停控制，是进行系统操作的主要区域；参数设定界面用于设置设备的运行参数、报警参数、保护参数；参数监控用于显示系统当前运行参数和故障报警提示；帮助界面提供文字说明，用于辅助性指导设备的启停以及注意事项。

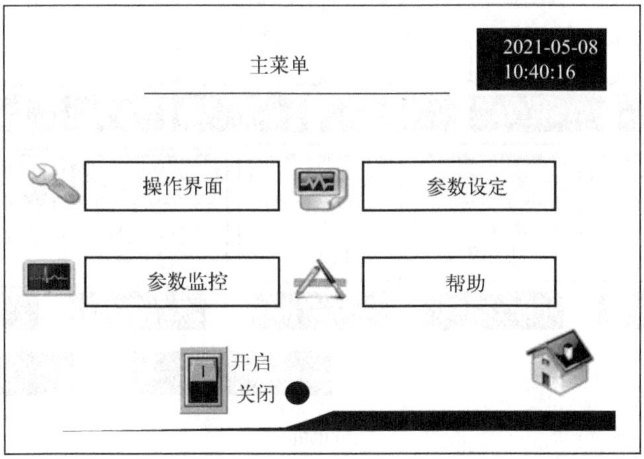

图 5-8 触摸屏人机交互界面

操作界面如图 5-9 所示，用于各个设备部件的启停控制和开关控制。

(1) 压缩机

压缩机控制界面如图 5-10 所示，主要包括压缩机控制及运行参数监控。当外界开机条件备妥，即喷水流量高于保护流量值、供油压力高于保护压力、过滤器压差低于过滤器保护压差时，在“压缩机给定频率”中输入数值，例如 10Hz，点击启动按钮启动压缩机。当压缩机的运行频率达到 10Hz 并运行平稳没有异常响声，可将压缩机的频率逐步调高。停机时，将给定频率逐步降低到压缩机最小

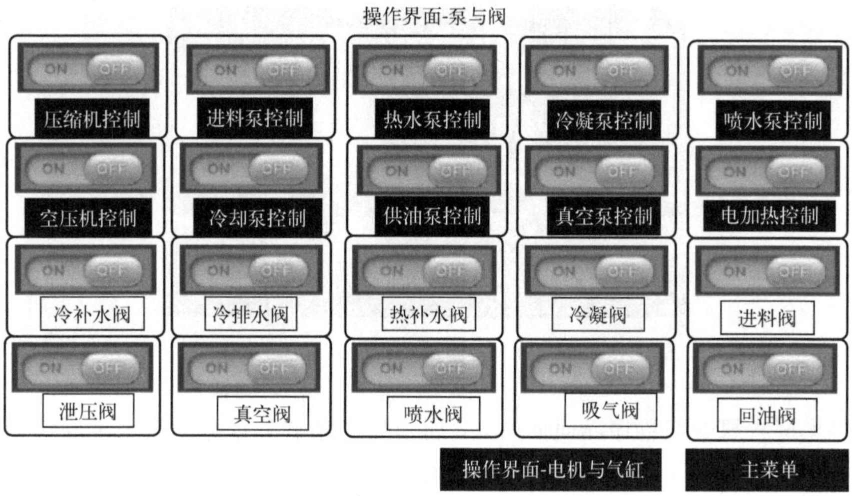

(a) 泵与阀

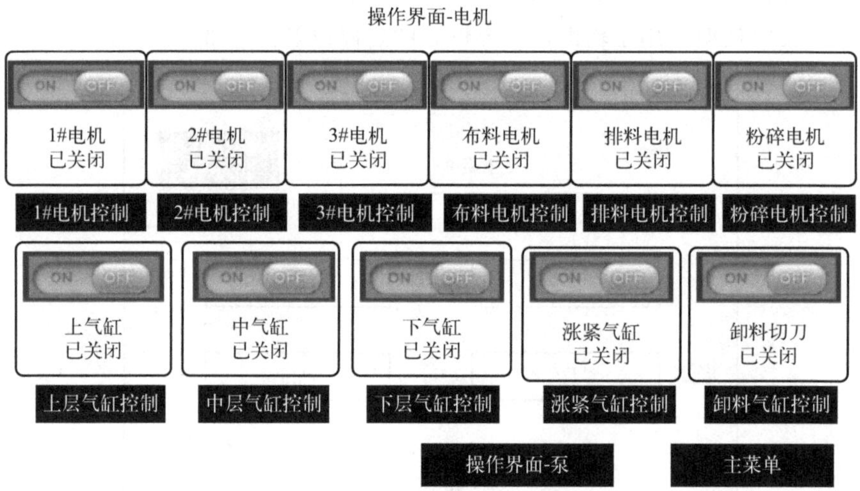

(b) 电机

图 5-9 操作界面

频率，稳定运行一段时间后，点击手动控制按钮，切换到关闭状态，直至吸气阀全部关闭，压缩机停止运行。

（2）喷水流程

喷水流程控制界面如图 5-11 所示，包括喷水泵控制和喷水阀控制。

喷水泵控制分为手动控制与自动控制两种模式。默认为自动控制，即压缩机启动后，且满足任意一个喷水阀开启的条件下，喷水泵立即启动；也可切换到手动模式，通过手动控制开关控制喷水泵的启停。喷水泵启动前，需满足“冷凝罐

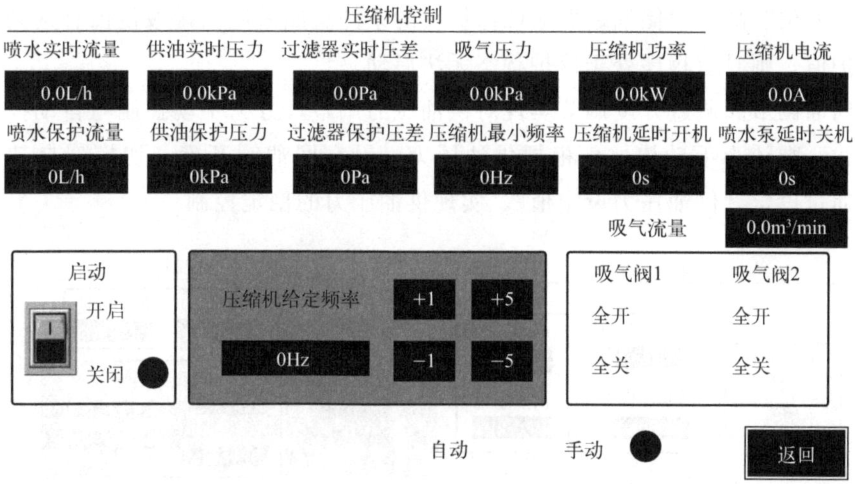

图 5-10　压缩机控制界面

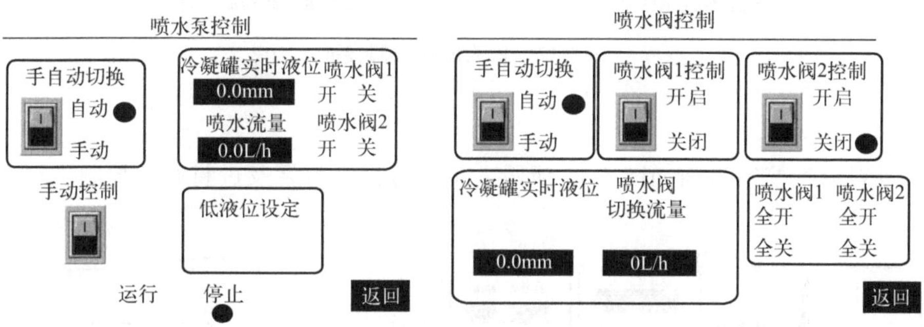

(a) 喷水泵控制界面　　(b) 喷水阀控制界面

图 5-11　喷水流程控制界面

液位”高于“冷凝罐低液位保护”的条件，同时任意一个喷水阀开启，满足上述条件后对应程序才可以正常运行。如果冷凝罐液位没有达到低液位保护值，或者喷水阀全关，则对应程序处于保护状态无法启动。

喷水阀控制同样分为手动控制与自动控制两种模式。默认为自动控制，可通过在“喷水阀切换流量”设定值，自动实现两个阀门切换；切换到手动模式下，通过“喷水阀 1 控制”“喷水阀 2 控制”分别进行开关控制。该控制界面中同时显示两个喷水阀的开关状态。

(3) 供油流程

供油流程控制界面如图 5-12 所示，包括供油泵控制和回油调节阀控制。

供油泵主要通过“手动控制”开关控制启停。供油泵启动时，需满足“储油罐实时液位”高于“储油罐低液位保护”的条件。如果储油罐液位没有达到低液位保护值，则对应程序处于保护状态无法启动。

回油调节阀通过开度调节实现对供油压力调整，分为手动控制与自动控制两种模式。默认为手动模式，根据供油压力，设定回油阀开度；切换到自动模式下，通过设定“供油压力设定值”，实现供油压力的稳定控制。

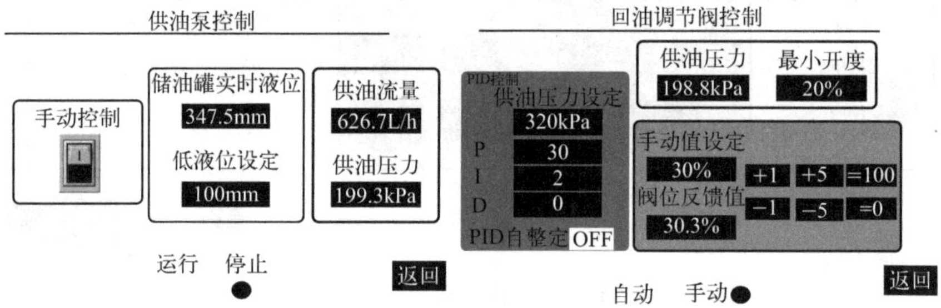

(a) 供油泵控制界面　　(b) 回油调节阀控制界面

图 5-12　供油流程控制界面

（4）进料流程

进料流程控制界面如图 5-13 所示，主要包括进料泵及进料阀的控制。

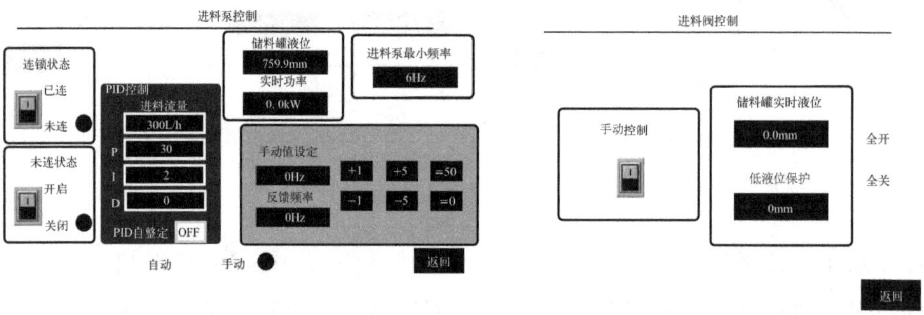

(a) 进料泵控制界面　　(b) 进料阀控制界面

图 5-13　进料控制界面

进料泵控制分为手动控制与自动控制两种模式。手动模式下，进料泵启动与进料阀解除联锁，需要手动控制进料泵启停；自动模式下，与进料阀联锁，只要进料阀开启，进料泵立即启动，并且进料阀关闭后，进料泵停机。

进料泵启动后，同样分为手动控制与自动控制两种模式。点击“OFF”按键，进入自动控制，通过设定“进料流量”，实现进料量的稳定调节；手动频率给定控制，通过手动输入给定频率，实现进料泵不同流量的控制，其中进料泵的运行频率应不小于“进料泵最小频率”。进料阀的启停可通过“手动控制”按钮实现。

（5）热水流量

热水泵控制界面如图 5-14 所示，该界面主要通过“变频器启动”给定热水泵的启停信号，热水泵流量控制分为手动控制与自动控制两种模式。默认为手动控制，通过“手动值设定”控制热水泵流量；切换到自动模式下，通过在“流量设定”中进行操作，实现热水流量自动控制。

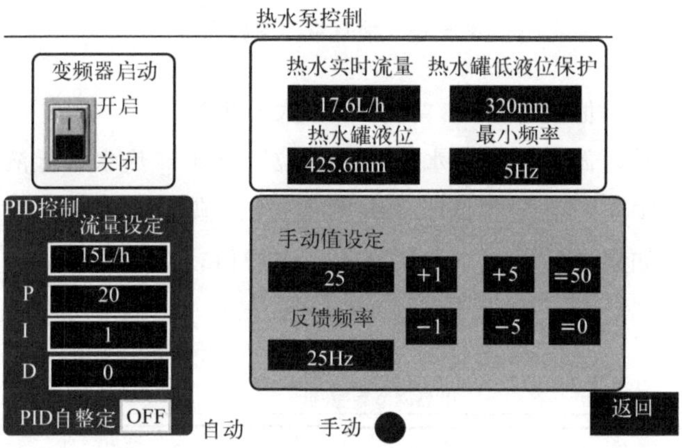

图 5-14　热水泵控制界面

（6）抽真空

抽真空控制界面如图 5-15 所示，包括真空泵控制界面和真空阀控制界面。

真空泵分为手动控制与自动控制两种模式。默认为手动控制，通过“手动控制”按键启动真空泵；自动模式下，与真空阀联锁。真空泵启动时，需满足“冷水罐实时液位”高于“冷水罐低液位”的条件，对应程序才可以正常运行。如果冷水罐液位没有达到低液位保护值，对应程序处于保护状态无法启动。同理，装备中冷却泵、冷凝泵的控制逻辑与其相似。

真空阀通过开度调节实现对干燥器内压力调整，分为手动控制与自动控制两种模式。默认为手动模式，根据干燥器内真空压力，设定真空阀开度；切换到自动模式下，通过设定“高、低压力设定值”，实现真空压力的稳定控制。

（7）电热调节器

电热调节器控制界面如图 5-16 所示，用于控制热水温度，分为手动控制与自动控制两种模式。默认为手动控制，通过输入“手动值设定”，实现热水罐里水温控制；自动模式下，根据“热水温度设定”值自动调整电加热功率。两种模

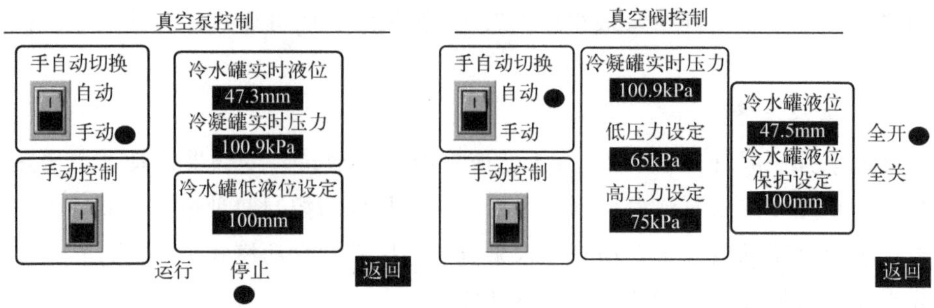

(a) 真空泵控制界面　　(b) 真空阀控制界面

图 5-15　抽真空控制界面

式的电加热功率输出值均应小于“电热器最大开度”。

电加热启动时，需满足“热水罐实时液位”高于“热水罐低液位保护”的条件，同时“热水罐实时温度”低于“温度保护”。满足上述条件后，对应的程序才可正常运行。如果储油罐液位未达到相应保护值，对应程序处于保护状态无法启动。

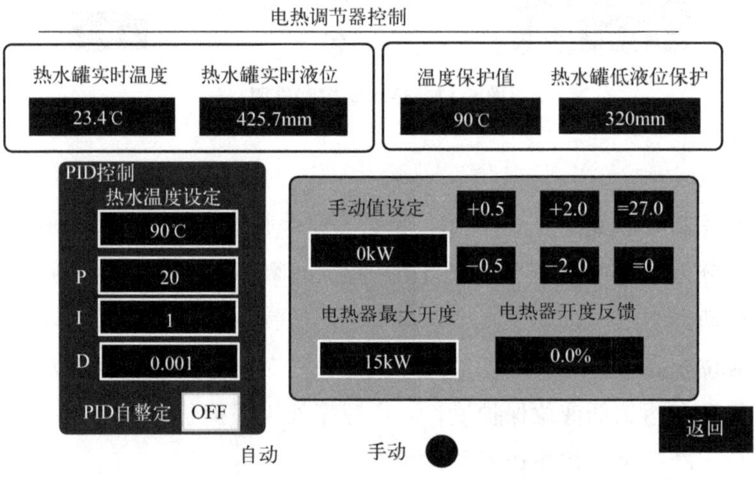

图 5-16　电热调节器控制界面

（8）补气阀

补气阀控制界面如图 5-17 所示，分为手动控制与自动控制两种模式，默认为手动模式。手动模式下，“手动控制”按键控制阀门开关；自动模式下，根据压缩机启停，补气阀进行自动开关。

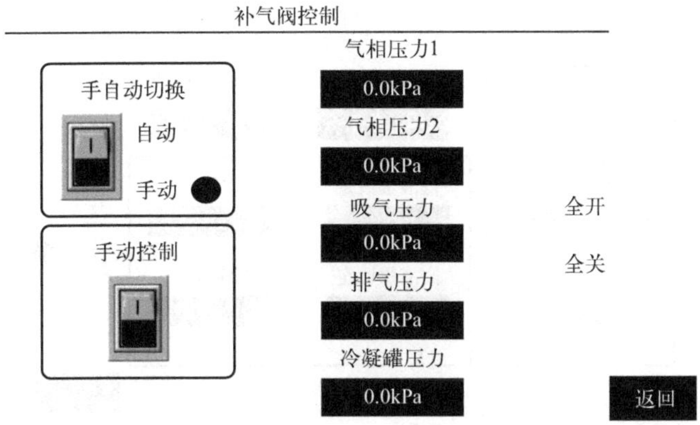

图 5-17　补气阀控制界面

（9）热、冷补水阀

热、冷补水阀控制界面如图 5-18 所示，分为手动控制与自动控制两种模式。热补水阀在手动模式下，热水罐补水阀门可人为开启与关闭；自动模式下，设定热水罐高液位与低液位，系统进行自动调控。冷补水阀调控方法与热补水阀相同。

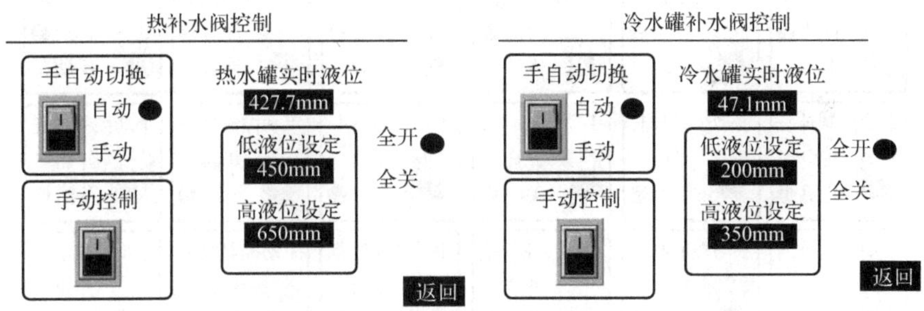

(a) 热补水阀控制界面　　(b) 冷补水阀控制界面

图 5-18　热补水阀与冷补水阀控制界面

（10）冷排水阀

冷排水阀控制界面如图 5-19 所示，分为手动控制与自动控制两种模式。手动模式下冷补水阀可人为开启或关闭；自动模式下，根据系统运行状况设定冷水罐高液位、低液位、高温、低温，可以自动进行调控。

（11）纠偏气缸

纠偏气缸控制界面如图 5-20 所示，主要包括上、中、下三层的左、右两侧气缸控制，各层气缸均分为手动控制与自动控制两种模式。手动模式下，气缸的

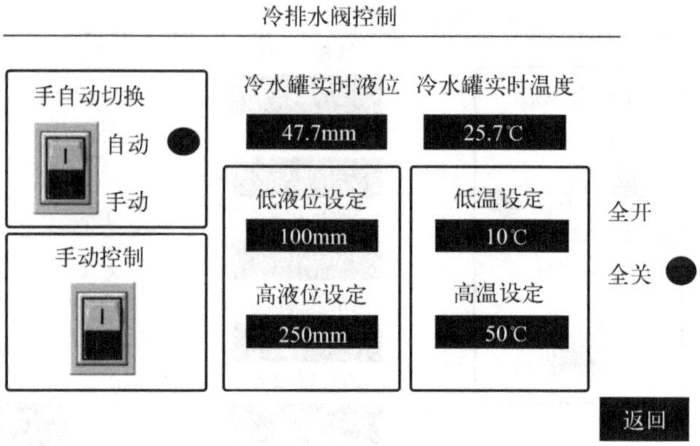

图 5-19 冷排水阀控制界面

伸长与收缩可以人为开启或关闭；自动模式下，系统根据履带的偏移量进行自动调控。纠偏气缸的动作时间，即气缸动作两次之间的时间，可以根据工况实时修改。

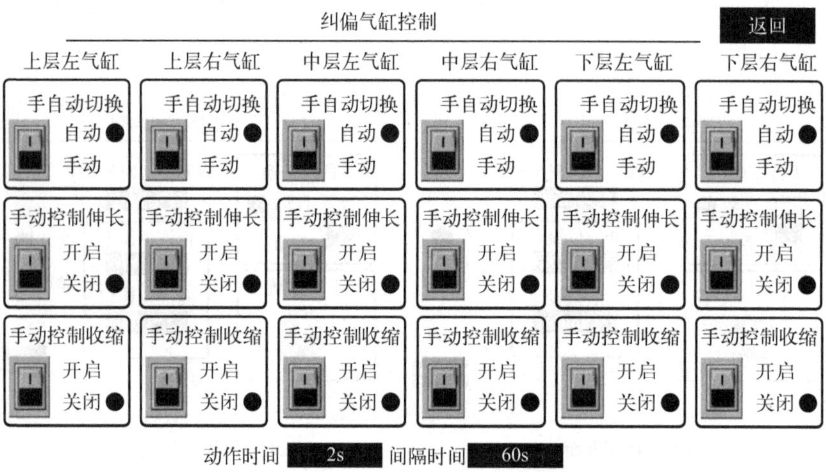

图 5-20 纠偏气缸控制界面

（12）卸料切刀气缸

卸料切刀气缸控制界面如图 5-21 所示，主要包括涨紧气缸 1、涨紧气缸 2 的控制，分为手动控制与自动控制两种模式。手动模式下，人为控制涨紧气缸的伸长与收缩；自动模式下，设定切刀气缸动作时间和来回切换时间，依据履带运行时的松紧程度，自动调节气缸的伸长与收缩。

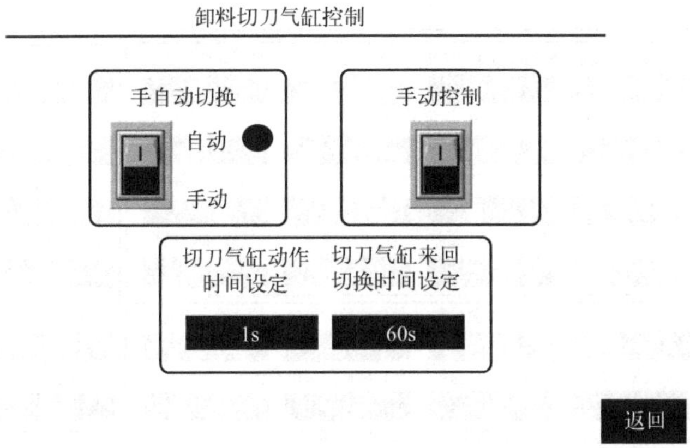

图 5-21　卸料切刀气缸控制界面

（13）履带电机

履带电机控制界面如图 5-22 所示，主要包括 1＃电机、2＃电机、3＃电机的功率控制。点击启动按钮，通过手动给定频率控制各个履带的传动速度。

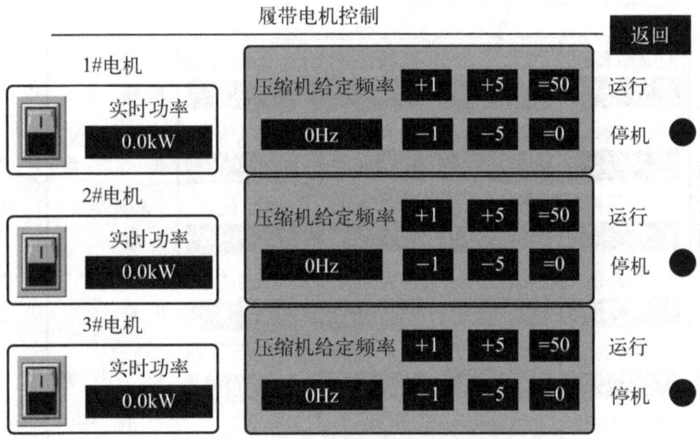

图 5-22　履带电机控制界面

（14）参数设定界面

参数设定界面如图 5-23 所示，该界面主要设置系统的运行参数、报警及系统保护参数，无须修改。

（15）参数监测界面

参数监测界面如图 5-24 所示，该界面主要实时监测设备运行参数及各个阀门动作状况。

图 5-23　参数设定

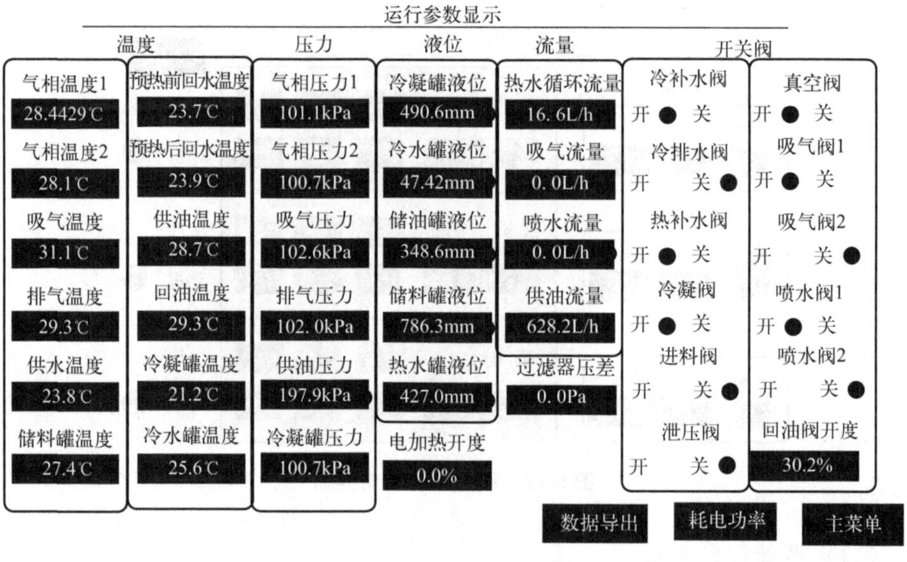

图 5-24　运行参数监测界面

5.1.7.3　电气控制柜

电气控制柜内部如图 5-25 所示。各个电气元器件的作用如下。

① 总电源断路器：控制所有部件的电源，满足设备供电。

② 变频器 1：图上由左至右，分别控制压缩机、进料泵、热水泵、上层履

带、中层履带、下层履带的电机转速。根据设备运行状况及用户需求，系统实时调节变频器频率。

③ 电功率调整器：调节电加热的加热功率，实现热水温度的控制。

④ PLC 控制器：控制各种设备动作及信号收集。

⑤ 电流互感器：监测设备实时电流，并通过控制柜仪表显示电流。

⑥ 中间继电器：通过接收 PLC 控制信号，实现对交流接触器的吸合控制以及各个阀门的动作。

⑦ 三相断路器：380V 电源的开启与关闭。

⑧ 单相断路器：220V 电源的开启与关闭。

⑨ 插座及熔断器：220V 电源供电，可给外部设备供电；熔断器控制电流在熔断电流以内，对单相电源起到过载保护作用。

⑩ 交流接触器：各种泵类与风扇等设备启停及保护。

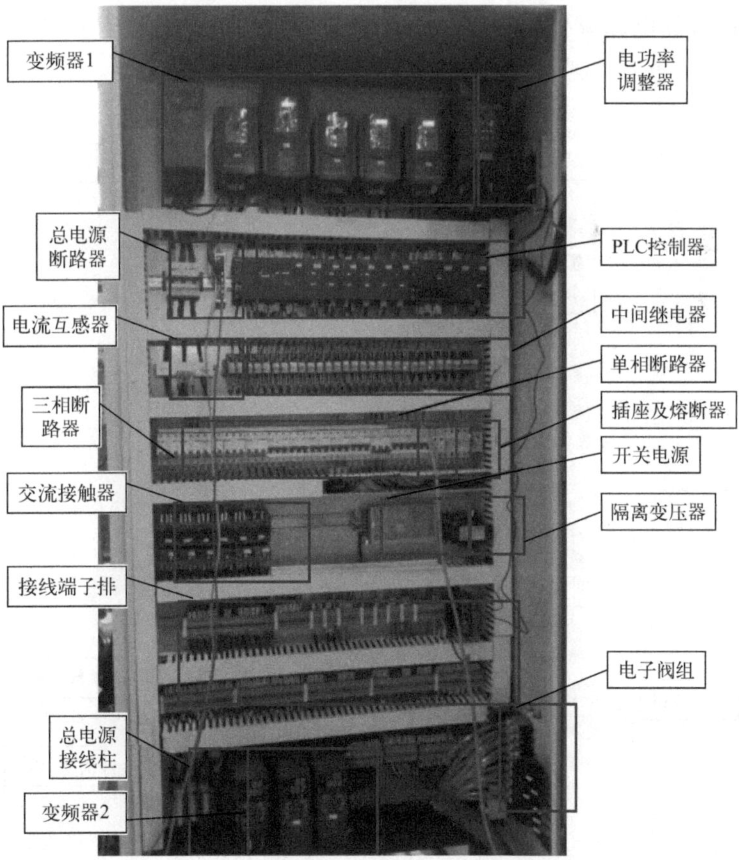

图 5-25　控制柜柜内可操作部分

⑪ 开关电源：提供 24V 直流电压。

⑫ 隔离变压器：稳定 220V 电源供电，抵抗外界干扰。

⑬ 接线端子排：弱电端子用于连接现场仪表信号及阀门反馈信号，强电端子用于连接现场各个泵、压缩机、风扇的供电电源。

⑭ 总电源接线柱：用于连接外部供电电源。

⑮ 变频器 2：从左往右，依此控制布料电机、排料电机、粉碎电机的转速。根据设备运行状况及用户需求，实时调节变频器频率。

⑯ 电磁阀组：控制履带的偏移量，避免过分偏移。

控制柜外侧可操作部分如图 5-26 所示。在总电表中实时读取整套系统的用电参数。电压表实时读取每相的电压值。控制柜的柜外安装触摸屏，主要用于实现设备的控制及实时监控，为操作的主要区域。下方安装有急停按钮，用于应对突发情况。当遇到紧急情况时，用户可以按下急停按钮，设备将立即停止运行，避免设备损坏或人员受伤。急停按钮是系统中的关键安全装置，能够快速中断设备的电源或控制信号，确保在异常状态下设备能够迅速响应，停止所有操作。

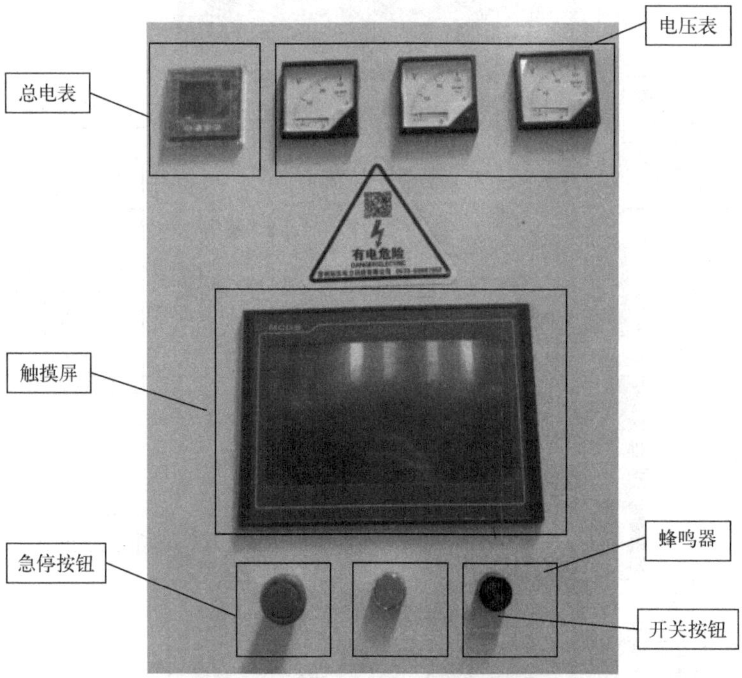

图 5-26　控制柜柜外可操作部分

5.1.7.4　数据采集

控制系统均采用现场指示及远传通信式仪器仪表，远传信号采用 4～20mA 等标准传输信号。所采用的仪器仪表主要包括：

① 压力仪表：监测压力变化，便于系统控制压力平衡，以满足操作工艺要求。

② 温度仪表：实时采集数据和监测各点的温度，以实现工艺设计的自动化控制。本装备温度仪表均采用现场 LED 显示并具有远传功能。

③ 流量传感器：采用了电磁流量计和涡街流量计等，电磁流量计应用在进料管路上，配合进料泵的变频控制，达到进料量连续、稳定地在设定的范围内。

④ 液位传感器：液位控制采用双法兰式液位传感器及液位开关等控制方式。

5.2　数据远程传输系统

将有线网络和无线网络相结合，ZigBee 与以太网相结合的通信系统，实现干燥等操作过程中数据的实时、稳定、安全、可靠传输。有线网络传输安全、通信稳定、高效，但还是有值得改进的地方，具体如下：首先，每个传感器和执行设备与控制柜间均采用线缆硬接线方式连接，线缆消耗量大，线缆铺设工作量大，线缆和线槽等辅助设施占地面积大，线缆之间易干扰；其次，铺设有线网络时，往往存在通信和检测盲区；最后，无线通信的方式，可以增加灵活性、可靠性，排除了有线网络中由连接器引起的故障因素。无线传感器具有较高的安全性，结合传感器的具体特性，包括统筹传感网大规模性、自组织性、多跳性、拓扑结构的动态性、传输过程可靠性，结合网络以数据为中心的特点，实现协调部署，建立优化的传感器网络，为后续的数据处理做好前置性工作。

ZigBee 无线传感器网络对有线网络通信进行了必要补充。干燥等复杂装备具有设备复杂、空间较小、线缆铺设工作量大等特点，而无线传输节点具有体积小、分散部署、路由自愈等特性，其架设难度远远低于有线网络。基于 ZigBee 无线传感网络，可实现设备终端的信息传输。此外，无线传输网络还可实现多种数据进行实时监控，并汇集到中心系统，为目标识别、态势评估、威胁评估等远程监控与装备运行状态的跨时空远程检测、故障诊断与分级授权控制提供有力保障。但单一的 ZigBee 无线传感网络因其传输距离近、带宽低、穿透性弱、扩展性弱等缺点，难以承担大量数据的传输，如多维环境数据、视频、语音等。相对地，5G 因传输距离远、高带宽、高穿透、扩展性强等原因可以与 ZigBee 无线网互补。ZigBee-5G 异构融合可以完美地解决现有的实际应用难题。

5.2.1 总体设计

网络架构可分为三层，包括上层的 Internet 网络、中层的有线无线融合网络、底层的数据采集与实时控制网络（ZigBee）。如图 5-27 所示，底层的数据采集与实时控制网络（物联网）将信息上传至有线无线融合网络，并与直接接入有线无线融合网络的语音高清视频信息融合后上传至 Internet 网络和远程监控室。客户可以在远程监控室、任意 Internet 客户端实时在线交流、监视和控制。

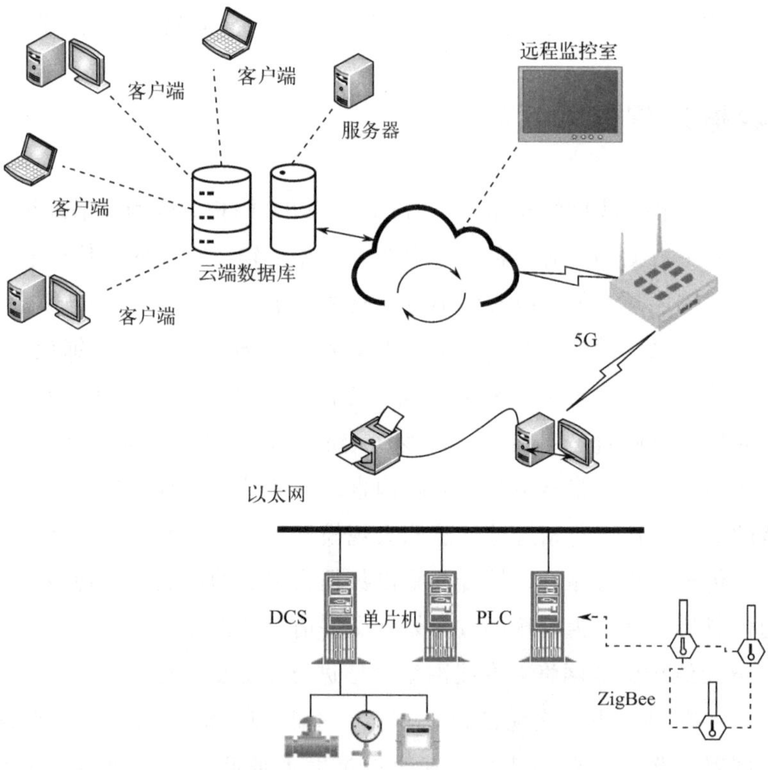

图 5-27 总体网络架构示意图

上述总体网络中，有线网络部分采用的是以太网传输技术，其特点是带宽稳定，实时性、流畅性和准确率都比较突出。无线网络部分采用的是 5G，底层环境参数收集与通信采用 ZigBee。

按照干燥装备的需求，底层控制和数据采集部分是确保整个过程稳定运行的关键环节。底层的有线网络通常由分布式控制系统（DCS）、单片机（MCU）和可编程逻辑控制器（PLC）等就地控制器组成。这些控制器主要负责现场数据的采集、运算处理以及控制信号的输出，确保各个过程参数能够实时监测并作出响应。通过这些控制器的精确操作，干燥装备可以在实时变化的工作环境中维持稳定的控制状态。

底层控制系统的组成一般包括多个重要模块，如通信模块、控制器模块、I/O 模块和电源模块等。其中，通信模块负责与上层控制系统或其他设备进行数据传输，确保数据在系统中的实时流动和共享；控制器模块执行具体的控制任务，基于传感器数据进行计算和决策，输出控制信号；I/O 模块则与外部设备直接连接，负责与传感器（如温度变送器、湿度变送器、风速变送器、压力变送器等）进行交互，采集干燥过程中的各种关键参数，并将这些数据传送至控制器进行处理。此外，电源模块为整个系统提供稳定的电力支持，确保系统能够在不间断的工作状态下进行数据采集和控制。通过对干燥过程中的温度、湿度、风速、压力等参数的实时监测，底层控制系统能够精确地调节系统中的开关阀、调节阀等设备，确保干燥过程中的热量和水分去除效率始终处于较佳状态。例如，当温度传感器检测到干燥器内温度偏低时，控制系统会通过调节加热装置（如热泵、微波仪、电加热管等），迅速将温度提升至预设值；而当湿度传感器检测到干燥环境湿度过高时，系统会自动调整风速或引入更多环境空气，以保持干燥器内空气湿度恒定。通过这种精细化的调节，实现干燥过程能够更加高效稳定，且能够应对外界环境变化的影响。

ZigBee 无线网络以上述控制器为核心组建路由节点，搭建路由网桥网状拓扑结构，设置组网、有线/无线转换和串口/网口转换的各项参数。融合策略为三层融合，具体而言：首先，在底层即终端设备，将采集到的数据进行直接融合，对原始数据进行综合和分析，保持尽可能多的信息；其次，数据通过 ZigBee 网络逐层传到预定的 ZigBee 路由节点中，从不同节点传来的原始信息中提取具有代表性的特征信息，针对所提取的特征信息进行综合与分析处理，有效压缩信息，减少需要处理的信息量，提高实时性（通过更改某 ZigBee 路由节点或网桥路由节点的设置，找到最佳的特征层融合策略）；最后，数据逐层传到上位机，系统根据收集到的参数进行判定，进行目标识别、态势评估、威胁评估等，从而控制执行机构进行相应的操作。

底层网络为 ZigBee 物联网与以太网，因其有自组网优势，网络的鲁棒性和自愈性优越；上层网络本质为 5G 网络，网络负载较高、传输任务关键，因农产品干燥需要实时调控而同样要求较高的鲁棒性和自愈性。因此，上位机软件增加网络检测功能，用来监测和判断无线 AP 故障节点的位置，便于节省网络自动修复时间。当网络故障且不能自行修复时，可以对上位机进行干预，辅助网络修复。有线传输与无线传输布网如图 5-28 所示。

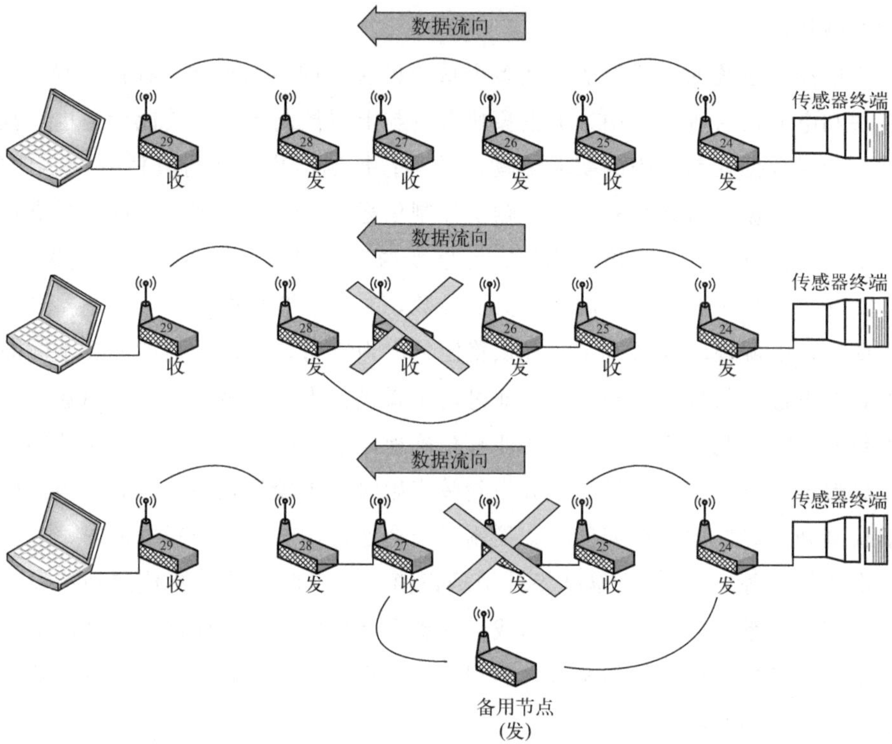

图 5-28　网络布线图

其中，由上到下依次为正常状态、接收节点损坏修复、发射节点损坏修复。直线代表网线连接，曲线代表无线网连接，传感器终端代表语音视频、传感器或底层 ZigBee 物联网接入点，节点代表构建单链有线无线融合网络的无线 AP，PC 端代表普通 PC 机、模拟监控室或 Internet 接入管理器。备用节点布网之初就设立，可拥有更好的自愈性和鲁棒性，也可在 AP 节点损坏或网线损坏时，临时加入网络，达到临时修复效果。

5.2.2　智能网关设计

智能网关是感知网络与通信网络间通信的中转站，主要负责向感知网内的感知节点发送来自监控中心的命令（包括环境信息数据、网络配置和启停子网等）和将感知节点获取的感知数据进行上传以及实现 5G 网络内智能设备对传感器节点的控制，具有网络初始化、网络自维护以及不同网络数据转换等功能。

在整个智能网关系统中，网关是各感知子网与监控中心连接的桥梁，这就要求网关具备接入外部网络和感知子网接入的能力。智能网关能够实现 ZigBee、5G 网络以及以太网的三网融合，通过网关可以控制 ZigBee 网内节点，包括获取干燥环境的相关信息，控制设备启停、运行参数设置等，智能网关的功能框图如图 5-29 所示，智能网关的工作流程如图 5-30 所示。

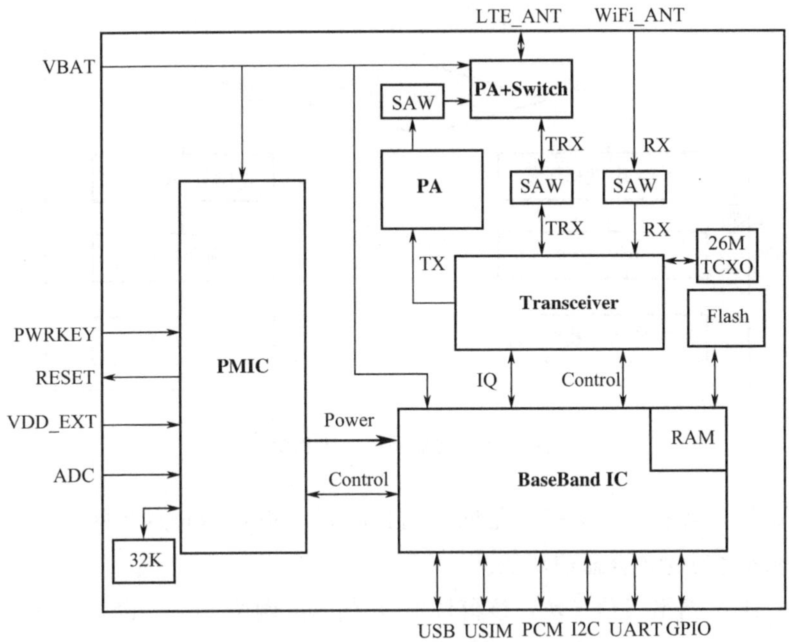

图 5-29　智能网关的功能框图

通过 Air724UG 的 WAN 接口可与工业以太网连接，进而接入外部因特网。对数据传输率要求高的设备还可通过 Air724UG 的 LAN 口直接以有线的方式接入网关。Air724UG 的 UART 异步串口可用于和 ZigBee 模块的通信。Air724UG 芯片同时具有 SIM 卡信息收发功能、以太网交换接口、USB 接口以及串口的支持，整个模块架构简单且满足智能网关的硬件需求。所以，选择 Air724UG 作为网关的核心电路板。

智能网关主要由 ZigBee 模块、以太网模块、微处理器模块、4G 模块、网络指示灯、电源管理模块以及外围电路组成。各个模块功能需求如下。

① 电源管理模块：该模块为整个系统提供能量支持。网关不同于普通节点，能耗大，需要有外部供电和备用电池两种供电方式。

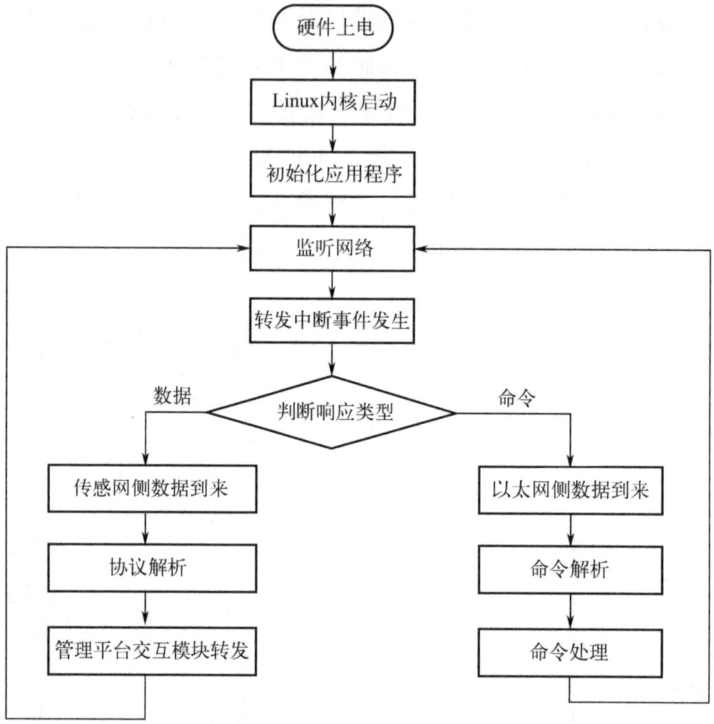

图 5-30　智能网关的工作流程

② 微处理器模块：该模块是网关的核心，承担着不同感知网之间、感知网与外部网络之间的融合通信功能。

③ ZigBee 网络通信模块：该模块负责 ZigBee 网络的组建以及管理，包含微处理器模块、存储器模块和无线收发模块，融合网内感知节点对监控对象的感知信息，将 ZigBee 网络格式的数据进行重新编码传送到以太网，进而为监控中心提供井下信息数据，为上层提供决策支持。

④ 以太网模块：该模块主要负责感知网络与互联网的连接，由工业以太网提供支持。

⑤ 5G 网络通信模块：该模块包含 SIM 卡电路和无线收发模块。

⑥ 网络指示灯：网关负责不同网络的组建，当上层与不同网络进行通信时，由相应的网络指示灯指示。

网络转换的性能分析具体如下：假设传输一个数据单元的时间为 T_p，而传输这些附加开销的时间为 T_h，将 MAC 层的吞吐量效率 η 定义为：

$$\eta=\frac{T_p}{T_p+T_h} \tag{5-1}$$

式中　η——吞吐量效率，%；

T_p——传输一个数据单元的时间，s；

T_h——传输这些附加开销的时间，s。

其中，如果物理层的传输速率为 R，而数据分组的长度为 L_p，那么 T_p 由下式确定：

$$T_p = \frac{L_p}{R} \tag{5-2}$$

式中　R——物理层的传输速率，kbit/s；

L_p——数据分组的长度，byte。

附加开销主要包括以下几种：传输物理帧头的时间 T_{phy}，传输 MAC 帧头的时间 T_{mac}，CSMA/CA 的随机退避时间 T_{cw} 及竞争信道的时间 t_{zc}，关系式如下：

$$t_{zc} = T_{phy} + T_{mac} + T_{cw} \tag{5-3}$$

根据上述分析发现，当物理层的传输速率 R 变大时，对于同样大小的数据包，传送时间 T_p 会减小。而附加开销的传送时间 T_h 是保持不变的，那么 MAC 层的吞吐量效率 η 会减小。

对于异构的 ZigBee 与以太网，ZigBee 协议的传输速率为 250kbit/s，而以太网的通信速率更快，这样就导致了 ZigBee-以太网网关的吞吐量效率大大降低，因此，当 ZigBee-以太网网关物理层的传输速率变大的同时，为了使 MAC 层吞吐量的效率也同时变大，必须对 MAC 层协议进行相应的改进。鉴于 ZigBee 数据包比较小，ZigBee 应用层的最大数据包为 88 字节，而当 MAC 层数据帧负载为 2312 字节时，由于物理层和 MAC 层的附加开销对每个数据包都是相同的，所以在传输小的数据包的同时也就浪费了大部分网络资源。因此，当 ZigBee-以太网网关的 MAC 层有多个数据包要发送时，其发送机制如图 5-31 所示。采用 MAC 层数据融合发送机制如图 5-32 所示。在自愈传感网中，MAC 层数据融合发送机制的 t_{ac} 代表发送端在发送数据包前的一个特定时间间隔。

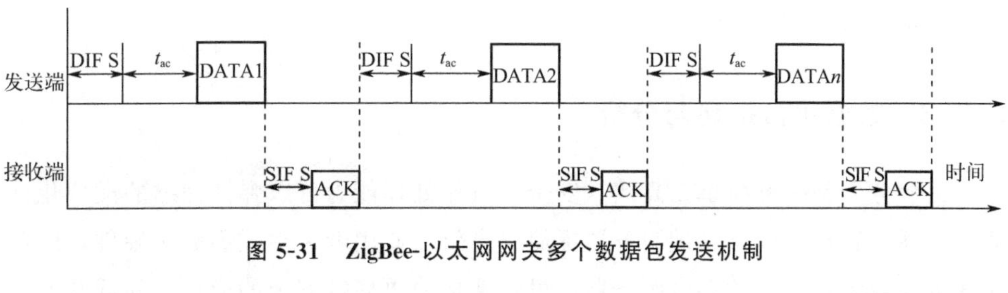

图 5-31　ZigBee-以太网网关多个数据包发送机制

数据融合的优点在于可以增加可供融合的数据包的数量，减少小数据包的网络开销，同时 MAC 层数据帧的量相对减少，从而降低了相互竞争和碰撞的概率。图 5-33 为 MAC 层数据重组控制示意图。

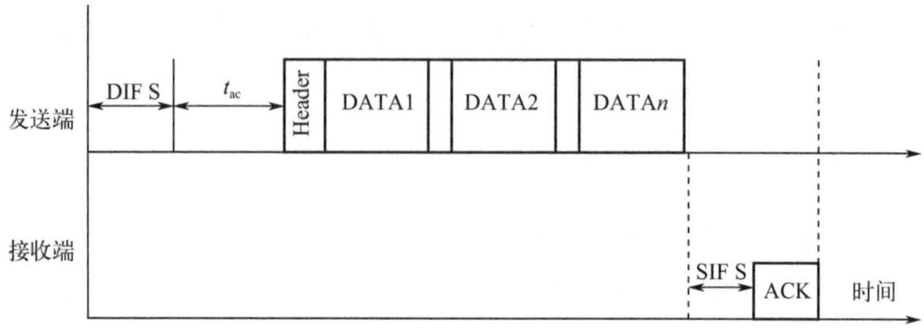

图 5-32　MAC 层数据融合发送机制

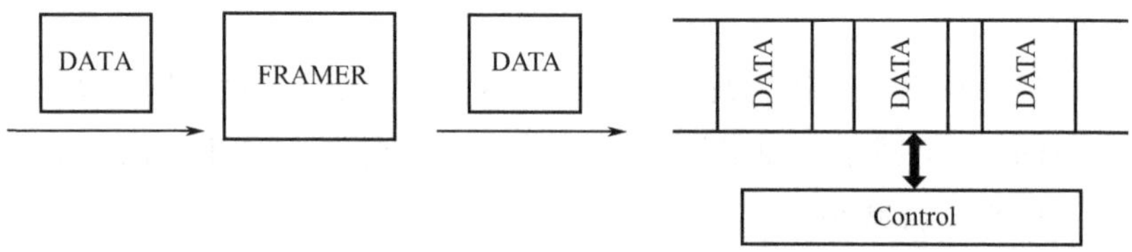

图 5-33　MAC 层数据重组控制示意图

数据包在数据缓冲区中将接收到的数据进行缓存，由于数据缓冲区的容量有限，为了防止数据溢出，又引入了数据缓冲区控制器，控制接收数据包的数量。当达到一定数量时将这些小数据包融合成一个大数据包发送出去。

数据融合控制机制是在控制器中设置数据融合计数器 N_n，其中 N_n 需小于最大接收数据包个数 N_{max}。将多个小的数据包融合成为一个大的数据包，在等待多个数据包到达缓冲区的同时，会带来不可避免的问题，即时间延迟大大增加了。如果想降低时间延迟，也就是降低等待小数据包的到达时间，那么通过设定最大接收数据包个数 N_{max} 的值便可以达到降低时延的作用。如果网络仅仅是想达到最大的吞吐量，便可以将 N_{max} 置为最大值。另外，也可以根据时间延迟的要求合理设置 N_{max}。

5.2.3　数据平台搭建与分析

云服务器是一种简单、高效、安全、可靠处理能力可以弹性伸缩的虚拟化计算服务器，管理方式比物理服务器更简单高效，使用者无须提前购买硬件，即可迅速创建或者释放任意多台服务器，可快速构建更稳定安全的应用，降低开发运维成本和难度，让开发者更专注于核心业务的创新。结合应用要求，本书涉及的干燥装备服务器选用云服务器。

干燥装备运行涉及数据的存储、提取、管理和分析等，自然离不开数据库。MySQL 是一种关联数据库管理系统，关联数据库将数据保存在不同的表中，而不是将所有数据放在一个大仓库内，这样就提升了速度并提高了灵活性。用户可以通过 MySQL 来定义和操作数据，维护数据完整性和安全性，以及进行各种数据的管理，本项目依据需求，创建如下数据库：

```
[root@host] # mysql-u root-p   # 登录用户名
Enter password：20201905   # 登录后进入终端
mysql>create DATABASE date_tbl;   #创建数据库
```

数据定义语言（Data Definition Language，DDL），数据库管理系统提供了数据定义语言对数据库设计各种对象，定义数据的完整性约束、保密限制等约束；数据操作语言（Data Manipulation Language，DML），数据库管理系统提供了数据操作语言对数据进行操作，基本的数据操作有两类：检索（查询）和更新（插入、删除和更新）；数据控制语言（Data Control Language，DCL），数据库管理系统提供了数据控制语言实现对数据库的控制，包含数据完整性控制、数据安全性控制和数据库的恢复。

数据库的操作包括创建数据库、查看数据库、选择数据库以及删除数据库。首先使用 Create Database 创建数据库。在 MySQL 数据库软件中，创建数据表前需要了解数据类型，因为存储引擎制定了表的类型，即如何存储和索引数据，是否支持事务等，同时存储引擎也决定了表在计算机中的存储方式，故可通过存储引擎决定数据库对象表的类型。存储引擎是 MySQL 数据库管理系统的一个重要特征，在具体开发时，为了提高数据库管理系统的使用效率，根据实际需求来选择存储引擎。

在 MySQL 数据库管理系统中，可以通过存储引擎来决定表的类型，即其决定了表的存储方式。同时 MySQL 数据库管理系统也提供了数据类型决定表存储数据的类型。MySQL 数据库管理系统提供了整数类型、浮点数类型、定点数类型和位类型、日期和时间类型、字符串类型。

在 MySQL 数据库中，表是一种很重要的数据库对象，是组成数据库的基本元素，由若干字段组成，主要用来实现存储数据记录。表的操作包含创建表、查看表、删除表和修改表，这些操作是数据库对象表管理中最基本、最重要的操作。表是数据库中所有数据的数据库对象。数据在表中的组织方式与电子表格相似，都是按行和列的格式组织的。其中每一行代表一条唯一的记录，每一列代表记录中的一个字段。

表中的数据库对象包含列、索引和触发器。列也称为属性列，在具体创建表时，必须指定列的名字和数据类型。索引是指根据指定的数据库表列建立起来的顺序，提供了快速访问数据的途径且可监督表的数据，索引指向的列中的数据不重复。触发器是指用户定义的事务命令的集合，当对一个表中的数据进行插入、更新或删除时这组命令就会自动执行，可以用来确保数据的完整性和安全性。图 5-34 中，表的数据需要根据实际采集参数进行规约，将传感器参数采集后写入表中的数据需要按照生产地、传感器 ID、传感器位置、温度、湿球温度、风速仪、重量等写入表头，后期根据实际基地的采集属性添加或删除属性列。

```
<?php
$dbhost='localhost'; // mysql服务器主机地址
$dbuser ='农特产品干燥数据库'; // mysql 用户名
$dbpass='20201205'; //mysql用户名密码
$conn= mysqli_connect($dbhost, $dbuser, $dbpass);
if(! $conn)
{
   die('连接失败:'.mysqli_error($conn));
}
echo'连接成功<br/>';
$sql = "CREATE TABLE date_tbl( ".
      "date_id INT NOT NULLAUTO_INCREMENT, ".
      "date_名称 VARCHAR(100) NOT NULL,".
      "date_ 温度   VARCHAR(40)NOT NULL,".
      "date_湿度    VARCHAR(40)NOT NULL,".
      "date_ 重量   VARCHAR(40)NOT NULL, ".
      "date_风速    VARCHAR(40) NOT NULL,".
         "submission_date DATE,".
      "PRIMARY KEY(date_id))ENGINE=InnoDB DEFAULT CHARSET=utf8; "
mysqli_select_db($conn, 'RUNOOB');
$retval=mysqli_query($conn, $sql);
if(! $retval)
{
   die('数据表创建失败:'.mysqli_error($conn));
}
echo"数据表创建成功\n";
mysqli_close($conn);
?>
```

图 5-34　MySQL 数据库

对于已经创建好的表，需要对所存储的数据是否合法进行检查。在使用 MySQL 软件时，可以通过表的约束来针对表中的数据做一些完整性检查操作。所谓完整性是指数据的准确性和一致性。MySQL 数据管理系统提供了一致机制来检查数据库表中的数据是否满足规定的条件，以保证数据库表中数据的准确性和一致性，这种机制就是规约。在 MySQL 数据库中，数据库对象索引是一种有效组合数据的方式。通过索引对象，可以快速查询到数据库对象表中的特定记录，是一种提高性能的常用方式。一个索引包括表中按照一定顺序排序的一列或多列字段。索引的操作包含创建索引、修改和删除索引，这些操作是 MySQL 软件中最基本、最重要的操作。

数据库对象索引主要是为了提高从表中检索数据的速度。由于数据存储在数据库表中，所以索引是创建在数据库表对象上的，由表中的一个或者多个字段生成的键组成，这些键存储在数据结构（B-树或哈希表）中，通过 MySQL 可以快速有效地查找与键值相关联的字段。数据库对象索引的建立，除了可以提高数据库管理系统的查找速度，而且还可以保证字段的唯一性，从而实现数据库表的完整性。MySQL 支持 6 种索引，分别为普通索引、唯一索引、全文索引、单列索引、多列索引和空间索引。

由于干燥装备较多，因此需要对设备 ID 号设置主键索引，即如下：

```
CREATE TABLE date _ tbl（
ID INT NOT NULL，
date _ id   VARCHAR（16）NOT NULL，
PRIMARY KEY（date _ id）    ＃将 date _ id 设置为主键索引
```

设置完成以后，数据库内数据呈现如图 5-35 所示。

设备查询

id	设备名称	设备地址	地区	备注
1	真空干燥	30019097#1	江西	中药浸膏
2	种子烘干	30019097#2	河北	种子
3	香菇干燥	30019097#3	浙江	香菇
4	牧草种子烘干	30019097#1	湖南	种子

(a) 数据库采集设备表

id	时间	进风温度	回风温度	送风侧温度	送风侧温度	送风侧温度	靠门侧温度	靠门侧温度	靠门侧温度	送风机启动	主机室温度
1	2020/9/27 9:30:22	23	23	22.00	21.00	20.00	18.00	18.00	18.00	1.00	7.50
2	2020/9/27 9:40:42	27	26.9	25.50	24.73	23.81	21.55	21.55	21.55	1.00	8.93
3	2020/9/27 9:50:56	29	28.8	29.00	28.45	27.62	25.10	25.10	25.10	1.00	10.36
4	2020/9/27 10:00:09	32	31.7	32.50	32.18	31.43	28.65	28.65	28.65	1.00	11.79
5	2020/9/27 10:10:38	35	34.6	36.00	35.91	35.24	32.20	32.20	32.20	1.00	13.22
6	2020/9/27 10:20:47	38	37.5	39.50	39.64	39.05	35.75	35.75	35.75	1.00	14.65
7	2020/9/27 10:30:54	41	40.4	43.00	43.36	42.86	39.30	39.30	39.30	1.00	16.08
9	2020/9/27 10:50:12	47	46.2	46.50	47.09	46.67	42.85	42.85	42.85	1.00	26.00
10	2020/9/27 11:00:24	50	49.1	50.00	50.82	50.48	46.40	46.40	46.40	1.00	32.00
11	2020/9/27 11:10:36	54	53.0	53.50	54.54	54.29	49.95	49.95	49.95	1.00	28.00
12	2020/9/27 11:20:46	57	55.9	57.00	58.27	58.10	50.11	50.11	50.11	1.00	31.00
13	2020/9/27 11:30:55	60	58.8	57.50	62.00	61.91	50.27	50.27	50.27	0	33.00
14	2020/9/27 11:40:07	60.5	59.3	58.00	61.52	61.52	50.43	50.43	50.43	1.00	31.83
15	2020/9/27 11:50:20	61	59	58.50	61.13	61.13	50.59	50.59	50.59	1.00	31.69
16	2020/9/27 12:00:31	61.5	59.5	58.00	60.74	60.74	50.75	50.75	50.75	1.00	32.71
17	2020/9/27 12:10:38	62	60	60.00	60.35	60.35	50.91	50.91	50.91	1.00	32.85
18	2020/9/27 12:20:00	62.5	60.5	60.14	64.96	59.96	51.00	51.00	51.00	0	32.60
19	2020/9/27 12:30:09	63	61	60.22	67.00	62.00	51.22	51.22	51.22	1.00	33.79
20	2020/9/27 12:40:22	63.5	61.5	60.31	67.06	62.06	51.40	51.40	51.40	1.00	33.38
21	2020/9/27 12:50:28	63.7	61.7	60.37	67.58	62.58	51.60	51.60	51.60	1.00	33.82
22	2020/9/27 13:00:36	64.5	62.5	60.48	67.00	62.00	51.80	51.80	51.80	0	34.30
23	2020/9/27 13:10:44	64.8	62.8	60.54	67.46	62.46	52.00	52.00	52.00	1.00	34.42
24	2020/9/27 13:20:51	65	63	60.65	67.49	62.49	52.19	52.19	52.19	1.00	32.08
25	2020/9/27 13:30:01	65.3	63.3	60.74	67.52	62.52	52.42	52.42	52.42	1.00	31.92
26	2020/9/27 13:40:10	65.5	63.5	60.82	67.05	62.05	52.57	52.57	52.57	1.00	33.59
27	2020/9/27 13:50:20	66	64	60.91	67.24	62.24	52.80	52.80	52.80	1.00	31.78
28	2020/9/27 14:00:26	66.5	64.5	61.01	67.16	62.16	52.96	52.96	52.96	0	33.08

(b) 干燥装备数据表

图 5-35　数据库内数据

上一步骤完成了对各个设备数据采集及存储，接下来系统会进行数据建模分析，帮助提取数据中蕴含的价值。首先，明确挖掘目标，即通过采集过程参数建立数据库；其次，需要从系统中抽取出一个与目标相关的样本数据子集。抽取数据的标准，一是相关性，二是可靠性，三是有效性，通过对样本数据的精选，不仅可以减少数据处理量，节省系统资源，还可以使我们想要寻找的规律更加凸显出来。

接下来，需要对数据进行探索。对所抽取的样本数据进行探索、审核和必要的加工处理，是保证最终的挖掘模型的质量所必需的。数据探索主要包括异常值分析、缺失值分析、相关分析和周期性分析等。数据探索后，由于采样数据中常常包含许多噪声、不完整甚至不一致的数据，对数据挖掘所涉及的数据对象必须进行预处理，当采集的数据维度过大时，需要对数据进行降维处理和缺失值、异常值等处理，需要对数据进行筛选、主成分分析、属性选择、数据规约等。对数据处理后需要对数据展开建模分析，运用多种数据分析和挖掘方法对数据进行分析建模。方法包括统计分析、OLAP 分析、回归、聚类、分类、关联、异常检测、时间序列、协同过滤、主题建模、路径分析、漏斗分析等。

最后，对分析后的数据总结结论，数据结论的输出有多种方式，常见的方式是数据分析或挖掘建模报告，另外还包括 Excel 统计结果、数据 API 输出、数据结果返回数据库、数据结果直接集成到应用程序中进行自动化运营，并且将数据结果形成棒状图、趋势图、表格、报警图等进行可视化展示，实现过程图如图 5-36 所示。

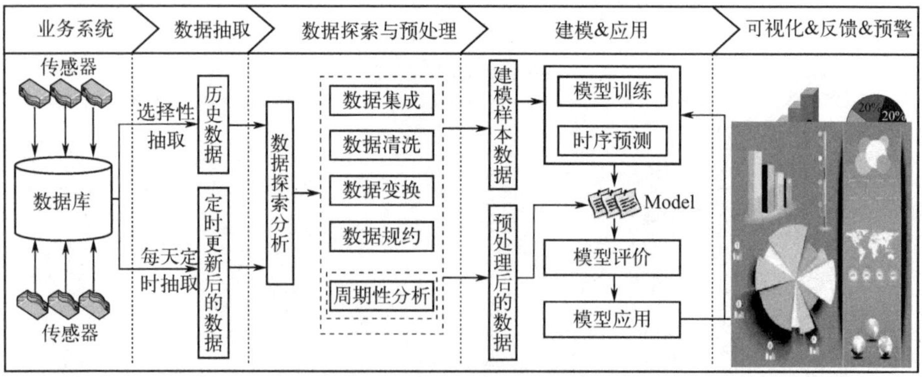

图 5-36　实时显示与建模分析

针对装备特点，系统存储在数据内的数据用聚类分析方法进行分析，该方法常用于数据探索或者挖掘前期，在没有先验经验的背景下做的探索性分析，也适用于样本量较大情况下的数据预处理工作。开展了对常用的聚类算法分为基于划分、层次、密度、网格、统计学、模型等类型的算法的研究，典型算法包括 K 均值、DBSCAN、两步聚类等。

聚类不仅是建模的终点，更是重要的中间预处理过程。聚类分析的结果提供了样本集在非监督模式下的类别划分，这种划分得到的结果除了可以做群类别间的差异特征分析、群类别内的关键特征提取、样本群划分等分析功能外，还可以用于很多数据处理的中间过程。异常检测有很多实施方法，其中常用的方法是基于距离的异常检测方法。该方法包含并拓展了基于统计的思想，即使数据集不满足任何特定分析模型，它仍能有效地发现离群点，特别是当空间维数比较高时，算法的效率比基于密度的方法要高得多。

装备运行过程中提取传感器采集后存储到 MySQL 数据库中的数据，本系统需要对数据进行分析，给生产人员提供一些启示或者提供后续分析思考的建议。这实际上是一次对农产品生产现场探索性数据分析的业务，且业务没有具体最优生长环境参数的先验经验给生产基地，这次分析结果用于业务的知识启发或后续分析的深入应用。在做探索性的分析上，除了基本描述性统计分析、类似数据透视表的汇总分析和多维度的交叉分析外，可以选择使用聚类分析，探索性试验使用 Sklearn 做聚类，使用 Matplotlib 将多个类别的特征展示出来。

数据分析预测可视化流程如图 5-37 所示，具体流程如下：

① 需求产生：由运行设备产生的某些数据化需求，例如干燥操作涉及的物料温度、湿度、风速等运行参数。

② 需求沟通：一是业务需求沟通，包括要解决的问题、预期达到的效果等；二是数据现状沟通，包括数据存储环境、主要字段、数据字典、数据量、更新频率、数据周期等；三是数据与分析的关联性沟通，哪些是重要的数据，不同的生产环境导致数据如何变化等。

③ 数据采集：高效接口软件及接口方式，采集所有系统及设备数据，如控制系统（智能仪表、控制器 DCS、PLC），SCADA，监测系统及实验室数据，保持现场控制系统原有的时间间隔和精度，并具有简单的自纠错能力。

④ 获取数据：经过特定授权从数据库、服务器或者文件中得到。

⑤ 数据预处理：在该过程中对数据进行质量检查、样本均衡、分类汇总、合并数据集、删除重复值、分区、分块、排序、离散化、标准化、过滤变量、转置、查找转换、异常值和缺失值处理等。

⑥ 数据分析建模：运用多种数据分析和挖掘方法对数据进行分析建模。

⑦ 数据结论输出：数据结论的输出有多种方式，常见的方式是数据分析或挖掘建模报告，另外还包括 Excel 统计结果、数据 API 输出、数据结果返回数据

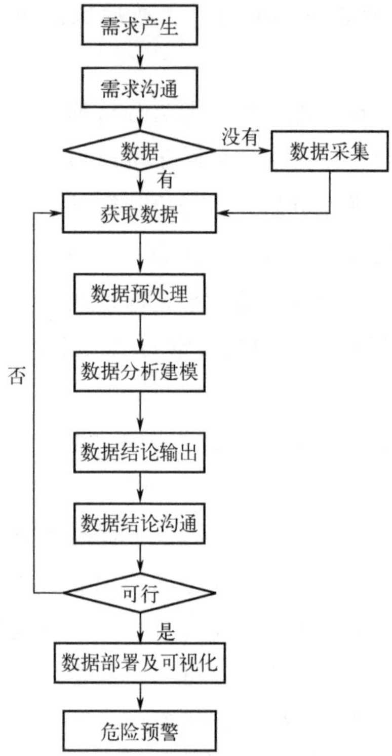

图 5-37　数据分析预测可视化流程图

库、数据结果直接集成到应用程序中进行自动化运营。

⑧ 数据结论沟通：对于输出结果和需求人员沟通，初步验证结论的正确性、可靠性和可行性，并对结果进行修正；如果没有可行性，那么需要返回重新开始数据分析建模流程。

⑨ 数据部署及可视化：经过沟通后可行，然后按照既定方案部署监控节点及其他硬件电路等，然后将结果形成可视化报表和视图。通过光纤或 4G 移动网络将现场情况实时传输至云端，可以实现视频音频同步传输，双向语音对讲方便远程指导操作。流程图、棒状图、趋势图、表格、报警图查询及混合显示，支持微软的体系结构，目标链接和嵌入。

⑩ 模拟动态图和趋势分析：PC 和手机端界面模拟供电系统图，将各个配电柜的开关状态、实时电压、电流、频率、功率因数等参数同步至 PC 客户端和手机 APP 中。趋势图支持毫秒级时间。高速瞬时信息能被快速识别和检查；管理功能地图：定位干燥设备工作现场地点，可以单日或数小时为单位独立存放数据及恢复数据，对每个采集点的安全等级可定义，并可实现数据备份，如自动报表及打印，报警历史，系统在线管理等。

⑪ 危险预警：规范生产现场的环境参数阈值（即不可超过和不可低于的参数值），通过地图显示各个位置传感器的实时数据，将实时数据与规定阈值比较，当越过规定阈值，立即进行报警，提醒工作人员进行及时维护处理。

5.2.4　干燥装备大数据平台搭建案例

（1）硬件部分

硬件大致分为两部分，其中一部分为底层数据采集以及中层有线/无线网络传输系统，配置见表 5-1。

表 5-1 数据采集与传输配置表

序号	名称	规格型号
1	控制器	可采集和转发的协议支持 Modbus 协议簇、OPC 协议簇，外网侧可提供 Modbus TCP 等数据服务
2	电源模块	电源电压：AC 100～240V DC 24V 电源输出容量：0.4A 总功耗：14W
3	隔离模块	输入信号 4～20mA、0～20mA、1～5V，输入阻抗 100Ω（电流输入时）、大于 1MΩ（电压输入时），输出信号 4～20mA、0～20mA、0～5V
4	端子	ST2.5 接线端子排弹簧端子，2.5mm 快速导轨式直插型端子，6mm^2 UK 弹片
5	通信网关	支持 PLC/单片机全系列通信协议，支持 4G，支持 1 路以太网，支持 2 路 RS485，支持 USB，支持 TF 卡，支持 DC9-36V 宽电压
6	远程 IO 模块	Profinet 远程 IO 模块分布式 IO 16DI 14DO PN 模拟量
7	通信线	兼容西门子 DP 总线电缆 Profibus 紫色 DP 线 6XV1 830 6XV1830-0EH10
8	信号线	国标 RVSP485 信号线，24 芯×1.5mm^2 纯铜双绞屏蔽
9	电源线	纯铜芯护套电源线，2 芯 3 芯×1.5mm^2 软护套电线
10	录像机	海康威视臻全彩摄像头室外监控套装，400 万 2K 超清 4 路带 2T 硬盘网线供电

另一部分为上层数据平台的搭建，配置如表 5-2 所示。根据传送的总数据量，云服务器选用 4 核 8GB、500GB 存储的配置，满足目前系统运行与存储的需求。

表 5-2 数据处理分析与呈现配置清单

序号	产品名称	规格型号	单位	数量
1	软件平台	平台开发，在网页含大屏展示的云平台部署	套	1
2	云服务器	4 核 8GB、500GB 存储	套	1
3	APP	安卓、微信小程序	套	1
4	大屏幕	43 寸，3GB 内存，1080P 清晰度，8GB 闪存，无线网/有线网/USB 接口	套	1

大屏显示系统能够集中显示工艺参数、设备参数、GIS 等信息，远程监控者可以随时调取通过大屏幕获取的多个地点的实时信息、及时全面地掌握各种动态

的变化。大屏幕可显示数据分析、最优曲线变化等各类信息，有效及时地应对设备出现的问题，同时为设备提供合理化建议，使工艺达到最佳的运行状况，全面提升系统安全性、使用性，确保设备工作科学有序地推进。

（2）软件平台设计

监控与管理云平台完成了现场设备的联网，实现设备与平台之间数据互通互联，能够监控现场设备的实时运行状态和数据参数，能够远程下发配置文件，远程更新参数，能够对控制器发出启动停止命令，还具有权限设置、运行监控、在线分析及数据存储等功能。

该平台实时性高，平台化框架，采用模块式开发，以 Javescript 作为编程语言，echarts 作为框架，实现平台的界面设计。同时，系统提供二次开发接口和平台，具有 PC 端页面、手机 APP（安卓）页面和微信小程序等，主要完成功能如表 5-3 所示。

表 5-3　软件平台实现功能

平台名称	主要功能模块	功能介绍
实时监控系统	设备运行监控	设备地图、设备实时监控； 参数显示； 数据报表； 历史曲线； 故障报警记录
	通信状态	显示各设备通信状态画面；如有故障，报警提示通知网格化管理人员，并保存报警记录
	控制器通信	与控制器之间采用 MQTT 实时通信
报警记录	实时报警	显示报警信息画面。在该画面，通过报警窗口显示系统设备变量的实时报警、历史报警
	历史报警	通过条件检索（时间、站点、参数类型）查询已经产生过的报警信息。报警类型的分类和处理结果管理
数据分析	实时曲线	显示记录各设备参数实时曲线，多条曲线可同时展现，可根据需求进行放大缩小
	历史曲线	可根据需求查询任意设备历史曲线，多条曲线可同时展现，可根据需求进行放大缩小
	报表打印	根据需求可生成报表，包括周期性报表和事件触发性报表
	专家系统	数据采用 MySQL 存储，并自动生成专家报表及专家统计分析系统

续表

平台名称	主要功能模块	功能介绍
系统管理	用户管理 (只有管理员拥有权限)	权限修改； 添加用户； 删除用户； 修改用户名密码
移动端	展现形式	安卓端 APP； 微信小程序（只有呈现和指令下发功能）
	展现内容	设备运行实时数据（只读），设备的各项参数（可修改）； 设备运行相关的数据报表； 设备运行数据的历史曲线； 设备的报警信息查看

软件平台界面如图 5-38 所示。本系统总览包括了项目背景、实时报警、用电统计、数据趋势、视频监控。用户打开系统首页能够第一时间知道设备分布、总设备数、在线设备数、离线设备数。通过点击地图上的设备，可以进入设备运行监控页面。

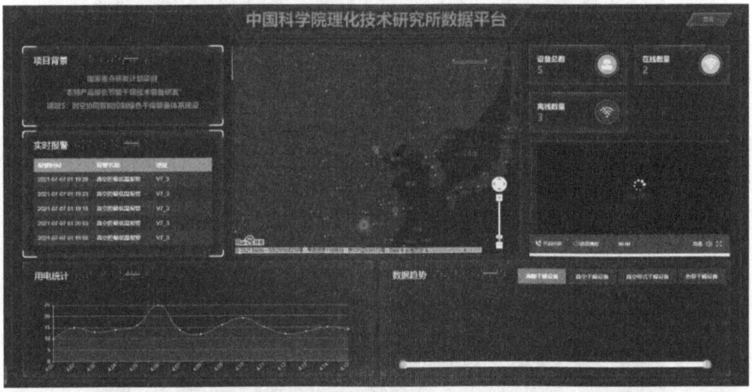

(a) 首页界面

(b) 设备导航界面

图 5-38　软件平台界面

通过“设备 GIF 界面”“设备导航界面”了解设备的分布以及各个设备的名

称，通过点击设备名称可进入设备的工艺流程图界面，本书涉及的干燥装备流程图界面如图 5-39 所示。

以真空分离-辐射复合膜干燥装备为例，具体介绍远程操控界面，如图 5-40 所示。

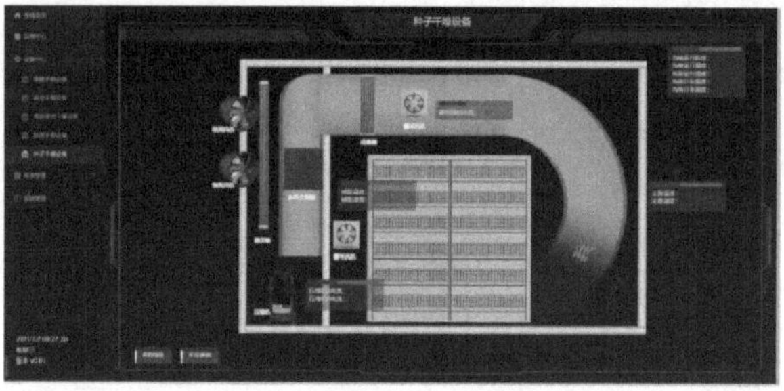

(a) 种子热泵干燥装备

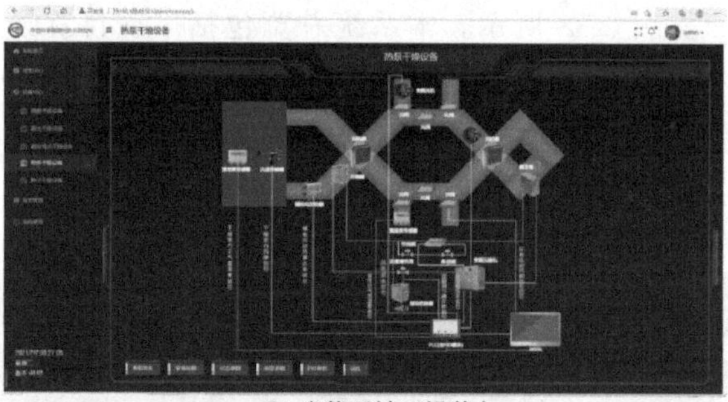

(b) 多能互补干燥装备

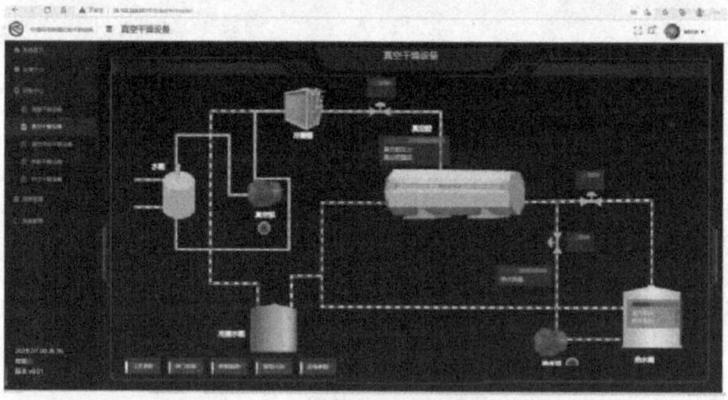

(c) 真空干燥设备

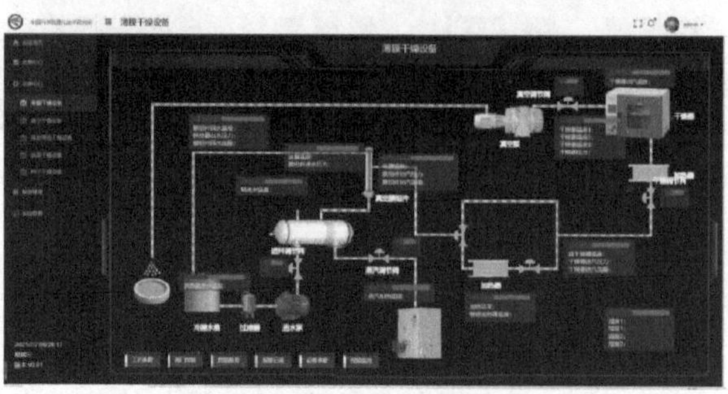

(d) 真空分离-辐射复合膜干燥装备

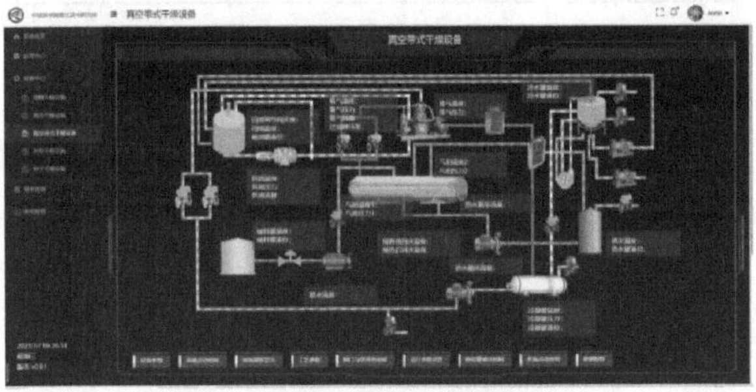

(e) MVR真空带式干燥装备

图 5-39　干燥装备流程图界面

可以通过 WEB 浏览器，7×24h 实时查看干燥装备运行参数等，并可以直接在云端对系统参数进行修改，控制各个部件的动作。还可以实时监测运行数据，数据平台将采集的数据实时存储于数据库中，通过选择需要查看的设备，设置时间段，查看对应的历史曲线图，同时为方便以后的研究，系统又可以表格的形式展现出来，同时具有数据导出功能。

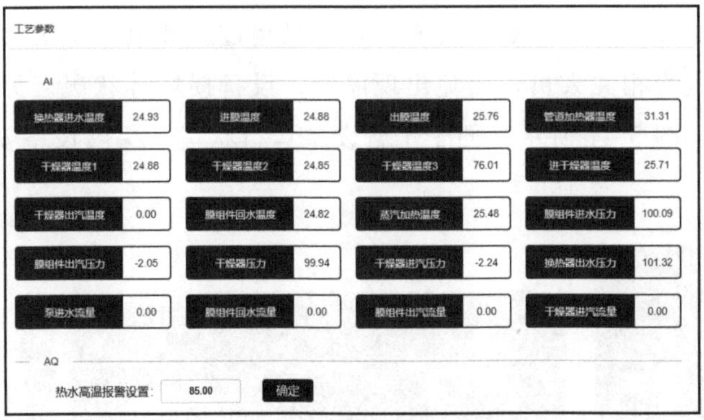

(a) 工艺参数界面

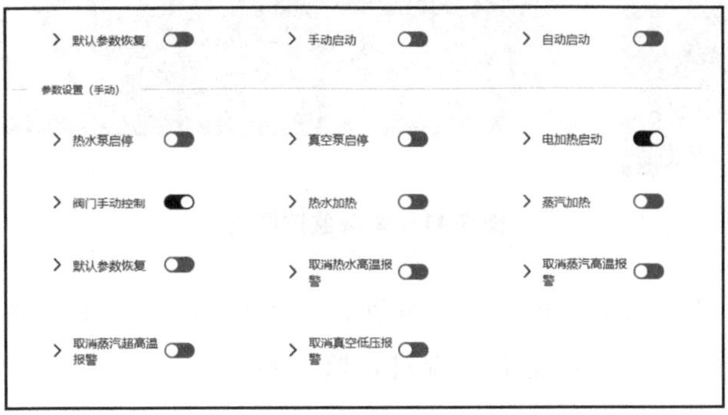

(b) 设备运行与控制界面

图 5-40

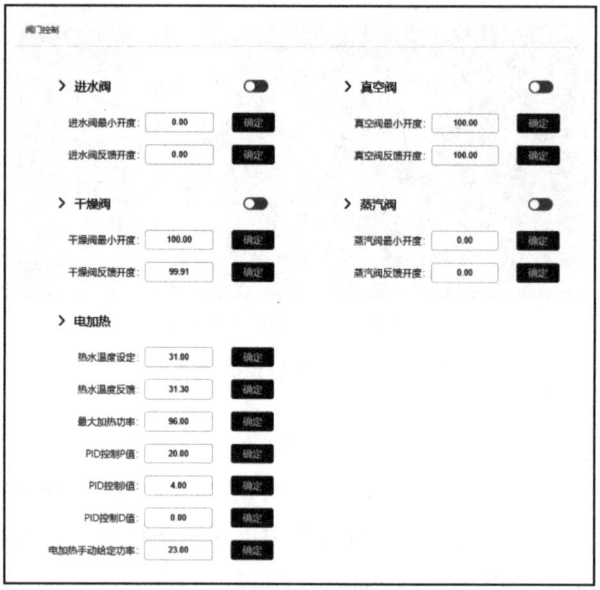

(c) 阀门控制界面

图 5-40　真空分离-辐射复合膜干燥装备远程操控界面

系统可设定设备关键参数的警戒值，一旦超过此数值，系统会立即通过报警方式，远程推送给相关人员，避免出现停产、设备损坏等状况。另外，视频实时监控装备画面如图 5-41 所示，便于了解设备运行状况，保障设备安全。

图 5-41　装备监控画面

除了在 PC 端有如上所述的监控界面，在手机 APP 端还有如图 5-42 所示的界面，更方便对各个设备的运行状况进行监控和操作。

图 5-42　手机 APP 端监控界面

参考文献

[1] Freire F B，Vieira G N，Freire J T，et al. Trends in modeling and sensing approaches for drying control [J]. Drying Technology，2014，32 (13)：1524-1532.

[2] Courtois F. Automatic control of drying processes：In computerized control systems in the food industry [M]. CRC Press，2018.

[3] 胡宗广 . 白炭黑干燥控制系统的设计与研究 [D]. 淄博：山东理工大学，2023.

[4] 陶程云，朱德泉，孙磊，等 . 基于单片机的微波连续干燥机控制系统设计 [J]. 机床与液压，2012，40 (20)：109-112.

[5] 张静峰 . 基于 PLC 的热泵干燥控制系统设计与研究 [D]. 烟台：烟台大学，2022.

[6] 赵亚英，袁运平 . 电气控制系统设计安装与调试 [M]. 北京：科学出版社，2013.

[7] Ogonowski Z. Drying control system for spray booth with optimization of fuel consumption [J]. Applied Energy，2011，88 (5)：1586-1595.

[8] Yang Z，Zhu Z，Zhao F. Simultaneous control of drying temperature and superheat for a closed-loop heat pump dryer [J]. Applied Thermal Engineering，2016，93：571-579.

[9] 徐鹏，张振涛，杨俊玲，等 . 真空带式干燥技术研究现状及发展展望 [J]. 制冷与空调，2023，23 (07)：1-8.

[10] Wang Y，Xu P，Zhang Z，et al. Control optimization for heat source temperature of vacuum belt drying system based on fuzzy control and integral control [J]. Energies，2024，17：3824.

[11] 尹周平，陶波 . 工业物联网技术及应用 [M]. 北京：清华大学出版社，2022.

[12] Su Y，Zhang M，Mujumdar A S. Recent developments in smart drying technology [J]. Drying

Technology，2015，33（3）：260-276.

[13] 白海潮 . PLC 通信协议及编程［M］. 北京：机械工业出版社，2023.

[14] 王栋，林海，姚雪东，等 . 基于 MODBUS 协议的干燥控制系统设计［J］. 石河子大学学报，2012，30（01）：110-115.

[15] Dai A，Zhou X，Liu X，et al. Intelligent control of a grain drying system using a GA-SVM-IMPC controller［J］. Drying Technology，2018，36（12）：1413-1435.

[16] 黄从智，白焰 . 智能控制算法及其应用［M］. 北京：教育科学出版社，2023.

[17] Yang T，Zheng X，Xiao H，et al. Drying temperature precision control system based on improved neural network PID controller and variable-temperature drying experiment of cantaloupe slices［J］. Plants，2023，12（12）：2257.

[18] 刘彦君 . 基于 ZigBee 技术的边坡温湿度监测报警系统的设计、开发与研究［D］. 昆明：昆明理工大学，2023.

[19] Bi S，Zhang B，Mu L，et al. Optimization of tobacco drying process control based on reinforcement learning［J］. Drying Technology，2020，38（10）：1291-1299.